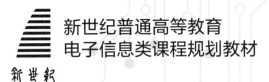

新世纪普通高等教育
电子信息类课程规划教材

数字电路与系统（第二版）

Digital Circuits and Systems

主　编　王开宇　巢　明

副主编　李小兵　夏书峰

参　编　王飞龙　赵权科　秦　攀　赵红宇

 大连理工大学出版社

图书在版编目(CIP)数据

数字电路与系统 / 王开宇，巢明主编. -- 2 版. --
大连 ：大连理工大学出版社，2024.3
ISBN 978-7-5685-4864-9

Ⅰ．①数… Ⅱ．①王… ②巢… Ⅲ．①数字电路－系
统设计－高等学校－教材 Ⅳ．①TN79

中国国家版本馆 CIP 数据核字(2024)第 010287 号

大连理工大学出版社出版
地址：大连市软件园路 80 号　邮政编码：116023
发行：0411-84708842　邮购：0411-84708943　传真：0411-84701466
E-mail：dutp@dutp.cn　URL：https://www.dutp.cn
大连永盛印业有限公司印刷　　　　　大连理工大学出版社发行

幅面尺寸：185mm×260mm　　印张：17　　字数：393 千字
2009 年 2 月第 1 版　　　　　　　　2024 年 3 月第 2 版
2024 年 3 月第 1 次印刷

责任编辑：王晓历　　　　　　　　　责任校对：孙兴乐
封面设计：张　莹

ISBN 978-7-5685-4864-9　　　　　　定　价：56.00 元

前言 Preface

"数字电路与系统"是电子信息、自动化、计算机、电力系统以及机电一体化等专业的一门重要的专业基础课程。在信息和数字化时代,数字电子技术已经广泛应用在信息、通信、计算机、自动控制等领域,成为相关领域工程技术人员必须掌握的基本理论和技能。

随着数字技术的快速发展,FPGA 技术对于数字电路与系统课程的建设具有重要的意义,它不仅可以提高学生的实践能力和创新意识,还可以丰富教学内容、促进产学研合作,对于培养复合型人才、推动数字电路技术的发展和应用具有积极作用。

本教材在《数字电路与系统》(王尧、王开宇等编写)的基础上,增加了 FPGA 设计的基础章节,并在每章增加了 FPGA 设计的工程案例,对于大部分基础数字电路也做了 FPGA 设计的编程举例,同时,对照初版书的数字电路也做了芯片型号的对照说明,目的是使教材更适合现代数字电路设计应用型人才培养的需求。教材中内容的取舍、理论深度、文字处理,都力求适合大多数高等教育学生的实际接受能力,适应学生自主学习的需要,配合具有 FPGA 代码设计的教案,为高等教育的大众化服务做出基础的贡献。

本教材共分为 10 章,第 1 章为硬件描述语言 Verilog HDL,第 2 章为数字逻辑基础,第 3 章为逻辑门电路,第 4 章为逻辑代数基础,第 5 章为组合逻辑电路,第 6 章为触发器,第 7 章为时序逻辑电路,第 8 章为脉冲波形的产生与变换,第 9 章为数模与模数转换,第 10 章为半导体存储器及可编程逻辑器件。每章都附有习题。

新世纪

本教材由大连理工大学王开宇、巢明任主编,李小兵、夏书峰任副主编,王飞龙、赵权科、秦攀、赵红宇参与了编写,其中,第 1 章由赵权科编写,第 2、第 3 章由夏书峰编写,第 4、第 5 章由李小兵编写,第 6、第 8 章由王开宇编写,第 7、第 10 章由巢明编写,第 9 章由王飞龙编写。另外,夏书峰提供了全书的 Verilog HDL 代码和例题,王飞龙提供了全书的 Verilog 应用案例,秦攀对全书进行了校对,赵红宇对全书图表进行了设计。全书由王开宇统稿、定稿。编者在此向多年从事本课程教学、为本教材积累了大量资料和教学经验的王兢、戚金清、陈晓明、唐洪、王洪玉、余隽等老师表示衷心的感谢。

限于水平,书中仍有疏漏和不妥之处,敬请专家和读者批评指正,以使教材日臻完善。

编　者

2024 年 3 月

所有意见和建议请发往:dutpbk@163.com

欢迎访问高教数字化服务平台:https://www.dutp.cn/hep/

联系电话:0411-84708445　84708462

目 录 Contents

第1章
硬件描述语言 Verilog HDL

本 章 提 要

　　硬件描述语言是一种用形式化方法来描述数字电路和系统的语言,Verilog HDL 是国内外数字电路设计领域中较为常用的国际标准之一。本章首先介绍了 Verilog HDL 语言的发展历程、设计方法和基本结构。其次介绍了 Verilog HDL 语言中的数据类型、注释符、运算符、关键字以及标识符等基本元素。最后介绍了 Verilog HDL 语句中的基本语句,包括块语句、赋值语句、条件语句、循环语句以及结构说明语句。由于复杂的设计实例在书中其他章节分别进行介绍,本章只涉及了常用的基本语法,这是进行 Verilog HDL 设计的基础。

　　本章的重点是:

　　(1)熟悉利用 Verilog HDL 语言进行数字电路设计的基本结构,包括系统的端口以及中间变量的定义。

　　(2)掌握 Verilog HDL 语言中数据类型与硬件电路的对应关系,能利用合理的数字类型进行电路设计,保证设计的合理性。

　　(3)掌握 Verilog HDL 语言中各种运算符的使用特点,避免设计过程中出现的逻辑错误。

　　(4)掌握基于 Verilog HDL 语言进行系统设计的基本方法,包括运用各种基本语句进行组合逻辑电路和时序逻辑电路的设计技巧。

1.1　Verilog HDL 的基本知识

　　硬件描述语言(Hardware Description Language,HDL)是一种用形式化方法来描述数字电路和系统的语言。可以从上层到下层(从抽象到具体)逐层描述设计思想,并用一系列分层次的模块来表示极其复杂的数字系统。利用 EDA 工具仿真和验证,并把要变为物理电路的模块经自动综合工具转换到门级电路网表,再用 FPGA 或 ASIC 自动布局布线工具把网表转换为具体电路布线结构的实现。

1.1.1 什么是 Verilog HDL

传统原理图输入法的 FPGA 和 ASIC 设计工作往往只能采用厂家提供的专用电路图输入工具完成,且需要艰苦的手工布线。随着设计规模的发展,要求的设计时间却越来越短,促进了 Verilog HDL(简称 Verilog)在设计中的应用。Verilog 有如下特点:Verilog 易学易用,语法与 C 语言相似;Verilog 允许在同一个电路模型内进行不同抽象层次的描述,如开关、门、RTL 或行为级;仿真验证时其测试矢量也可用同一种语言描述;设计的模块的信号位宽易于改变,修改后可适应不同规模应用;Verilog 是国际标准,所有的制造厂商都提供综合后用于 Verilog 的逻辑仿真元件库,便于已有设计的移植和集成。

Verilog 综合器生成的标准电子设计互换格式文件 EDIF,独立于实现工艺,工艺无关性使工程师在功能设计、逻辑验证阶段不必过多考虑门级及工艺实现具体细节,充分利用计算机的计算能力在 EDA 工具帮助下减少烦琐劳动。标准化的 Verilog 提高了设计好的软核的可重用性。编程接口(Program Language Interface,PLI)是 Verilog 语言最重要的特征之一,设计者可以通过自己编写的 C 代码访问 Verilog 内部的数据结构。设计者可以使用 PLI 按照自己的需要来配置 Verilog HDL 仿真器。经功能验证的、可综合的、电路结构 5 000 门以上的 Verilog HDL 模型称为"软核"(Soft Core),由软核构成的器件称为虚拟器件。它们易于与外部逻辑结合在一起。

1.1.2 Verilog HDL 的发展历程

1983 年 Verilog HDL 由 Gateway Design Automation(简称 GDA)公司的 Phil Moorby 首创,它从 C 语言发展而来。1985 年 Moorby 设计了第一个 Verilog-XL 仿真器并于 1986 年提出门级仿真的 XL 快速算法,1989 年 Cadence 公司收购 GDA 公司,将其私有化。1990 年 Cadence 公司成立 Open Verilog International 组织并将 Verilog HDL 语言公开。1995 年由于 Verilog HDL 语言的优越性,IEEE 将其收为标准,即 IEEE 1364−1995。2001 年 IEEE 发布标准 IEEE 1364−2001,对 Verilog HDL 语言扩充,使 Verilog 语言综合和仿真性能大幅提高。2002 年 IEEE 发布 IEEE 1364.1−2002 标准规定 Verilog 语言寄存器传输级(Register Transfer Level,RTL)综合的语法和语义。2005 年 IEEE 发布 IEEE1364−2005,是对 2001 的改进,解决了一些定义不清的问题并纠正了一些错误。上述标准可从 https://standards.ieee.org 下载全文。需要注意的是,现在各个公司在技术上能够实现的是 1995 或者 2001 标准,而其中部分语法没有实现,一般称之为不可综合。

Verilog HDL 与 VHDL 共同之处是都成为了国际标准。HDL 最早于 1962 年由 Iverson 公司提出,到 20 世纪 80 年代已经出现百余种 HDL,而最终成为 IEEE 标准的是 VHDL(1987)和 Verilog HDL(1995)。目前市场上所有 EDA/EDSA 工具都支持这两种语言。它们都能形式化地抽象表示电路的行为和结构;支持逻辑设计中层次与范围的描述;可借助高级语言的精巧结构来简化电路行为的描述;具有电路仿真和验证机制以保证设计的正确性;支持电路描述由高层到低层的综合转换;硬件描述与实现工艺无关(工艺参数可通过语言提供的接口包含进去);便于文档管理,易于理解和设计重用。

Verilog HDL 与 VHDL 也是有区别的。从推出过程看,VHDL 偏重标准化考虑,而 Verilog 与 EDA 工具结合更紧密;VHDL 是应美国国防部 VHSIC 计划电子部件供应商统一数据交换格式要求推出的,而 Verilog 是在最大的 EDA/ESDA 工具供应商 Cadence 扶持下成长的;Verilog 代码风格更简洁明了、高效便捷,易于掌握。单从结构描述上看,二者代码长度之比为 3∶1;Verilog 早在 1983 年就被推出,拥有更广泛的设计群体。一般认为 Verilog HDL 在系统级抽象方面比 VHDL 略差,但在门级和开关电路级的描述能力上比 VHDL 强得多,但二者都在不断完善中。

数字电路的速度和复杂性正飞速增长,这要求设计者从更高的抽象层次描述电路,即设计者只需从功能角度设计,EDA 工具完成从设计到实现的复杂转换并达到近似的优化效果。目前主流的设计方法是 RTL 设计,即从 RTL 描述生成网表,行为级综合工具允许直接对电路的算法和行为进行描述,EDA 工具负责在各阶段进行转换和优化,这类方法已经被业界广泛应用。System Verilog 在 2005 年成为国际标准 IEEE 1800－2005,随后 System C 在 2006 年成为国际标准 IEEE 1666－2005。

1.1.3　Verilog HDL 的设计方法

Verilog HDL 支持如下设计方法:自下而上(Bottom-Up)、自上而下(Top-Down)和两种方法综合。

自下而上设计方法设计过程:根据系统要求编制技术规格书,画出系统控制流程图;对系统功能进行细化,划分功能模块,画出系统框图;进行功能模块细化和电路设计;进行功能模块整合和全系统调试。这种方法的优点是与以往采用的方法相同,设计人员熟悉该过程,实现各子块所需时间短。缺点是容易发生对系统整体功能把握不足的情况;先完成小模块,整个系统实现需要较长时间;对设计人员互相协作有较高要求;结构设计的错误容易造成较大损失。

自上而下设计方法的设计步骤是先对整个系统进行方案设计和高层次的功能划分,再用低层次的具体实现去充实高层次的功能。一个设计可视为分等级的树形结构,最末枝的单元是已存在的、已经制造的、已经开发好的、可外购得到的 IP 等。这种方法的优点是:在设计周期开始就做好了系统分析;主要仿真和调试过程在高层次完成,此时与工艺无关,能在早期发现结构设计上的错误,避免设计工作浪费,也减少逻辑仿真的工作量;方便了从系统级划分和管理整个项目,使得百万门以上复杂数字电路设计成为可能并可减少设计人员,避免不必要的重复设计,提高设计的一次成功率。缺点是采用的综合工具不同,得到的最小单元不标准;制造成本可能很高(利用外购 IP 等)。

1.1.4　Verilog HDL 的基本结构

Verilog 程序包括 4 个主要部分:端口定义、输入/输出(Input Output,I/O)说明、内部信号声明和功能定义。全部 Verilog 结构位于 module 和 endmodule 声明语句之间。任何一个 Verilog HDL 程序都包括以下结构:

　　module 模块名(端口列表);
　　端口定义 input, output, inout;
　　[参数定义(可选);][数据类型定义;]
　　行为描述;
　　Endmodule
其中端口定义说明接口信号流向,行为描述说明模块逻辑功能。

(1)模块的端口列表声明了模块的输入/输出口,格式如下:

　　module 模块名（端口 1、端口 2、端口 3、端口 4、…端口 n）;
端口列表里是模块所有外部端口,端口方向由后续的 I/O 说明语句决定。模块被引用

时,其端口可以用两种方法连接:第一种是引用时用"."标明原模块定义时规定的端口名,如:

> mytri tri_inst(.out(sout), .in(sin), .en(ena));

信号名与被引用模块端口名一一对应,顺序可交换,提高了程序的可读性和可移植性。

另外一种是引用时严格按模块端口定义顺序连接,不需标端口名:模块名(连接端口 1 信号名,连接端口 2 信号名,…),如:

> mytri tri_inst (sout, sin, ena);

该方法语法简洁,但要求端口连接顺序必须与被引用的模块定义时的端口列表顺序严格一致。

(2)模块端口的说明如下:

输入口:input [23:0] add_bus24 ; input [1:15] add_bus16 ; input a, b, c; // 1 bit

输出口:output [8:1] ctl_bus8 ; output [15:0] ctl_bus16 ; …

输入/输出口:inout [15:0] data_bus1, dbus2 ; //一次定义两个 16bit 总线

(3)模块内部用到的与端口有关的 reg 和 wire 类型变量的声明,如:

reg [位宽−1:0] R1, R2, …;

wire [位宽:1] w1, w2, …;

(4)模块的功能实现主要有三种方法,比如产生组合逻辑的方法如下:

①用实例元件设计,如:and u1 (q, a, b); 与电路图输入方式下调用元件库一样,实例名(u1)必须唯一。

②用连续赋值语句 assign 设计如:assign q = a & b; 语法简单,assign 后面接表达式即可,是描述组合逻辑最常用的方法之一。

③用行为描述语句 always 设计如:always@(*)beging=a&b; end。当然,always 语句既可描述组合逻辑也可描述时序逻辑。

总之,Verilog 中所有过程块(如 initial、always)、连续赋值语句、实例引用都是并行执行的,而在 begin…end 块内的语句是顺序执行的,if…else 也必须顺序执行,否则无意义。它们表示的是一种通过变量名互相连接的关系。在同一模块中三者出现的先后顺序没有关系(它们是并行执行的)。只有连续赋值语句 assign 和实例引用语句可以独立于过程块而存在于模块的功能定义部分。以上几点与 C 语言有很大不同,许多类似 C 语言的语句只能出现于过程块(always、initial)中,而不能随意出现在模块功能定义范围内。

1.2 Verilog HDL 的基本元素

1.2.1 数据类型

Verilog HDL 中,数据类型用来表示数字电路硬件中的数据储存和传送元素。Verilog HDL 有 reg、wire(=tri)、integer、parameter 等 4 个基本类型,其他的类型包括 large、medium、small、scalared、time、real、realtime、tri0、tr1、triand、trior、trireg、vectored、wand、wor、supply0、supply1 等,除 time、realtime 外,都与基本逻辑单元建库有关,但不是所有的类型都可以被自动综合软件综合成实际电路。数据类型可以分成两大类:常量、变量。

常量中整数可以表示为二进制整数(b 或 B)、十进制整数(d 或 D)、十六进制整数(h 或 H) 以及八进制整数(o 或 O)。表达方式有以下 3 种。

①<位宽><进制><数字>是完整的描述方式,如 8'b10101111 是 8 位宽的二进制数

10101111，8′ha2 是 8 位宽二进制数，用十六进制表示为 a2。

②<进制><数字>是位宽缺省的描述方式，表示至少 32 位二进制数。如′hcc700 表示十六进制数 cc700，′o5270 表示八进制数 5270。

③<数字>表示缺省了位宽和进制，默认是十进制数，如 567。

上述中所指位宽指的是二进制位。

在 Verilog HDL 中，逻辑值取值可为下面 4 种之一：

①0：逻辑 0 或假状态。

②1：逻辑 1 或真状态。

③x：未知状态或不关心状态。

④z 或?：高阻态。

x 和 z 可以用来定义十六进制数的 4 位二进制数状态、八进制的 3 位二进制数状态、二进制数的 1 位状态；x 不能表示十进制数的数字。

Verilog HDL 中的实数可以用十进制和科学计数法两种格式表示，若采用十进制表示，小数点两边必须都有数字，否则为非法表示。实数不能被自动综合。如：15.2 是十进制表示的实数，1.01e−5 是科学计数法表示的，而 $1.01 \times 10-590$ 或 101e6 则是非法的实数表示。

下划线"_"用于分割数的表达以提高可读性，只能用于具体数字之间，但不能放在首位或用于位宽、进制表达处。例如：16′b1010_1011_1101_0001 是合法格式，而 8′b_0011_1100 是非法格式。

Verilog HDL 中用 parameter 定义一个标识符来代表常量，可提高程序的可读性及可维护性。parameter 型数据是常数型数据，有别于宏定义"♯define ABC 15"，宏定义是直接字符替换。parameter 格式如下：

parameter 参数名 1＝表达式，参数名 2＝表达式，…，参数名 n＝表达式；

赋值语句中的常数表达式只能包含数字或此前定义过的参数：

parameter msb ＝ 7；

parameter r ＝ 5.7，f ＝ 3.0；

parameter byte_size ＝ 8，byte_msb ＝ byte_size−1；

parameter average_delay ＝ (r ＋ f) / 2；

参数型常量经常用于定义延迟时间和变量宽度等。在模块或实例被引用时，可通过参数传递方法，改变在被引用模块或实例中已经定义的参数值。

字符串是用半角引号扩起来的字符序列，不能分成多行书写，所有字符必须包含到同一行中（与 C 语言要求相同）。若字符串用作 Verilog HDL 表达式或赋值语句中的操作数，会被作为 8 位的 ASCII 值序列处理，每个字符对应其 8 位 ASCII 值。例如"this is a string""print out a message\n""bell\007"等。

变量即在程序运行过程中其值可以改变的量，Verilog HDL 中有很多种变量，这里只介绍常用的几种，包括网络型：wire、tri，寄存器型：reg、integer，存储器型：memory(reg 型数组)。

wire 型数据表示结构实体（例如门）之间的物理连接，不能存储数值，且必须受到驱动器（门或 assign 连续赋值语句）的持续驱动才能保持数值，若没有驱动器连接到 wire 型变量，该变量为高阻 z。wire 与 tri 都用于连接器件单元，具有相同的语法格式和功能，两种名称表达相同的概念是为了与模型中使用变量的情形相一致，也即 wire 型通常用于表示单个门或 as-sign 驱动的连线型数据，tri 则用来表示多驱动器驱动的连线型数据。若 wire 与 tri 型变量没有定义逻辑强度(Logic Strength),多驱动源情况下会发生冲突,从而产生不确定值 x。

Verilog HDL 程序模块输入/输出信号类型默认为 wire 型。wire 型信号可以用作任何表达式的输入,也可以作为 assign 或实例元件的输出。定义 wire 型变量的语法如下:

wire [n−1:0] 数据名 1,数据名 2,数据名 3,…,数据名 i;

wire [n:1] 数据名 1,数据名 2,数据名 3,…,数据名 i;

寄存器 register 是数据存储单元的抽象,定义关键字 reg。通过赋值语句可以改变寄存器存储的值,其作用与改变触发器存储的值相当。reg 类型数据默认初始值为不定值 x。reg 型数据可以赋正值也可以赋负值,但当 reg 用于一个表达式的操作数时,将被当作无符号数,即正值。reg 类型的数据并不一定被综合成寄存器。在 always 块内被赋值的每一个信号都必须定义成 reg 型。定义格式如下,和 wire 类似:

reg [n−1:0] 数据名 1,数据名 2,数据名 3,…,数据名 i;

reg [n:1] 数据名 1,数据名 2,数据名 3,…,数据名 i;

通过 reg 型变量建立数组来对 memory 建模,可以描述 RAM、ROM 和 reg 文件。数组中一个单元通过一个数组索引进行寻址。Verilog 中没有多维数组,memory 型数据是通过扩展 reg 型数据的地址范围来生成的。定义格式如下:

reg [n−1:0] mem_name [m−1:0];

或者

reg [n−1:0] mem_name [m:1];

其中 reg [n−1:0]定义了每个存储单元的大小,即位数 n;存储器名后的[m−1:0]则定义了该存储器中有多少这样的寄存器。

1.2.2 注释符

Verilog HDL 语言允许插入注释,标明程序代码功能、修改、版本等信息,以增强程序的可阅读性和帮助管理文档。

Verilog HDL 有两种注释方式

单行注释:单行注释以"//"开场,Verilog HDL 忽略从此处到行尾的内容

多行注释:多行注释以"/ * "开场,到" * /"完毕,Verilog 忽略其中的注释内容。

1.2.3 运算符

表 1-1 列出了 Verilog HDL 中的各种运算符。

表 1-1   Verilog HDL 运算符汇总

运算符类型	运算符	说明
算术运算符	+,−,*,/,%	加,减,乘,除,取模
赋值运算符	=,<=	阻塞,非阻塞
关系运算符	>,<,>=,<=	大于,小于,大于等于,小于等于
相符运算符	==,! =,===,! ==	相等,不等,全等,非全等
逻辑运算符	&&,‖,!	逻辑与,逻辑或,逻辑非
条件运算符	?:	条件(结果二选一)
位运算符	&,|,~,^,~^或^~	位操作:与,或,非,异或,同或
移位运算符	<<,>>	左移,右移
拼接运算符	{}	连接
归约运算符	&,~&,|,~|,^,~^或^~	归约:与,与非,或,或非,异或,同或

(1)算术运算符

算术运算符的操作数为 wire 或 reg 时则是无符号数。对于整型和实型变量,可以是有符号数。若两个操作数有一个含有 x,则结果未知。例如:

```
module ArithTest；
reg [3:0] a，b，c；
initial begin
a＝4'b1100；/* a＝12 */ b＝4'b0011；/* b＝3 */ c＝4'b1011；/* b＝11 */
$ display(a * b)；//结果为 4 (10 0100,按操作数最长位数截短)
$ display(a/b)；//4
$ display(a＋b)；//15
$ display(a＋c)；//7 (1_0111 截短到 4 位)
$ display(a－b)；//9
$ display((a＋1'b1)％b)；//1
$ display(-10％3)；//-1
$ display(11％-3)；//2
end endmodule
```

(2)位运算符

其中取非运算符"～"是单目运算符。异或运算符"^"的规则是相同为 0,不同为 1,含有 x 时,结果也为 x。同或运算符"～^"与异或运算符"^"的结果相反。长度不同操作数作位运算,系统会右端对齐,并给位数少的数高位补 0。不要将位运算符和逻辑运算符混淆:比如对于取非操作,令 a＝4'b1100,其逻辑值为 1,则逻辑非"! a"为 0;而按位非"～a"为 4'b0011,仍为逻辑 1。例如:

```
module BitTest；
reg [3:0] a，b，c，d，e；
initial begin
a＝4'b1100；b＝4'b0011；c＝4'b0101；d = 4'b1xx0；e = 4'b0；
$ displayb(～a)；//结果 0011
$ displayb(a&c)；//0100
$ displayb(a|b)；//1111
$ displayb(b^c)；//0110
$ displayb(a~^c)；//0110
$ displayb(d&e)；//0000
Endendmodule
```

(3)其他运算符

逻辑运算符包括逻辑与"&&",逻辑或"‖"以及逻辑非"!",Verilog HDL 逻辑运算符运算的关系见表1-2:

表 1-2　　　　　　　　　　　　Verilog HDL 逻辑运算符运算关系

a	b	! a	! b	a&&b	a‖b
0	0	1	1	0	0
0	1	1	0	0	1
1	0	0	1	0	1
1	1	0	0	1	1

关系运算符包括大于">",小于"<",大于或等于">="和小于或等于"<=",所有关系运算

符有相同优先级别,而关系运算符优先级别低于算术运算符。"=="与"! ="又称逻辑等式运算符,若操作数含 x 或 z,结果可能为不定值。"==="与"! =="则将 x 与 z 看作一种逻辑状态,"===" 的两个被比较操作数必须完全一致结果才能为 1,否则为 0。注意"==="和"! =="是不可综合的。

移位运算符包括">>"和"<<",格式为"a<<n"或者"a>>n",其中 a 是操作数,n 表示移几位,用 0 填充移出的空位。

连接运算符"{}"把多个信号的某些位拼接起来进行运算操作,或将多个小的表达式合并形成一个大的表达式,各式间用逗号分隔{a,b[3:0],w,3'b101}即{a,b[3],b[2],b[1],b[0],w,1'b1,1'b0,1'b1}。表达式中不允许存在未指明位数的信号,因为计算拼接信号位宽时系统必须知道每个信号的位宽。可以用重复法(复制运算符)简化表达式,例如:{4{w}} = {w,w,w,w};{b,{3{a,b}}} = {b,a,b,a,b,a,b}用于表示重复次数的表达式必须是常数。

缩减运算符是单目运算符,包括缩减与"&"、缩减或"|"、缩减异或"^"及它们的非运算~&、~|、~^。普通的位操作结果位数与操作数位数相同,而缩减运算是对单个操作数递推运算:先将操作数第 1 位与第 2 位进行运算,再将结果与第 3 位运算,以此类推,直至最后 1 位。缩减操作的结果是 1 位二进制数。例如:reg [3:0] b; reg c; c = &b;相当于 c = ((b[0] & b[1]) & b[2]) & b[3]。

条件运算符"? :"中,如果"?"之前操作数为 1,返回":"之前操作数;如果"?"之前操作数为 0,则返回":"之后操作数;若"?"之前操作数为 x 或 z,则按表 1-3 逻辑将第二、三操作数按位比较得最终结果,即 0 与 0 得 0,1 与 1 得 1,其余情况为 x。

表 1-3　　　　　　　　　条件运算的结果

?:	0	1	x	z
0	0	x	x	x
1	x	1	x	x
x	x	x	x	x
z	x	x	x	x

各种运算符的优先级别见表 1-4,级别高的在上,级别低的在下:

表 1-4　　　　运算符的优先级列表

优先级	运算符
1	+ - ! ~(一元的)
2	* / %
3	+ -(二进制的)
4	<< >>
5	<<= >>=
6	== ! = === ! ==
7	& ~&
8	^ ~^ ~
9		~	
10	&&
11			
12	? :(条件运算符)

1.2.4　关键字

Verilog 中有一些保留的关键字,这些关键字具有特殊的意义,用于表示语言的语法结构和功能。以下是 Verilog 中的一些常见关键字:

(1)模块相关关键字：

module：定义一个模块。

endmodule：结束模块定义。

input：声明输入端口。

output：声明输出端口。

inout：声明双向端口。

wire：声明连线信号。

(2)数据类型和常量相关关键字：

reg：声明寄存器类型。

integer：整数数据类型。

real：实数数据类型。

parameter：声明参数。

localparam：声明局部参数。

logic：声明逻辑类型。

bit：声明位类型。

byte：声明字节类型。

signed：声明有符号类型。

unsigned：声明无符号类型。

const：声明常量。

(3)控制结构和语句相关关键字：

if：条件语句。

else：否则语句。

case：多路选择语句。

default：默认分支。

for：循环语句。

while：条件循环语句。

repeat：重复循环语句。

begin：代码块的开始。

end：代码块的结束。

always：敏感触发器的块。

(4)时序和触发器相关关键字：

posedge：正脉冲触发器。

negedge：负脉冲触发器。

edge：边沿触发器。

always_ff：时钟触发的敏感块。

always_comb：组合逻辑敏感块。

always_latch：锁存器敏感块。

(5)实例化和连接相关关键字：

assign：连接语句。

wire：连线声明。

reg：寄存器声明。

input：输入端口声明。

output：输出端口声明。

以上只是 Verilog 中的一些常见关键字，实际使用中还可能会遇到其他关键字。了解这些关键字的含义和用法对于正确编写 Verilog 代码非常重要。

1.2.5 标识符

在 Verilog 的基本语法中，标识符用于命名变量、模块、端口、信号等。以下是 Verilog 中标识符的定义规则：Verilog 标识符可以由字母、数字和下划线组成。字母可以是大写或小写字母，区分大小写。数字可以用于标识符的中间或末尾，也可以作为首字符。下划线可以用于标识符的中间或末尾，也可以作为首字符。标识符的长度可以是任意的，但只有前面的一部分字符会被考虑，超过限制的部分会被忽略。

Verilog 有一些保留的关键字，用于表示特殊的语法结构和功能，这些关键字不能用作标识符。为了增加可读性，Verilog 中的标识符通常采用一些命名规范，如使用有意义的名称、遵循驼峰命名法或下划线命名法等。

1.3 Verilog HDL 的基本语句

Verilog HDL 中的语句包括块语句、赋值语句、分支语句、循环语句以及结构说明语句等。

1.3.1 块语句

块语句通常用来将两条或者多条语句组合在一起，使其格式上看来更像一条语句。块语句有两种：一种是 begin-end 语句，通常用来标识顺序执行的语句，这种块称为顺序块；另一种是 fork-join 语句，通常用来表示并行执行的语句，这种块称为并行块。

Verilog HDL 中可以给每个块取一个名字，只需将名字加到关键词 begin 或 fork 之后，有以下原因：有名块可以在块内定义局部变量，即只在块内使用的变量；有名块可允许该块被其他语句调用，如 disable 语句。Verilog HDL 里所有的变量是静态的，即有一个唯一的存储地址，跳入跳出块不影响存储在变量内的值，块名可提供在任何仿真时刻确认变量值的方法。

（1）顺序块 begin-end

块内语句顺序执行，即上面一条语句执行完后下面的语句才能执行；每条语句的延迟时间是相对于前一条语句的仿真时间而言的；直到最后一条语句执行完，程序流程控制才跳出该语句块。格式有下列两种形式：

begin

语句 1；

语句 2；

…语句 n；

end

或者：

begin：块名块内声明语句；

```
语句1；
…
语句n；
end
```

块名即该块的名字,一个标识。块内声明可以是参数声明、reg 变量声明、integer 型变量声明和 real 型变量声明语句。

（2）并行块 fork-join

块内语句同时执行,即流程一进到并行块,块内语句一起开始并行执行。块内每条语句的延迟时间是相对于程序流程进入到块内的仿真时间定的。延迟时间用来给赋值语句提供执行时序,当按时间顺序排在最后的语句执行完,或者一个 disable 语句执行时,程序流程控制跳出该并行块。格式有下列两种形式：

```
fork
语句1；
语句2；
…语句 n；
join
```

或者：

```
fork ：块名块内声明语句；
语句1；
…
语句 n；
join
```

块名即该块的名字,相当于一个标识符,块内声明可为参数声明、reg 变量声明、integer 型变量声明 real 型变量声明、time 型变量声明、event 说明语句。

1.3.2　赋值语句

（1）非阻塞赋值

非阻塞赋值形式如 b<＝a,<＝是赋值运算不是比较运算,它与比较运算形式一样,但含义和使用位置不同,系统不会搞错。块结束后才完成赋值操作,b 的值并不是立即改变的。

（2）阻塞赋值

阻塞赋值形式如 b＝a,语句执行完后块才结束。b 的值在赋值语句执行完后就立刻改变。边沿触发的 always 块中使用阻塞赋值可能产生意想不到的结果。

1.3.3　条件语句

（1）条件语句 if-else

if 语句用来根据给定条件的判定结果给出两种操作之一。Verilog HDL 提供 3 种形式：

形式①

```
if (a＞b)
    out1 = in1;
```

形式②

```
if (a＞b)
```

```
        out1 = in1;
    else
        out1 = in2;
```

形式③

```
if (a>b)
        out1 = in1;
else if(a==b)
        out1 = in2;
else if……
        ……
Else
        out1 = in3;
```

if 后面都有表达式,"( )"里的部分,一般为逻辑表达式或关系表达式,系统对表达式值为 1 按"真"处理,若为 0、x、z,按"假"处理。允许一定形式的表达式简写方式,如:if (expression) 等同于 if (expression==1),if (! expression) 等同于 if (expression ! = 1)。if 和 else 后面可以包含一个内嵌的操作语句,有多个语句时需要用 begin-end 关键词包含起来组成复合块语句。else 语句不能单独使用,必须和 if 语句成对使用。if 语句可以嵌套使用,else 总是和它上面最近的 if 配对。若 if 与 else 的数量不同,为实现设计者意图和便于程序阅读,可以用 begin-end 块语句来确定配对关系。

(2)条件语句 case

case 语句是一种多分支语句,可直接处理 if 语句难以处理的多分支问题,常用于微处理器的指令译码等。一般有如下 3 种形式:

①case (表达式) <case 分支项> endcase
②casex (表达式) <case 分支项> endcase
③casez (表达式) <case 分支项> endcase

其中,case 分支项的一般格式如下:

分支表达式 1 : 语句 1;
分支表达式 2 : 语句 2;
… …
分支表达式 n : 语句 n;
default : 语句; / * 默认项 * /

case 括号内的表达式称为控制表达式,通常表示控制信号的某些位;case 分支项内的表达式称为分支表达式,常用控制信号的具体状态值来表示,又称常量表达式。控制表达式与分支表达式值相等时就执行分支表达式后面的语句,若所有分支表达式值都不匹配,则执行 default 后面的语句。

一个 case 语句里只可有一个 default 项,每个 case 分支项的分支表达式的值必须互不相同,否则就会矛盾。执行完 case 分支项后的语句,就跳出 case 语句结构,终止 case 语句执行。

用 case 表达式进行比较时,只有当信号对应位的值能明确进行比较时,比较才能成功,因此需要详细说明 case 分支项的分支表达式的值(位宽表达式)。case 语句所有表达式值的位宽必须相等,只有这样控制表达式与分支表达式才能进行逐位对应比较。用′bx、′b0 来替代 n′bx、n′b0 是不正确的,因为′bx 默认位宽是机器字节宽度,常为 32 位,并非 case 控制表达式位宽 n。

case 语句提供 casex 和 casez 语句用于处理控制表达式和分支表达式中含有 x 和 z 位的

情况,因此可以灵活设置信号比较方式:casez 用于处理不考虑高阻 z 的比较过程;casex 用于处理 x 和 z 都不必考虑的情况。

1.3.4　循环语句

Verilog HDL 中循环语句有连续执行的语句 forever、连续执行一条语句 n 次的语句 repeat、根据给定条件循环执行的语句 for 以及 while 语句,while 语句执行一条语句到某个条件不满足,若一开始就不满足,则一次也不执行。

(1)forever 语句

forever 语句常用于产生周期波形,作为仿真测试信号。与 always 语句不同之处在于它不能独立写在程序中,必须存在于 initial 块里(只执行一次)。两种语法格式如下:

①forever 语句;

②forever

　　begin

　　　　多条语句;

　　end

(2)repeat 语句

repeat 语句两种格式如下:

①repeat(表达式)

　　语句;

②repeat(表达式)

　　begin

　　　　多条语句;

　　end

表达式通常为常量表达式。

(3)while 语句

while 语句两种格式如下:

①while (表达式)

　　语句;

②while (表达式)

　　begin

　　多条语句;

　　end

(4)for 循环语句

for 循环语句格式如下:

for(表达式 1;表达式 2;表达式 3)

　　语句;

for 语句执行过程:

①先求解表达式 1;

②再求解表达式 2,若为真(非 0),则执行 for 内嵌语句,然后执行第③步;若为假,则结束循环,到⑤步;

③若表达式 2 为真,在执行指定语句后求解表达式 3;

④转回第②步继续执行;

⑤执行 for 语句后面的语句。

最简单的应用形式如下,易于理解:

for(循环变量初值;循环结束条件;循环变量增值)

for 也可以用 while 循环语句实现。

1.3.5 结构说明语句

结构说明语句包括 initial 语句、always 语句、task 语句以及 function 语句等。task 和 function 分别用来定义任务和函数,利用任务和函数可以把一个很大的程序模块分解成许多小的任务和函数,便于理解和调试。任务和函数往往是大的程序模块中在不同地点多次用到的相同的程序段。

(1)initial 语句

initial 语句格式如下:

```
initial
  begin
    语句 1;
    …
    语句 n;
  end
```

例如初始化寄存器 areg:

```
initial
  begin
    areg = 0;
    for (i=0;i<size;i=i+1)
      mem[i] = 0;
  end
```

(2)always 语句

always 语句声明格式:

always <时序控制> <语句>

always 语句具有不断重复执行的特性,只有和一定时序控制结合才有用,否则会产生仿真死锁,如:always areg = ～areg 将生成 0 延迟无限循环跳变过程,发生仿真死锁。增加时序控制后:always ♯PERIOD areg = ～areg;产生周期为 $2 \times$ PERIOD 的无限延续波形,可作时钟。

initial 语句和 always 语句是有区别的,一个程序模块可以有多个 initial 和 always 过程块,每个 initial 和 always 块在仿真的一开始就同时立即开始运行。initial 语句只执行一次,而 always 语句则不断重复活动,直到仿真过程结束。always 语句后面跟随的程序块是否运行由 always 后面的触发条件决定,若满足就运行一次,再满足条件再运行,直到仿真过程结束(always 语句一直在检测触发条件是否满足,若满足就执行包含的语句块)。

(3)任务 task 语句

任务定义语法如下:

task <任务名>;

    <端口及数据类型说明语句>

　　＜语句 1＞
　　…
　　＜语句 n＞

endtask。

任务调用和变量传递调用：＜任务名＞（端口 1，端口 2，…，端口 n）；

任务完成后，控制就传回启动过程，若任务内部有定时控制，则启动的时间可以与任务返回的时间不同。任务可以启动其他任务，任务数量没有限制，只有当所有任务启动完成后，控制才能返回。

（4）函数 function 语句

函数定义语法如下：

function＜返回值类型或范围＞（函数名）；

＜端口说明语句＞ //"返回值类型或范围"(若缺省)

＜变量类型说明语句＞ // 返回值为 1 位寄存器类型数据

　　begin

　　　＜语句＞

　　　…

　　end

　　endfunction//函数要返回一个用于表达式的值

函数定义例子：

function [7:0] getbyte；

　　input [15:0] address；

　　　begin

　　　＜说明语句＞//从地址提取低字节程序

　　　getbyte ＝ result_expression；//把结果赋值给返回值字节

　　　end

endfunction

函数的定义蕴涵了由＜返回值类型或范围＞定义的，与函数同名的函数内部的寄存器。即函数的定义把函数返回值寄存器的名称初始化为与函数同名的内部变量。

函数调用：＜函数名＞（＜表达式＞，… ＜表达式＞）；

函数调用例子，对两次调用 getbyte 的结果进行位拼接运算生成一个 word：word ＝ control ? {getbyte(msbyte)，getbyte(lsbyte) } : 0；

function 使用规则如下：

①函数定义不能包含任何时间控制语句，即用♯、@或 wait 标识的语句；

②函数不能启动任务；

③定义函数时至少需要有一个输入变量；

④函数定义中必须有一条赋值语句给与函数同名的一个内部变量赋以函数的结果值作为返回值。

function 与 task 说明语句的不同点在于：函数只能与主模块共用一个仿真时间单位，而任务可以定义自己的仿真时间单位；函数不能启动任务，而任务可以启动其他任务和调用函数；函数至少要有一个输入变量，而任务可没有或有多个任何类型变量；函数返回一个值，而任务不返回值；函数通过返回一个值来响应输入信号值，Verilog 把函数返回值作为表达式操作符；任务可支持多种目的，可有多个结果，结果只能通过被调用任务的输出或者总线端口送出。

习题 1

1-1 下列标识符哪些是合法的？哪些是不合法的？

Cout，8sum，_data，initial

1-2 下列数字的表示是否正确？

$6'd18$，$'Bx0$，$5'b0x110$

1-3 说明如下的数实际表示的是多少？

$3'd1001$

1-4 阻塞赋值和非阻塞赋值有什么本质的区别？

1-5 用不同的方法设计一个 3 线-8 线译码器。

1-6 initial 语句与 always 语句的区别是什么？

1-7 设计一个带异步清零的模 36 计数器，带有保持和置数功能。

1-8 设计一个 8 路彩灯控制器，要求有 4 种花型，包括全亮、全灭、左边 4 个亮右边 4 个灭和左边 4 个灭右边 4 个亮，4 种花型依次变化，周而复始。

1-9 设计一个时钟，有小时、分钟和秒钟的显示，可以校对小时、分钟和秒钟，并可以设置闹钟，画出系统组成框图。

1-10 先设计一个四选一数据选择器，再用元件实例化的方法把它扩展为八选一数据选择器。

第 2 章
数字逻辑基础

---**本 章 提 要**---

　　本章介绍了数字信号和模拟信号的区别；几种常用的数制，包括十进制、二进制、八进制、十六进制等；数字之间的转换方法；几种常用的代码；带符号的二进制数的几种表达方法。本章学习要求：

　　(1)掌握各种数制；

　　(2)掌握数制间的转换；

　　(3)掌握 BCD 码，了解其他几种代码；

　　(4)掌握带符号的二进制数的表示方法。

　　本章重点：

　　(1)数制；

　　(2)数制间的转换特别是小数部分的转换。

2.1　数字电路

　　自然界有各种各样的物理量，就其变化规律而言，分为两类——模拟量和数字量。

　　人们能感知到的自然界中的许多物理量均是模拟量，即随着时间的连续变化，其数值也连续变化的物理量，例如声音、压力、速度、气味、温度等。模拟信号是时间和幅度都连续的信号。输入、输出量均为模拟信号的电子电路称为模拟电路。

　　数字量是在时间和数值上均离散的物理量，数字信号是用数字量来表示的信号。处理数字信号并能完成数字运算的电路系统称为数字电路或数字系统。数字系统已广泛应用在我们的日常生活中，例如计算器、CPU、MP3、交通信号灯控制电路等。

　　与模拟电路相比，数字电路具有以下特点：

　　(1)数字电路的工作信号采用二进制的数字信号，用 0 和 1 表示电路中的高电平和低电平两种状态。因此基本单元电路结构简单，易于电路的集成化。

　　(2)数字电路不仅能进行数值运算，而且能进行逻辑判断和运算，进行逻辑判断和运算时关心的是输入和输出之间的逻辑关系。

（3）数字电路工作可靠、精度高，并且具有较强的抗干扰能力。数字信号便于长期存储和远程传输，保密性好，通用性强。

由于数字电路具有以上特点，为了便于信号的存储、分析和传输，常将模拟信号转换为数字信号。现实世界中的各种模拟信息经模拟电路采集、放大后，通过 A/D 转换成计算机或数字电路处理所需的数字信号，数字电路的运算、分析结果再通过 D/A 转换成便于人们接受的模拟信号（图像、声音），从而实现人们需要的信息产品。

2.2　数　制

数制就是计数规则，即进位的制度。一个数制所包含的数字符号的个数称为该数制的基数（Radix）。人们在日常生活中使用的是十进制，而在数字系统中多采用二进制，有时也采用八进制或十六进制。日常用语"屈指可数""半斤八两""天干地支""易经八卦"就分别对应十进制、十六进制、六十进制、二进制。

1. 十进制（Decimal）

十进制有 10 个数码：0,1,2,3,4,5,6,7,8,9，基数为 10，逢 10 进 1，即 9+1=10。任何一个十进制数都可以用这 10 个数码按一定规律排列起来表示。一个数的大小由它的数码大小和数码所在的位置决定。每个数码所处的位置称为"权"。权由基数的乘方表示，十进制的权由 10^0，10^1，10^2，… 以及 10^{-1}，10^{-2}，10^{-3}，… 表示。例如 8 596.41 按权展开为

$$(8\,596.41)_{10}=8\times10^3+5\times10^2+9\times10^1+6\times10^0+4\times10^{-1}+1\times10^{-2}$$

一般来说，一个 r 进制数 N 可以按权展开为

$$(N)_r=k_{n-1}r^{n-1}+k_{n-2}r^{n-2}+\cdots+k_1r^1+k_0r^0+k_{-1}r^{-1}+k_{-2}r^{-2}+\cdots+k_{-m}r^{-m}$$
$$=\sum_{i=-m}^{n-1}k_ir^i$$

式中：n 为整数部分的位数；m 为小数部分的位数；r^i 为各位的权；k_i 为系数，是各位的数码。注意，整数部分从右向左第 n 位的权为 r^{n-1}，系数为 k_{n-1}；小数部分从左向右第 m 位的权为 r^{-m}，系数为 k_{-m}。

数字电路的计数规则一般不直接采用十进制，因为构成计数电路的基本思路是把电路的状态与数码对应起来，如果采用十进制，则需要有 10 个不同的电路状态来与之对应，从而会使数字电路的结构复杂，错误概率增大，工作可靠性变差。数字电路通常采用二进制进行计数。

2. 二进制（Binary）

二进制的基数为 2，只有两个数码 0 和 1，逢 2 进 1，即 1+1=10。二进制各位的权为基数 2 的乘方（表 2-1）。

表 2-1　　　　二进制各位的权

二进制位数	权	十进制表示	二进制位数	权	十进制表示	二进制位数	权	十进制表示
12	2^{11}	2 048	6	2^5	32	-1	2^{-1}	0.5
11	2^{10}	1 024	5	2^4	16	-2	2^{-2}	0.25
10	2^9	512	4	2^3	8	-3	2^{-3}	0.125

（续表）

二进制位数	权	十进制表示	二进制位数	权	十进制表示	二进制位数	权	十进制表示
9	2^8	256	3	2^2	4	-4	2^{-4}	0.0625
8	2^7	128	2	2^1	2	-5	2^{-5}	0.03125
7	2^6	64	1	2^0	1	-6	2^{-6}	0.015625

二进制数$(101101.101)_2$可表示为

$$(101101.101)_2 = 1 \times 2^5 + 1 \times 2^3 + 1 \times 2^2 + 1 \times 2^0 + 1 \times 2^{-1} + 1 \times 2^{-3}$$

数字电路中通常采用二进制,因为二进制数只有 0 和 1 两个数码,正好对应于电路中低电平和高电平两种状态。

3. 八进制(Octal)

八进制的基数为 8,有 8 个数码:0,1,2,3,4,5,6,7,逢 8 进 1。八进制各位的权为基数 8 的乘方。例如八进制数$(374.25)_8$按权展开为

$$(374.25)_8 = 3 \times 8^2 + 7 \times 8^1 + 4 \times 8^0 + 2 \times 8^{-1} + 5 \times 8^{-2}$$

4. 十六进制(Hexadecimal)

十六进制的基数为 16,有 16 个数码:0,1,2,3,4,5,6,7,8,9,A,B,C,D,E,F,其中 A~F 分别表示 10 ～ 15,逢 16 进 1。各位的权为 16 的乘方。例如十六进制数$(D5E8.A3)_{16}$按权展开为

$$(D5E8.A3)_{16} = 13 \times 16^3 + 5 \times 16^2 + 14 \times 16^1 + 8 \times 16^0 + 10 \times 16^{-1} + 3 \times 16^{-2}$$

5. 任意进制

r 进制的基数为 r,有 r 个数码:0,1,2,…,$(r-1)$,逢 r 进 1。各位的权为 r 的乘方。例如七进制数$(345.61)_7$按权展开为

$$(345.61)_7 = 3 \times 7^2 + 4 \times 7^1 + 5 \times 7^0 + 6 \times 7^{-1} + 1 \times 7^{-2}$$

为便于对照,将几种数制之间的关系列于表 2-2 中。

表 2-2　几种数制之间的关系对照表

十进制	二进制	八进制	十六进制
0	00000	0	0
1	00001	1	1
2	00010	2	2
3	00011	3	3
4	00100	4	4
5	00101	5	5
6	00110	6	6
7	00111	7	7
8	01000	10	8
9	01001	11	9
10	01010	12	A
11	01011	13	B

（续表）

十进制	二进制	八进制	十六进制
12	01100	14	C
13	01101	15	D
14	01110	16	E
15	01111	17	F
16	10000	20	10
17	10001	21	11

2.3 数制间的转换

2.3.1 r进制转换成十进制

从上一节可以看出，各种进制数按权展开就已经完成了各种进制向十进制的转换。

【例 2-1】 将二进制数$(101011.011)_2$转换为十进制数。

解 $(101011.011)_2 = (1 \times 2^5 + 1 \times 2^3 + 1 \times 2^1 + 1 \times 2^0 + 1 \times 2^{-2} + 1 \times 2^{-3})_{10}$
$$= (43.375)_{10}$$

【例 2-2】 将八进制数$(1047.5)_8$转换为十进制数。

解 $(1047.5)_8 = (1 \times 8^3 + 4 \times 8^1 + 7 \times 8^0 + 5 \times 8^{-1})_{10} = (551.625)_{10}$

【例 2-3】 将十六进制数$(A6.C)_{16}$转换为十进制数。

解 $(A6.C)_{16} = (10 \times 16^1 + 6 \times 16^0 + 12 \times 16^{-1})_{10} = (166.75)_{10}$

2.3.2 十进制转换成r进制

转换原则如下：将十进制数的整数部分除以r取余数，直到商为0，将余数逆序排列，得到r进制数的整数部分；将十进制数的小数部分乘以r，取出乘积的整数部分，剩下的小数部分继续乘以r，直到满足误差要求，将乘积的整数部分顺序排列获得r进制数的小数部分。

【例 2-4】 将十进制数45.28转换成二进制数（取四位小数）。

解

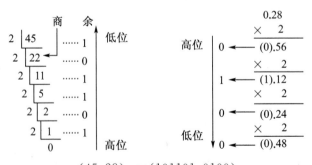

所以有 $\qquad (45.28)_{10} = (101101.0100)_2$

【例 2-5】 将十进制数 348.27 转换成八进制数(取两位小数)。

解

$$
\begin{array}{r}
8\,\underline{|348} \quad \cdots\cdots 4 \\
8\,\underline{|43} \quad \cdots\cdots 3 \\
8\,\underline{|5} \quad \cdots\cdots 5 \\
0
\end{array}
$$

低位 ↑
高位

$$
\begin{array}{r}
0.27 \\
\times \quad 8 \\
\hline
2 \leftarrow (2).16 \\
\times \quad 8 \\
\hline
1 \leftarrow (1).28
\end{array}
$$

高位 低位

所以有 $(348.27)_{10} = (534.21)_8$

【例 2-6】 将十进制数 4 021.78 转换成十六进制数(取两位小数)。

解

$$
\begin{array}{r}
16\,\underline{|4\,021} \quad \cdots\cdots 5 \\
16\,\underline{|251} \quad \cdots\cdots 11 \\
16\,\underline{|15} \quad \cdots\cdots 15 \\
0
\end{array}
$$

低位 ↑
高位

$$
\begin{array}{r}
0.78 \\
\times \quad 16 \\
\hline
12 \leftarrow (12).48 \\
\times \quad 16 \\
\hline
7 \leftarrow (7).68
\end{array}
$$

高位 低位

所以有 $(4\,021.78)_{10} = (FB5.C7)_{16}$

2.3.3 二进制与八进制间的转换

八进制数的基数 8 是 2 的幂,即 $8 = 2^3$,因此可用三位二进制数表示一位八进制数。将二进制数转换成八进制数时,以小数点为界,向左、右两侧每三位分成一组(不够三位添 0),每组转换为一位八进制数。

【例 2-7】 将二进制数 $(10111101.1101)_2$ 转换成八进制数。

解 $(\underline{010}\underline{111}\underline{101}.\underline{110}\underline{100})_2 = (275.64)_8$

【例 2-8】 将八进制数 $(3641.256)_8$ 转换成二进制数。

解 $(3641.256)_8 = (11110100001.01010111)_2$

2.3.4 二进制与十六进制间的转换

十六进制数的基数 16 是 2 的幂,即 $16 = 2^4$,因此可用四位二进制数表示一位十六进制数。将二进制数转换成十六进制数时,以小数点为界,向左、右两侧每四位分成一组(不够四位添 0),每组转换为一位十六进制数。

【例 2-9】 将二进制数 $(101110110100100.1111011)_2$ 转换成十六进制数。

解 $(\underline{0101}\underline{1101}\underline{1010}\underline{0100}.\underline{1111}\underline{0110})_2 = (5DA4.F6)_{16}$

【例 2-10】 将十六进制数 $(B2E.57)_{16}$ 转换成二进制数。

解 $(B2E.57)_{16} = (101100101110.01010111)_2$

由于八进制数和十六进制数书写比二进制数方便,而且很容易与二进制数相互转换,因此在数字电路中有时也使用八进制或十六进制。

2.4 代　码

代表信息的数码称为代码。本节介绍几种常用的二进制代码。

2.4.1　二-十进制代码(BCD 码)

若被编码的信息量为 M，用于编码的二进制数为 n 位，则应有 $n \geqslant \log 2(M)$，即 $2^n \geqslant M$。用二进制对 $0 \sim 9$ 这 10 个十进制数进行编码，令二进制数的位数为 n，应有 $n \geqslant \log 2(10)$，应取 $n = 4$。

用四位二进制数对一位十进制数的编码，称为二-十进制代码(Binary Coded Decimal，BCD)。这种编码的方法有多种，常用的几种 BCD 码列于表 2-3 中。最常用的是 8421BCD码，使用 $0000 \sim 1001$ 这 10 个四位二进制数，依次作为 10 个十进制数的代码，而 $1010 \sim 1111$为禁用码。8421BCD 码保持了二进制数位权的特点，为有权码。此外，2421BCD 码、4221BCD码、5421BCD 码等也是有权码，而余 3 码是一种偏移码，是由 8421BCD 码加 3 后得到的。从表 2-3 可以看出，余 3 码的主要特点是：0 与 9，1 与 8，2 与 7，3 与 6，4 与 5 各组数中两数之和均为 1111，即各组数中两数互为反码。

表 2-3　　　　　　　　　　　　几种 BCD 码

十进制	二进制	8421BCD	2421BCD	4221BCD	5421BCD	余 3 码
0	0000	0000	0000	0000	0000	0011
1	0001	0001	0001	0001	0001	0100
2	0010	0010	0010	0010	0010	0101
3	0011	0011	0011	0011	0011	0110
4	0100	0100	0100	0110	0100	0111
5	0101	0101	0101	0111	0101	1000
6	0110	0110	0110	1100	0110	1001
7	0111	0111	0111	1101	0111	1010
8	1000	1000	1110	1110	1011	1011
9	1001	1001	1111	1111	1100	1100

8421BCD 码与十进制之间的转换是直接完成的，例如：

$$(0101\ 1000\ 0111.1001\ 0000\ 0100)_{8421BCD} = (587.904)_{10}$$

$$(3\ 462.58)_{10} = (0011\ 0100\ 0110\ 0010.0101\ 1000)_{8421BCD}$$

8421BCD 码不能直接转换成二进制数，要先将其转换成十进制数，再由十进制数转换成二进制数。

【例 2-11】　将 8421BCD 码 $(0100\ 0101.0010\ 1000)_{8421BCD}$ 转换成二进制数。

解　$(0100\ 0101.0010\ 1000)_{8421BCD} = (45.28)_{10} = (101101.0100)_2$

2.4.2　格雷码(Gray Code)

格雷码有许多种，表 2-4 给出了典型格雷码的编码顺序。各种格雷码的共同特点是任意两个相邻码之间只有一位不同。在典型的 n 位格雷码中，0 和最大数($2^n - 1$)之间也只有一位不同，所以它是一种循环码。格雷码的这个特点使它在传输过程中引起的误差较小。例如，7 的二进制码为 0111，8 的二进制码为 1000。在 7 和 8 的边界上，二进制的四位数都发生变化,都处于模糊状态。而格雷码中 7 为 0100,8 为 1100,在二者边界上仅存在一位发生变化,带来的误差不会大于 1(7 和 8 之差)。

表 2-4   典型格雷码的编码顺序

十进制	二进制	格雷码	十进制	二进制	格雷码
0	0000	0000	8	1000	1100
1	0001	0001	9	1001	1101
2	0010	0011	10	1010	1111
3	0011	0010	11	1011	1110
4	0100	0110	12	1100	1010
5	0101	0111	13	1101	1011
6	0110	0101	14	1110	1001
7	0111	0100	15	1111	1000

2.4.3 字符代码

在数字系统中,0 和 1 不仅可以代表数,它们的组合还可以表示字母和符号的代码。ASCII 码就是一种常见的字符代码。ASCII 码是美国信息交换标准码(American Standard Code for Information Interchange)。ASCII 码一般有 7 位信息码,不同的字符组合代表不同的含义。如 0001101 为信息 CR(Carriage Return,换行),1111111 为信息 DEL(Delete,删除),1000001 为信息 A,0100101 为信息%,等等。

2.5 带符号的二进制数

带符号的二进制数的表示方法有多种,本节介绍原码、反码和补码表示法,并介绍带符号的二进制数的运算。

2.5.1 原码、反码和补码表示法

一个二进制数的原码就是其本身。

把一个二进制数的原码逐位求反,即 1 变为 0,0 变为 1,就得到该二进制数的反码。例如 11001 的反码为 00110。显然,n 位二进制数 N 的反码等于 n 位最大数(n 个 1)与其原码之差,即

$$(N)_反 = 2^n - 1 - N$$

将一个二进制数反码的最低有效位加 1,就得到该二进制数的补码。如 11001 的反码为 00110,其补码为 00111。一个 n 位二进制数 N,其补码 $(N)_补$ 的定义为

$$(N)_补 = 2^n - N$$

二进制数的补码可以直接从其原码求得,方法是:二进制数低位(包括小数部分)的第一个"1"右边保持不变(包含此 1),左边依次求反。

反码的反码为原码;补码再求补码为原码。

【例 2-12】 求二进制数 10110.011 的原码、反码和补码。

解 二进制数 10110.011 的原码:10110.011;反码:01001.100;补码:01001.101。

2.5.2　带符号的二进制数表示法

一个二进制数可以表示为正数或者负数,方法是在二进制数最高位之前加一个符号位,用 0 表示正数,1 表示负数,通常用逗号将符号位隔开。

正二进制数的原码表示法、反码表示法和补码表示法相同,均为符号位 0 加二进制数本身。例如:$(+37)_{10}=0,100101$。

对于负二进制数,三种表示方法不同,规则如下:

原码表示法:符号位 1 加原码;

反码表示法:符号位 1 加反码;

补码表示法:符号位 1 加补码。

例如,37 的二进制数为 100101,(-37) 的三种二进制表示法分别如下:

原码表示法:1,100101;

反码表示法:1,011010;

补码表示法:1,011011。

【例 2-13】　分别写出 23.3 和 (-34.72) 的二进制数的原码表示、反码表示和补码表示。

解　$(23.3)_{10}=(10111.01)_2$,其原码表示、反码表示和补码表示均是:0,10111.01。

$(-34.72)_{10}=-(100010.11)_2$,其原码表示:1,100010.11;反码表示:1,011101.00;补码表示:1,011101.01。

2.5.3　带符号二进制数的运算

在数字电路系统中,为了简化运算电路,减法运算用补码相加来完成,乘法运算用加法和移位来实现,除法运算用减法和移位来完成。因此,加法运算是数字电路的基本运算单元。例 2-14 说明了如何利用补码运算将减法化为加法来完成计算。

【例 2-14】　用二进制补码运算求 $(1101)_2-(1010)_2$。

解　采用补码运算,首先化为带符号数相加的形式:

$$(1101)_2-(1010)_2=(0,1101)_2+(1,1010)_2$$

对两数求补码:

$$[(0,1101)_2]_补=0,1101 \quad [(1,1010)_2]_补=1,0110$$

然后两个补码相加并舍去进位:

$$0,1101+1,0110=(1)\,0,0011=0,0011$$

这仍是结果的补码形式。对此结果再求一次补码,得到结果的原码:

$$(0,0011)_补=0,0011$$

所以

$$(1101)_2-(1010)_2=(0,0011)_2$$

2.6　数字逻辑应用实例——二进制转 BCD 码模块

2.6.1　BCD 码介绍

BCD 码,又称二-十进制码,使用 4 位二进制数来表示 1 位十进制数中的 0～9 这 10 个数码,是一种用二进制编码的十进制数码。在进行数码管或 LCD 显示数字时,我们要显示数字的个位、十位、百位等,常用的办法是取余。但这种方法需要浪费大量的资源,且时序不容易优化。所以本节介绍一种二进制转 BCD 码模块来获取各个位上的数字的方法。

2.6.2 转换模块实例代码

输入转换的二进制码有多少位我们就需要进行多少次判断移位操作,基本步骤如下:

(1)左移要转换的二进制码 1 位;

(2)左移之后,BCD 码分别置于百位、十位、个位;

(3)如果移位后所在的 BCD 码列大于或等于 5,则对该值加 3;

(4)继续左移的过程,直到全部移位完成。

代码如下:

```
module binary2bcd(
    input   wire            sys_clk,
    input   wire            sys_rst_n,
    input   wire    [19:0]  data,
    output  reg     [23:0]  bcd_data        //显示的值
);
    //parameter define
    parameter   CNT_SHIFT_NUM = 7'd20;  //由 data 的位宽决定
//reg define
reg [6:0]       cnt_shift;          //移位判断计数器
reg [43:0]      data_shift;         //移位判断数据寄存器
reg             shift_flag;         //移位判断标志信号
//cnt_shift 计数
always@(posedge sys_clk or negedge sys_rst_n)begin
    if(! sys_rst_n)
        cnt_shift <= 7'd0;
    else if((cnt_shift == CNT_SHIFT_NUM + 1) && (shift_flag))
        cnt_shift <= 7'd0;
    else if(shift_flag)
        cnt_shift <= cnt_shift + 1'b1;
    else
        cnt_shift <= cnt_shift;
end
//data_shift 计数器为 0 时赋初值,计数器为 1~CNT_SHIFT_NUM 时进行移位操作
always@(posedge sys_clk or negedge sys_rst_n)begin
    if(! sys_rst_n)
```

```verilog
            data_shift <= 44'd0;
        else if(cnt_shift == 7'd0)
            data_shift <= {24'b0,data};
        else if((cnt_shift <= CNT_SHIFT_NUM)&&(! shift_flag))begin
            data_shift[23:20] <= (data_shift[23:20] > 4)
                ? (data_shift[23:20] + 2'd3):(data_shift[23:20]);
            data_shift[27:24] <= (data_shift[27:24] > 4)
                ? (data_shift[27:24] + 2'd3):(data_shift[27:24]);
            data_shift[31:28] <= (data_shift[31:28] > 4)
                ? (data_shift[31:28] + 2'd3):(data_shift[31:28]);
            data_shift[35:32] <= (data_shift[35:32] > 4)
                ? (data_shift[35:32] + 2'd3):(data_shift[35:32]);
            data_shift[39:36] <= (data_shift[39:36] > 4)
                ? (data_shift[39:36] + 2'd3):(data_shift[39:36]);
            data_shift[43:40] <= (data_shift[43:40] > 4)
                ? (data_shift[43:40] + 2'd3):(data_shift[43:40]);
        end
        else if((cnt_shift <= CNT_SHIFT_NUM)&&(shift_flag))
            data_shift <= data_shift << 1;
        else
            data_shift <= data_shift;
end
//shift_flag 移位判断标志信号,用于控制移位判断的先后顺序
always@(posedge sys_clk or negedge sys_rst_n)begin
    if(! sys_rst_n)
        shift_flag <= 1'b0;
    else
        shift_flag <= ~shift_flag;
end
//当计数器等于 CNT_SHIFT_NUM 时,移位判断操作完成,整体输出
always@(posedge sys_clk or negedge sys_rst_n)begin
    if(! sys_rst_n)
        bcd_data <= 24'd0;
    else if(cnt_shift == CNT_SHIFT_NUM + 1)
        bcd_data <= data_shift[43:20];
    else
        bcd_data <= bcd_data;
end
endmodule
```

习题 2

2-1 什么是数字电路？与模拟电路相比,数字电路具有哪些特点？

2-2 为什么在数字电路中通常采用二进制？

2-3 把下列二进制数转换成十进制数。

(1)$(11000101)_2$ (2)$(111111011)_2$ (3)$(010001)_2$

(4)$(0.01001)_2$ (5)$(0.011010)_2$ (6)$(1010.001)_2$

2-4 把下列十进制数转换成二进制数。

(1)$(12.0625)_{10}$ (2)$(127.25)_{10}$ (3)$(101)_{10}$

(4)$(673.23)_{10}$ (5)$(1\,030)_{10}$ (6)$(2\,002)_{10}$

2-5 把二进制数$(110101111.110)_2$分别转换成十进制数、八进制数和十六进制数。

2-6 把八进制数$(623.77)_8$分别转换成十进制数、十六进制数和二进制数。

2-7 把十六进制数$(2AC5.D)_{16}$分别转换成十进制数、八进制数和二进制数。

2-8 把十进制数$(432.13)_{10}$转换成五进制数。

2-9 用8421BCD码表示下列十进制数。

(1)$(42.78)_{10}$ (2)$(103.65)_{10}$ (3)$(9.04)_{10}$

2-10 把下列8421BCD码表示成十进制数。

(1)$(01011000)_{8421BCD}$ (2)$(10010011\ 0101)_{8421BCD}$

(3)$(00110100.01110001)_{8421BCD}$ (4)$(01110101.0110)_{8421BCD}$

2-11 把下列8421BCD码表示成二进制数。

(1)$(1000)_{8421BCD}$ (2)$(00110001)_{8421BCD}$

2-12 把$(10010011)_{8421BCD}$转换成5421BCD码,把$(10010011)_{5421BCD}$转换成8421BCD码。

2-13 填空。

(1)$(58.23)_{10} = ($ $)_2 = ($ $)_8 = ($ $)_{8421BCD}$

(2)$(000110001001.00110101)_{8421BCD} = ($ $)_{10} = ($ $)_2$

2-14 下列各式是否正确？为什么？

(1)$(01011001.1000)_2 = (59.8)_{10}$

(2)$(B3.F)_{16} = (10110011.1111)_{8421BCD}$

2-15 填写表2-5中的空格。

表 2-5   题 2-15 表

原码	反码	补码
10010		
	01010.01	
		111001.10
10000		

2-16 求下列二进制数的补码和反码。

(1)1,1010101　　　　(2)0,0111000　　　　(3)1,0000001　　　　(4)1,10000

2-17 求下列十进制数的二进制数原码、反码和补码表示。

(1)$(+418)_{10}$　　　　(2)$(-52)_{10}$　　　　(3)$(39.28)_{10}$

2-18 求下列各数的二进制数原码、反码和补码表示。

(1)$(+312)_8$　　　(2)$(-75)_8$　　　(3)$(+B73)_{16}$　　　(4)$(-C82)_{16}$

2-19 用二进制补码运算求下列各式的值。

(1)$(+51)_{10}+(+32)_{10}$　　　　　　　　(2)$(-51)_{10}+(-32)_{10}$

(3)$(+51)_{10}+(-32)_{10}$　　　　　　　　(4)$(-51)_{10}+(+32)_{10}$

2-20 用二进制补码运算求$(10011.10)_2-(01100.01)_2$。

杰出人物

卓越成就

第3章
逻辑门电路

本 章 提 要

　　本章介绍了基本逻辑门及逻辑运算(与、或、非)以及复合逻辑门的逻辑符号、逻辑关系表达式、真值表。本章学习要求:

　　掌握各种逻辑门的逻辑符号、逻辑关系表达式、真值表,逻辑门包括与门、或门、非门以及与非门、或非门、与或门、与或非门、异或门、同或门、三态门、传输门等。

　　本章重点:

　　基本及复合逻辑门的逻辑符号、逻辑关系表达式、真值表。

3.1　概　述

　　用以实现基本逻辑运算和复合逻辑运算的单元电路称为逻辑门电路。实现基本逻辑运算的门电路有与门、或门和非门,实现复合逻辑运算的门电路有与非门、或非门、与或非门、异或门、同或门等。

　　在数字电路中,用高、低电平分别表示两值逻辑的 1 和 0 两种状态。获得高、低输出电平的开关电路基本原理可以用图 3-1 表示。当开关 S 断开时,输出电压 V_o 为高电平;当 S 开关接通以后,输出电压 V_o 为低电平。开关 S 在数字电路中可以用半导体二极管或三极管组成,只要通过输入电压 V_i 控制二极管或三极管工作在截止和导通两个状态,就可以起到图 3-1 中的开关 S 的作用。

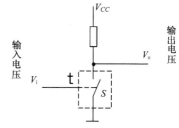

图 3-1　获得高低电平的开关电路基本原理

　　如果以输出的高电平表示逻辑 1,以低电平表示逻辑 0,则称这种表示方法为正逻辑。反之,若以输出的高电平表示 0,而以低电平表示 1,则称这种表示方法为负逻辑。以后除特殊说明,本书中一律采用正逻辑。

　　因为实际工作中只要能区分出来高、低电平就可以明确其所表示的逻辑状态,所以高、低电平都有一个允许范围。正因为如此,数字电路对元器件参数精度、电源稳定性的要求都比模拟电路低,也就是抗干扰能力强。

逻辑门电路种类繁多,按是否集成来分类,可分为分立元件逻辑门电路和集成逻辑门电路。在数字系统中广泛使用的是半导体集成电路,主要采用外延生长、光刻、氧化物生成、离子注入等技术,将晶体管、电阻、电感等元件和内部电路连线在一起,组合在一块半导体基片上,构成电路单元并封装在外壳内。

集成电路按照其内部有源器件的不同可以分为两类:双极型晶体管集成电路和绝缘栅场效应管集成电路。比较而言,前者的工作速度高,驱动能力强,但功耗大,集成度低;后者功耗低,集成度高。超大规模集成电路基本上采用场效应管集成电路,集成度高,但工作速度相对较低。

数字集成电路依据集成度可以分为四类:小规模集成(Small Scale Integration,SSI),单片内集成元件少于 100 个;中规模集成(Medium Scale Integration,MSI),单片内集成元件 100~1 000 个;大规模集成(Large Scale Integration,LSI),单片内集成元件 1 000~10 000 个;超大规模集成(Very Large Scale Integration,VLSI),单片内集成元件在 10 000 个以上。

依据芯片设计方法,数字集成电路可分为三类:标准通用逻辑组件,如常用的各种基本逻辑门电路、触发器、寄存器、计数器等;可编程逻辑器件,如可编程只读存储器、可擦除可编程只读存储器、现场可编程门阵列、复杂可编程逻辑器件等;专用集成芯片,如视频编解码芯片等。

3.2 逻辑门电路介绍

3.2.1 基本逻辑门电路

逻辑代数的基本运算有与、或、非三种。与、或、非逻辑定义的说明电路如图 3-2 所示。

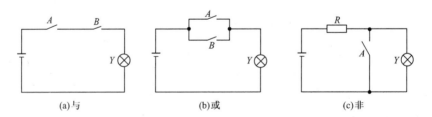

图 3-2 与、或、非逻辑定义的说明电路

在图 3-2(a)所示的电路中,只有两个开关同时闭合时,指示灯才会亮;在图 3-2(b)所示的电路中,只要任何一个开关闭合,指示灯就会亮;而在图 3-2(c)所示的电路中,开关断开时指示灯才会亮,开关闭合时指示灯反而不亮。

三个电路代表了三种不同的因果关系:图 3-2(a)表明,只有全部条件同时具备时,结果才发生,这种因果关系称为逻辑与,也称为逻辑乘;图 3-2(b)表明,只要诸多条件中任何一个满足时,结果就会发生,这种因果关系称为逻辑或,也称为逻辑加;图 3-2(c)表明,只要条件具备了,结果就不会发生,而条件不具备,结果反而会发生,这种因果关系称为逻辑非,也称为逻辑求反。

实现三种基本逻辑运算的门电路分别是与门、或门和非门,其逻辑符号如图 3-3 所示。

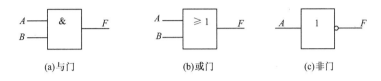

图 3-3　与门、或门和非门的逻辑符号

1. 与门

实现与运算功能的逻辑器件称为与门,每个与门有两个或两个以上的输入端和一个输出端,两输入端的与门逻辑符号如图 3-3(a)所示。

在图 3-3(a)中,A、B 为输入端,F 为输出端,其输入和输出间的电平关系见表 3-1。采用正逻辑,其输入和输出间的逻辑关系(真值表)见表 3-2。与门输出和输入之间的逻辑关系表达式为

$$F = A \cdot B$$

表 3-1　与门输入和输出间的电平关系

输入		输出
A	B	F
V_L	V_L	V_L
V_L	V_H	V_L
V_H	V_L	V_L
V_H	V_H	V_H

表 3-2　两输入端与门真值表

输入		输出
A	B	F
0	0	0
0	1	0
1	0	0
1	1	1

2. 或门

实现或运算逻辑功能的逻辑器件称为或门。每个或门有两个或两个以上的输入端和一个输出端,两输入端或门的逻辑符号如图 3-3(b)所示。图中 A、B 为输入端,F 为输出端,其输入和输出间的电平关系见表 3-3,真值表见表 3-4。或门输出和输入之间的逻辑关系表达式为

$$F = A + B$$

表 3-3　或门输入和输出间的电平关系

输入		输出
A	B	F
V_L	V_L	V_L
V_L	V_H	V_H
V_H	V_L	V_H
V_H	V_H	V_H

表 3-4　两输入端或门真值表

输入		输出
A	B	F
0	0	0
0	1	1
1	0	1
1	1	1

3. 非门

实现非逻辑运算功能的逻辑器件称为非门,非门也称为反相器,每个非门有一个输入端和一个输出端,其逻辑符号如图 3-3(c)所示。图中 A 为输入端,F 为输出端,其输入与输出间的电平关系见表 3-5,真值表见表 3-6。非门输出和输入之间的逻辑关系表达式为

$$F = \overline{A}$$

表 3-5　非门输入与输出间的电平关系

输入 A	输出 F
V_L	V_H
V_H	V_L

表 3-6　　非门真值表

输入 A	输出 F
0	1
1	0

3.2.2　复合逻辑门电路

从理论上讲,由与、或、非三种基本门电路可以实现任何逻辑功能,但在实际应用中,为了提高门电路的抗干扰能力、负载能力等,通常将一些复合逻辑用集成电路一起实现,称为复合逻辑门电路。最常用的复合逻辑门电路有与非门、或非门、与或非门和异或门,它们的逻辑符号如图 3-4 所示。

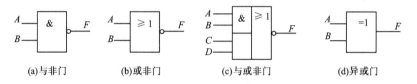

图 3-4　与非门、或非门、与或非门、异或门的逻辑符号

1. 与非门

实现与运算后再进行非运算的复合逻辑门电路称为与非门。与非门有两个或两个以上的输入端,两输入端与非门的逻辑符号如图 3-4(a)所示。图中 A、B 为输入端,F 为输出端。

输入与输出间的电平关系见表 3-7,真值表见表 3-8。与非门输出和输入间的逻辑关系表达式为

$$F = \overline{A \cdot B}$$

表 3-7 与非门输入与输出间的电平关系

输入		输出
A	B	F
V_L	V_L	V_H
V_L	V_H	V_H
V_H	V_L	V_H
V_H	V_H	V_L

表 3-8　两输入端与非门真值表

输入		输出
A	B	F
0	0	1
0	1	1
1	0	1
1	1	0

2. 或非门

实现或运算后再进行非运算的复合逻辑门电路称为或非门。或非门有两个或两个以上的输入端,两输入端或非门的逻辑符号如图 3-4(b)所示。图中 A、B 为输入端,F 为输出端。

输入与输出间的电平关系见表 3-9,真值表见表 3-10。或非门输出和输入间的逻辑关系表达式为

$$F=\overline{A+B}$$

表 3-9 或非门输入与输出间的电平关系		
输 入		输 出
A	B	F
V_L	V_L	V_H
V_L	V_H	V_L
V_H	V_L	V_L
V_H	V_H	V_L

表 3-10 两输入端或非门真值表		
输 入		输 出
A	B	F
0	0	1
0	1	0
1	0	0
1	1	0

3. 与或非门

实现与、或、非复合运算的复合逻辑门电路称为与或非门,其逻辑符号如图 3-4(c)所示,真值表见表 3-11。与或非门输出和输入之间的逻辑关系表达式为

$$F=\overline{A \cdot B+C \cdot D}$$

表 3-11 与或非门真值表

输 入				输出	输 入				输出
A	B	C	D	F	A	B	C	D	F
0	0	0	0	1	1	0	0	0	1
0	0	0	1	1	1	0	0	1	1
0	0	1	0	1	1	0	1	0	1
0	0	1	1	0	1	0	1	1	0
0	1	0	0	1	1	1	0	0	0
0	1	0	1	1	1	1	0	1	0
0	1	1	0	1	1	1	1	0	0
0	1	1	1	0	1	1	1	1	0

4. 异或门

异或逻辑指当两个输入端取值不同时,输出为 1;当两个输入端取值相同时,输出为 0。实现异或运算的复合逻辑门电路称为异或门。异或门有且只有两个输入端,一个输出端,其逻辑符号如图 3-4(d)所示。异或门的真值表见表 3-12,其输出和输入之间的逻辑关系表达式为

$$F=A \oplus B=A \overline{B}+\overline{A} B$$

异或运算之后再进行非运算,则称为同或运算,其逻辑是指当两个输入端取值相同时,输出为 1;当两个输入端取值不同时,输出为 0。同或门的真值表见表 3-13,其输出和输入之间的逻辑关系表达式为

$$F=A \odot B=\overline{A \oplus B}=\overline{A} \cdot \overline{B}+AB$$

表 3-12 异或门真值表		
输 入		输 出
A	B	F
0	0	0
0	1	1
1	0	1
1	1	0

表 3-13 同或门真值表		
输 入		输 出
A	B	F
0	0	1
0	1	0
1	0	0
1	1	1

3.3 基本逻辑门的 Verilog HDL 实现

使用 Verilog HDL 实现组合逻辑可以采用 3 种方式:(1)使用 Verilog HDL 的基本逻辑门保留字;(2)使用逻辑运算符与连续赋值 assign 语句;(3)在 always 过程块中使用逻辑运算符。

3.3.1 使用 Verilog HDL 的基本逻辑门保留字

Verilog HDL 标准中提供了多个门级保留字（原语），用于描述基本逻辑门，它们包括与门"and"、或门"or"、非门"not"、异或门"xor"，以及与非门"nand"、或非门"nor"、同或门"xnor"等，所有保留字均为小写字母。在模块中将这些保留字实例化，就可以描述所需的基本逻辑门。

例如，用保留字 and 实现一个三输入端的与门，代码如下。模块端口列表里在声明端口变量名时同时声明了端口方向。模块内部将保留字 and 实例化，实例名称是 inst1，其端口列表里的第一个端口是输出信号 out，后面的端口都是输入，分别是输入信号 a、b、c，输入端口数量可以根据需要的数量设置。

```
module AND (output out, input a, input b, input c);
    and inst1(out, a, b, c);    //保留字实例化与门实体 inst1 并连接端口
endmodule
```

同理，将上述模块的保留字 and 换为 nand、or、nor、xor、xnor，可以分别实现与非、或门、或非门、异或门、同或门逻辑。

又如，要实现非门，使用保留字 not，所需代码如下。实例化后实体 inst2 的第一个端口是输出端口，第二个端口是输入端口。

```
module NOT (output out, input in);
    not inst2(out, in);
endmodule
```

3.3.2 使用逻辑运算符与连续赋值 assign 语句

Verilog HDL 的 assign 关键字，可以为 wire 型变量赋值，实现组合逻辑。将 assign 语句与逻辑运算符、位运算符配合，可以实现逻辑门。Verilog HDL 的逻辑运算符包括逻辑与"&&"、逻辑或"||"、逻辑非"!"，逻辑运算的结果是 1 位。Verilog HDL 的位运算符包括按位与"&"、按位或"|"、按位非"~"、按位异或"^"、按位同或"~^"或"^~"，位运算结果的位数与参与运算的变量长度相同。

用 assign 语句和逻辑运算符实现一个二输入端的与门，用如下的代码实现。模块端口列表里在声明端口时同时声明了端口方向，默认的数据类型是 wire 型。

```
module AND2 (output out, input a, input b);
    assign out = a && b;
endmodule
```

又如，用 assign 语句和逻辑运算符同样可以实现多输入端的与门，根据需要扩展输入端口数量即可。三输入端与门的代码如下。将逻辑与换成逻辑或即可实现或门。

```
module AND3 (output out, input a, input b, input c);
    assign out = a && b && c;
endmodule
```

再如，要实现非门，使用 assign 语句与逻辑非运算符"!"，代码如下：

```
module NOT (output out, input in);
    assign out = ! in;
endmodule
```

按位操作运算符是将各操作数从低位对齐，再将各对应位做逻辑操作，运算结果位数与最长的操作数位数一致。例如，用 assign 语句和按位与运算符实现一个三输入端的与门，输入端口位

宽用宏定义"define WIDTH 4"定义为 4 位,逻辑运算的结果也为 4 位,用如下的代码实现:

```
`define WIDTH  4              //定义所需与门位宽
module AND (out, a, b, c);
output [`WIDTH:1] out;
input [`WIDTH:1] a, b, c;
    assign out = a & b & c;      //"按位与"语法
endmodule
```

同理,要实现多位操作的逻辑门电路,只需将上述代码的按位与换成按位或、按位异或、按位同或即可。此外,还可以实现多位的非操作,输出变量与输入变量位数相同,代码如下:

```
`define WIDTH  4              //定义所需非门位宽
module NOT (output [`WIDTH:1] out, input [`WIDTH:1] in);
    assign out = ~in;
endmodule
```

3.3.3 在 always 过程块中使用逻辑运算符

使用 always 过程块可以实现组合逻辑,其中表示组合逻辑的行为语句与用 assign 语句的逻辑表达式相似,只不过要注意 Verilog HDL 语法规则要求在 always 过程块中被赋值的变量要声明成寄存器(reg)型的变量。

例如,用 always 过程块语句和逻辑运算符实现一个三输入端与门,代码如下。注意输出变量 out 在 always 里被赋值,不论是在端口列表里定义变量类型,还是在端口说明里定义变量类型,均应定义为 reg 型变量。此外,组合逻辑使用到的所有输入信号均应放在 always @ 后面"()"中的敏感事件列表里,用关键字"or"分隔,或用","分隔,Verilog HDL 2005 版的国际标准也允许用"＊"代替"()"里的敏感事件列表,这样可以避免修改代码时,敏感事件列表里漏掉新加的输入变量。

```
module AND3 (output reg out, input a, input b, input c);
    always @ (a or b or c)      //也可写成 always @ (a, b, c)或 always @ (＊)
        out = a && b && c;
endmodule
```

又如,用 always 过程块语句定义一个三输入端的与门,输入、输出端口位宽均为 4 位,可以用如下的代码实现:

```
`define WIDTH  4              //宏定义常数,用于表示与门位宽
module AND3 (out, a, b, c);
output reg [`WIDTH:1] out;
input [`WIDTH:1] a, b, c;
    always @ (＊)
        out = a & b & c;         //"按位与"语法
endmodule
```

3.4 逻辑门电路应用实例——奇偶检验生成电路

3.4.1 奇偶校验位介绍

奇偶校验位(Parity Bit)是一种用于数据传输中错误检测的简单校验方法。它通过在

数据位中添加一个额外的校验位来检测传输过程中的奇偶错误。在奇偶校验中,每个数据字节(通常是8位)都附加一个额外的校验位,使得数据字节的总位数变为9位。校验位的值取决于数据字节中的位数中有多少个1。奇偶校验定义如图3-5所示校验位的计算方式如下。

奇校验:校验位被设置为使得整个数据字节中1的个数为奇数。如果数据字节中的1的个数已经是奇数,则校验位设置为0,否则设置为1。

偶校验:校验位被设置为使得整个数据字节中1的个数为偶数。如果数据字节中的1的个数已经是偶数,则校验位设置为0,否则设置为1。

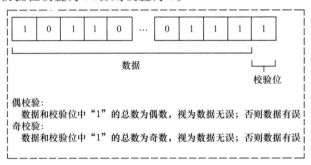

图 3-5 奇偶校验定义

3.4.2 奇偶校验生成模块实例代码

奇偶校验生成模块的输入信号为8位的数据data_in,输出信号为1位的校验结果parity_bit_out。通过"按位异或"运算获得偶校验的值,对偶校验值取反获得奇校验结果。

代码如下:

```
module generate_parity_bit
#(
    parameter DATA_WIDTH = 8,
    parameter   PARITY_TYPE = "even parity" //允许的取值:"even parity" 或 "odd parity"
)
(
    input [DATA_WIDTH−1:0]   data_in,
    output                   parity_bit_out
);
wire even_bit;//偶校验需求下计算出来的校验位
wire odd_bit; //奇校验需求下计算出来的校验位
assign even_bit = ^data_in;
assign odd_bit = ~even_bit;
if(PARITY_TYPE == "even parity")
begin
    assign parity_bit_out = even_bit;
end
else
begin
    assign parity_bit_out = odd_bit;
end
endmodule
```

习题 3

3-1　题图 3-1(a)画出了几种两输入端的门电路,试对应题图 3-1(b)中的 A、B 波形画出各门的输出 $F_1 \sim F_6$ 的波形。

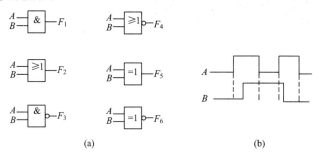

(a)　　　　　　　　(b)

题图 3-1

3-2　求题图 3-2 所示电路的输出逻辑函数 F_1、F_2。

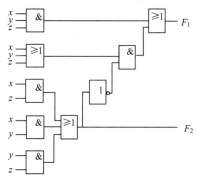

题图 3-2

3-3　把题图 3-3 所示的或非门电路变成与或非门电路。

3-4　把题图 3-4 所示的门电路变换成非门电路。

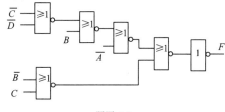

题图 3-3

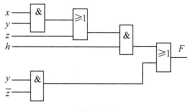

题图 3-4

杰出人物

卓越成就

第4章
逻辑代数基础

本章提要

　　本章主要介绍了逻辑代数的基本运算法则及常用公式；逻辑函数的两种标准形式；逻辑函数的公式化简法及卡诺图化简法；具有随意项的卡诺图化简方法及引入变量卡诺图化简法。本章学习的要求：

　　(1)掌握逻辑代数的运算法则、基本规则以及常用公式；

　　(2)了解逻辑函数的标准形式；

　　(3)应用逻辑函数的基本公式化简逻辑函数；

　　(4)熟练掌握逻辑函数的卡诺图化简法；

　　(5)掌握随意项及引入变量卡诺图法化简逻辑函数。

本章重点：

熟练运用公式法及卡诺图法化简逻辑函数。

　　数字电路使用二进制，即电路中的信号变量均为二值变量，只能有 0、1 两种取值。逻辑代数描述了二值变量的运算规律，它是英国数学家布尔(George Boole)于 19 世纪中叶在他的著作《逻辑的数学分析》及《思维规律》中提出的，也称布尔代数。逻辑代数是按逻辑规律进行运算的代数，是分析和设计数字逻辑电路不可缺少的基础数学工具。本章主要讨论逻辑代数的运算法则、基本规则以及逻辑函数的化简方法。

4.1　逻辑代数的运算法则

　　逻辑代数中的变量只有 0、1 两种取值，逻辑函数的输入变量可以有多个，输出变量为一位变量。逻辑代数基本运算包括非、或和与三种运算。变量 A 的非运算记为 $\overline{A}$，即 $\overline{0}=1,\overline{1}=0$。或运算称为逻辑加法，用"+"表示，分别为 $0+0=0,0+1=1,1+0=1$ 和 $1+1=1$。与运算称为逻辑乘法，用"·"表示，分别为 $0\cdot0=0,0\cdot1=0,1\cdot0=0$ 和 $1\cdot1=1$。

4.1.1　逻辑代数的基本定律

(1)交换律：$A\cdot B=B\cdot A,A+B=B+A$。

(2)结合律：$A(BC)=(AB)C,A+(B+C)=(A+B)+C$。

(3)分配律：$A(B+C)=AB+AC,A+BC=(A+B)(A+C)$。

(4)01 律：$1 \cdot A=A,1+A=1,0 \cdot A=0,0+A=A$。

(5)互补律：$A \cdot \overline{A}=0,A+\overline{A}=1$。

(6)重叠律：$A \cdot A=A,A+A=A$。

(7)还原律：$\overline{\overline{A}}=A$。

(8)反演律，即摩根定理(Morgan Theorems)：$\overline{A \cdot B}=\overline{A}+\overline{B},\overline{A+B}=\overline{A} \cdot \overline{B}$。

可以用真值表证明上述定律的正确性。

4.1.2　逻辑代数的基本规则

1.代入规则

在任何一个逻辑代数等式中,如果等式两边出现的某一变量都用一个逻辑函数代替,则等式依然成立。例如,用代入规则证明摩根定理也适用于多变量的情况。已知 $\overline{A \cdot B}=\overline{A}+\overline{B}$,将$(BC)$代入左式中 B 的位置,有 $\overline{A \cdot (BC)}=\overline{A}+\overline{BC}=\overline{A}+\overline{B}+\overline{C}$。同样,已知 $\overline{A+B}=\overline{A} \cdot \overline{B}$,将$(B + C)$代入左式中 B 的位置,有 $\overline{A+(B+C)}=\overline{A} \cdot \overline{B+C}=\overline{A} \cdot \overline{B} \cdot \overline{C}$。再如,由 01 律,已知$1+A=1$,则有 $1= 1+A =1+A + B + C + ABC + DE +\cdots$,即 1 可以吸收或扩展出任意的或项。

2.反演规则

设 F 为逻辑函数,如果将该函数表达式中所有的"与"换成"或","或"换成"与";"0"换成"1","1"换成"0";原变量换成反变量,反变量换成原变量,则所得到的逻辑函数即 F 的反函数,表达式为 $\overline{F}$。若函数 F 成立,其反函数 $\overline{F}$ 也成立,同时有 $\overline{\overline{F}}=F$。

运用反演规则时要注意以下两点：

(1)运算优先顺序不变；

(2)不是单一变量上的反号保持不变。

【例 4-1】　已知 $F=A(B+\overline{C})+CD$,求 $\overline{F}$。

解
$$\overline{F}=(\overline{A}+\overline{B}C)(\overline{C}+\overline{D})$$

【例 4-2】　已知 $G=\overline{\overline{(\overline{W}+X)\overline{Y}} \cdot Z \cdot \overline{X}}$,求 $\overline{G}$。

解
$$\overline{G}=\overline{\overline{\overline{W}\overline{X}+Y}+\overline{Z}+X}$$

3.对偶规则

若 F 为一逻辑函数,如果将该函数表达式中所有"与"换成"或","或"换成"与";"0"换成"1","1"换成"0",则所得到的逻辑函数即 F 的对偶式,表达式为 F'。F 成立,F' 也成立,同时有$(F')'=F$。

【例 4-3】　已知 $F=A(B+\overline{C})+CD$,求 F'。

解
$$F'=(A+B\overline{C})(C+D)$$

【例 4-4】 已知 $G = \overline{\overline{(\overline{W}+X)\overline{Y} \cdot Z} \cdot X}$，求 G'。

解
$$G' = \overline{\overline{\overline{W}X+\overline{Y}}+Z} + X$$

利用对偶规则可以使要证明的公式数减少一半。

4.1.3 逻辑代数常用公式

(1) $A+AB=A$，$A(A+B)=A$。也称为吸收律。

(2) $AB+A\overline{B}=A$，$(A+B)(A+\overline{B})=A$。也称为合并律。

(3) $A+\overline{A}B=A+B$，$A(\overline{A}+B)=AB$。

(4) $AB+\overline{A}C+BC=AB+\overline{A}C$。也称为冗余定理。推论：$AB+\overline{A}C+BCDE=AB+\overline{A}C$。

(5) $A \odot B = \overline{A \oplus B}$。证明：$\overline{A \oplus B} = \overline{\overline{A}B+A\overline{B}} = (A+\overline{B})(\overline{A}+B) = AB+\overline{A}\,\overline{B} = A \odot B$

(6) $A \oplus A=0$，$A \oplus \overline{A}=1$，$A \oplus 0=A$，$A \oplus 1=\overline{A}$。

(7) 如果 $A \oplus B=C$，则 $A \oplus C=B$，$B \oplus C=A$。推论：如果 $A \oplus B \oplus C=0$，则有 $A \oplus B \oplus 0=C$，$C \oplus B \oplus 0=A$。

多变量异或运算中，运算结果只与变量为 1 的个数有关，与变量为 0 的个数无关。若有奇数个变量为 1，则结果为 1；若有偶数个变量为 1，则结果为 0。

4.2 逻辑函数的标准形式

逻辑函数有两种标准形式，一种是"最小项之和"的形式，称为标准与或式；另一种是"最大项之积"的形式，称为标准或与式。

4.2.1 最小项和标准与或式

1. 最小项

多个变量的乘积形式称为与项，如 AB、$\overline{B}DE$。由 n 个变量组成逻辑函数的最小项是包含这 n 个变量的与项，其中每个变量都以原变量或反变量的形式出现一次，且只出现一次。这个与项称为最小项或称标准与项。若变量数为 n，则有 2^n 个最小项。

例如，三个变量 A、B、C 可以构成 8 个最小项：$\overline{A}\,\overline{B}\,\overline{C}$、$\overline{A}\,\overline{B}C$、$\overline{A}B\overline{C}$、$\overline{A}BC$、$A\overline{B}\,\overline{C}$、$A\overline{B}C$、$AB\overline{C}$ 和 ABC。表 4-1 列出了三变量最小项真值表。

最小项通常用 m_i 表示，下标 i 即最小项编号，用十进制表示。把使最小项为 1 的那组变量取值当成二进制数，所对应的十进制数就是该最小项的编号。例如，ABC 取 101 时，$A\overline{B}C=1$，101 对应十进制数 5，所以 $A\overline{B}C$ 的编号为 m_5。

最小项具有下列性质：

(1) 对于任意一个最小项，只有一组变量的取值使它的值为 1，而其他取值都使该最小项为 0；

(2) 对于变量的任一组取值，任意两个最小项的乘积为 0；

(3) 全体最小项之和为 1。

表 4-1　　　　　　　　　　　　三变量最小项真值表

最小项编号 变量取值			m_0	m_1	m_2	m_3	m_4	m_5	m_6	m_7
A	B	C	$\bar{A}\bar{B}\bar{C}$	$\bar{A}\bar{B}C$	$\bar{A}B\bar{C}$	$\bar{A}BC$	$A\bar{B}\bar{C}$	$A\bar{B}C$	$AB\bar{C}$	ABC
0	0	0	1	0	0	0	0	0	0	0
0	0	1	0	1	0	0	0	0	0	0
0	1	0	0	0	1	0	0	0	0	0
0	1	1	0	0	0	1	0	0	0	0
1	0	0	0	0	0	0	1	0	0	0
1	0	1	0	0	0	0	0	1	0	0
1	1	0	0	0	0	0	0	0	1	0
1	1	1	0	0	0	0	0	0	0	1

2. 标准与或式

将与项用或运算连接起来构成的函数表达式称为与或式。如果与或式中的与项均为最小项(标准与项),构成最小项之和的形式,称为逻辑函数的标准与或式。任何一个逻辑函数都可以表达为标准与或式的形式。标准与或式的作用是表明逻辑变量取何值时,该逻辑函数等于1。任一个逻辑函数都可以利用互补率 $A+\bar{A}=1$ 化成唯一的标准与或式,即最小项之和的表达式。

【例 4-5】 将函数 $F(A,B,C)=A\bar{B}+AC+\bar{A}BC$ 化成标准与或式。

解
$$F(A,B,C)=A\bar{B}+AC+\bar{A}BC$$
$$=A\bar{B}(C+\bar{C})+AC(B+\bar{B})+\bar{A}BC$$
$$=A\bar{B}C+A\bar{B}\bar{C}+ABC+\bar{A}BC$$
$$=m_5+m_4+m_7+m_3$$
$$=\sum m(3,4,5,7)$$
$$=\sum(3,4,5,7)$$

【例 4-6】 将函数 $F(A,B,C)=\overline{(AB+\overline{A}\,\overline{B}+\overline{C})\overline{A}}$ 化成标准与或式。

解
$$F(A,B,C)=\overline{(AB+\overline{A}\,\overline{B}+\overline{C})\overline{A}}$$
$$=\overline{AB+\overline{A}\,\overline{B}+\overline{C}}+A$$
$$=\overline{AB}\cdot\overline{\overline{A}\,\overline{B}}\cdot C+A(B+\bar{B})(C+\bar{C})$$
$$=(\bar{A}+\bar{B})(A+B)C+ABC+A\bar{B}C+AB\bar{C}+A\bar{B}\,\bar{C}$$
$$=\bar{A}BC+A\bar{B}C+ABC+AB\bar{C}+A\bar{B}\,\bar{C}$$
$$=m_3+m_5+m_7+m_6+m_4$$
$$=\sum m(3,4,5,6,7)$$
$$=\sum(3,4,5,6,7)$$

4.2.2　最大项和标准或与式

1. 最大项

多个变量的相加形式称为或项,如 $A+B$、$\bar{B}+D+\bar{E}$。最大项也称标准或项,由 n 个变量组成逻辑函数的最大项是包含这 n 个变量的或项,其中每个变量都以原变量或反变量的形式出现一次,且只出现一次。若变量数为 n,则有 2^n 个最大项。例如,三个变量 A、B、C 可以组成 8 个最大项,表 4-2 列出了三变量最大项真值表。

表 4-2　　　　　　　　　　　　　三变量最大项真值表

变量取值 \ 最大项编号			M_0	M_1	M_2	M_3	M_4	M_5	M_6	M_7
A	B	C	$A+B+C$	$A+B+\overline{C}$	$A+\overline{B}+C$	$A+\overline{B}+\overline{C}$	$\overline{A}+B+C$	$\overline{A}+B+\overline{C}$	$\overline{A}+\overline{B}+C$	$\overline{A}+\overline{B}+\overline{C}$
0	0	0	0	1	1	1	1	1	1	1
0	0	1	1	0	1	1	1	1	1	1
0	1	0	1	1	0	1	1	1	1	1
0	1	1	1	1	1	0	1	1	1	1
1	0	0	1	1	1	1	0	1	1	1
1	0	1	1	1	1	1	1	0	1	1
1	1	0	1	1	1	1	1	1	0	1
1	1	1	1	1	1	1	1	1	1	0

对于任意一个最大项,只有一组变量取值使它的值为 0,而变量的其他各种取值都使该最大项为 1。最大项通常用 M_i 表示,下标 i 即最大项编号,用十进制表示。把使最大项为 0 的那组变量的取值当成二进制数,所对应的十进制数就是该最大项的编号。

2. 标准或与式

逻辑函数表达式为一组最大项之积的形式,称为标准或与式。标准或与式说明在变量取何值时该逻辑函数等于 0。

【例 4-7】　一个三变量逻辑函数的真值表见表 4-3,请写出其标准或与式。

表 4-3　例 4-7 真值表

A	B	C	F
0	0	0	0
0	0	1	1
0	1	0	1
0	1	1	0
1	0	0	1
1	0	1	0
1	1	0	0

解　$F(A,B,C)=(A+B+C)(A+\overline{B}+\overline{C})(\overline{A}+B+\overline{C})$
$$(\overline{A}+\overline{B}+C)$$
$$=M_0 \cdot M_3 \cdot M_5 \cdot M_6$$
$$=\prod M(0,3,5,6)$$
$$=\prod (0,3,5,6)$$

4.2.3　最大项与最小项的关系

(1)最大项与最小项互补,即 $\overline{m_i}=M_i$,$\overline{M_i}=m_i$。

例如,对于三变量 A、B、C,有

$$\overline{m_4}=\overline{A\,\overline{B}\,\overline{C}}=\overline{A}+B+C=M_4$$

$$\overline{M_4}=\overline{\overline{A}+B+C}=A\,\overline{B}\,\overline{C}=m_4$$

(2)对于同一函数,不在最小项中出现的编号,一定出现在最大项编号中。

表 4-4 给出三变量最大项和最小项及其编号。从表中可以看出二者的关系。显然,最大项中的原变量对应取值为 0 的变量,反变量对应取值为 1 的变量;最小项中的原变量对应取值为 1 的变量,反变量对应取值为 0 的变量。

表 4-4　　　　　三变量最大项和最小项及其编号

变量取值			最大项(值为 0)	编　号	最小项(值为 1)	编　号
A	B	C				
0	0	0	$A+B+C$	M_0	$\overline{A}\,\overline{B}\,\overline{C}$	m_0
0	0	1	$A+B+\overline{C}$	M_1	$\overline{A}\,\overline{B}\,C$	m_1
0	1	0	$A+\overline{B}+C$	M_2	$\overline{A}\,B\,\overline{C}$	m_2
0	1	1	$A+\overline{B}+\overline{C}$	M_3	$\overline{A}\,B\,C$	m_3
1	0	0	$\overline{A}+B+C$	M_4	$A\,\overline{B}\,\overline{C}$	m_4
1	0	1	$\overline{A}+B+\overline{C}$	M_5	$A\,\overline{B}\,C$	m_5
1	1	0	$\overline{A}+\overline{B}+C$	M_6	$A\,B\,\overline{C}$	m_6
1	1	1	$\overline{A}+\overline{B}+\overline{C}$	M_7	$A\,B\,C$	m_7

【例 4-8】　一个三变量逻辑函数真值表见表 4-5,写出其标准与或式和标准或与式。

表 4-5　　　　　　　　　例 4-8 真值表

A	B	C	F	F_1	F_2
0	0	0	0		M_0
0	0	1	0		M_1
0	1	0	1	m_2	
0	1	1	1	m_3	
1	0	0	0		M_4
1	0	1	0		M_5
1	1	0	1	m_6	
1	1	1	1	m_7	

解

$$F(A,B,C)=\sum m(2,3,6,7)=\prod M(0,1,4,5)$$

可见,标准与或式包含了使函数值为 1 的项,而标准或与式包含了使函数值为 0 的项。两者从不同角度说明了同一函数。

4.3　逻辑函数的公式化简法

同一个逻辑函数可以有不同的表达式,而逻辑式的繁简程度却相差甚远。在逻辑电路设计中,逻辑函数要用电路元件来实现。一般来说,表达式越简单,其表示的逻辑关系越明显,所用的电路元件也越少,可以节省材料,降低成本,提高系统的可靠性。因此,常常需要对函数进行化简,找出其最简表达式。

最简表达式也有多种形式,如与-或表达式、或-与表达式、与非-与非表达式、或非-或非表达式、与-或-非表达式、或-与-非表达式等。例如:

$$
\begin{aligned}
F &= XY+\overline{Y}Z & &\text{与-或}\\
&= (X+\overline{Y})(Y+Z) & &\text{或-与}\\
&= \overline{\overline{XY}\ \overline{\overline{Y}Z}} & &\text{与非-与非}\\
&= \overline{\overline{X+\overline{Y}}+\overline{\overline{Y}+Z}} & &\text{或非-或非}\\
&= \overline{\overline{X}\,\overline{Y}+\overline{Y}\,\overline{Z}} & &\text{与-或-非}\\
&= \overline{(\overline{X}+\overline{Y})(Y+\overline{Z})} & &\text{或-与-非}
\end{aligned}
$$

以上六种表达式是同一函数的不同形式，都是最简表达式。最简表达式的判断标准：

(1)项数最少；

(2)每项中变量个数最少。

公式化简逻辑函数是运用逻辑代数公式、定理、规则等对逻辑函数进行化简。

【例 4-9】 化简$F=XYZ+\overline{X}Y+XY\overline{Z}$。

解

$$
\begin{aligned}
F &= XYZ+\overline{X}Y+XY\overline{Z} \\
&= XY+\overline{X}Y \qquad \text{(结合律)} \\
&= Y
\end{aligned}
$$

【例 4-10】 化简$F=\overline{X+Y}\cdot\overline{\overline{X}+\overline{Y}}$。

解

$$
\begin{aligned}
F &= \overline{X+Y}\cdot\overline{\overline{X}+\overline{Y}} \\
&= \overline{X}\,\overline{Y}\cdot XY \qquad \text{(摩根定理)} \\
&= 0
\end{aligned}
$$

【例 4-11】 化简$X=AD+A\overline{D}+AB+\overline{A}C+BD+A\overline{B}EF+\overline{B}EF$。

解

$$
\begin{aligned}
X &= AD+A\overline{D}+AB+\overline{A}C+BD+A\overline{B}EF+\overline{B}EF \\
&= A+AB+\overline{A}C+BD+A\overline{B}EF+\overline{B}EF \qquad (A+\overline{A}=1) \\
&= A+\overline{A}C+BD+\overline{B}EF \qquad (A+AB=A) \\
&= A+C+BD+\overline{B}EF \qquad (A+\overline{A}B=A+B)
\end{aligned}
$$

【例 4-12】 化简 $F=AB+\overline{A}\,\overline{C}+B\overline{C}D+\overline{A}B\overline{C}D+(\overline{A}+\overline{B})D$。

解

$$
\begin{aligned}
F &= AB+\overline{A}\,\overline{C}+B\overline{C}D+\overline{A}B\overline{C}D+(\overline{A}+\overline{B})D \\
&= AB+\overline{A}\,\overline{C}+B\overline{C}D+(\overline{A}+\overline{B})D \qquad (A+AB=A) \\
&= AB+\overline{A}\,\overline{C}+(\overline{A}+\overline{B})D \qquad \text{(冗余定理)} \\
&= AB+\overline{A}\,\overline{C}+\overline{AB}D \qquad \text{(摩根定理)} \\
&= AB+\overline{A}\,\overline{C}+D \qquad (A+\overline{A}B=A+B)
\end{aligned}
$$

4.4 逻辑函数的卡诺图化简法

用卡诺图(Karnaugh Map)化简逻辑函数具有简单、直观、方便的特点，能较容易判断出函数是否得到最简结果。

4.4.1 卡诺图

用卡诺图表示逻辑函数，是将此逻辑函数的每个最小项按一定规律填入一个特定的方格图内，这个图称为卡诺图。图 4-1 为两变量(A，B)卡诺图。每个变量都有 0 和 1 两种取值，每个小格为一个最小项。

图 4-2 分别给出了三变量、四变量和五变量卡诺图，小格内为相应最小项的编号。

B \ A	0	1
0	$\overline{A}\,\overline{B}$ m_0	$A\overline{B}$ m_2
1	$\overline{A}B$ m_1	AB m_3

图 4-1 两变量(A，B)卡诺图

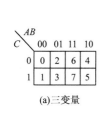

(a)三变量

C \ AB	00	01	11	10
0	0	2	6	4
1	1	3	7	5

(b)四变量

CD \ AB	00	01	11	10
00	0	4	12	8
01	1	5	13	9
11	3	7	15	11
10	2	6	14	10

(c)五变量

DE \ ABC	000	001	011	010	110	111	101	100
00	0	4	12	8	24	28	20	16
01	1	5	13	9	25	29	21	17
11	3	7	15	11	27	31	23	19
10	2	6	14	10	26	30	22	18

图 4-2 卡诺图

卡诺图的特点如下：

(1)变量为 n，其卡诺图中小方格数为 2^n。所以每增加一个变量，方格数目(最小项数目)增加一倍。

(2)相邻小方格的编号规律是使任意两个相邻小格只有一个变量不同，称为逻辑相邻。这种编号方法能保证小格的相邻性：既几何相邻，又逻辑相邻。

(3)卡诺图是一个上下、左右闭合的图形，即不仅紧挨着的小格相邻，而且上下、左右、对称位置的方格也都是相邻的。n 变量卡诺图中，每个小格有 n 个相邻格，如五变量卡诺图中，小格 12 的相邻格有：4、13、8、14、28。变量的排列位置也可以不同于图 4-2，但无论变量如何排列，相邻格不变。

4.4.2 用卡诺图表示逻辑函数

卡诺图是最小项构成的方格集合，只要把逻辑函数化成标准与或式(最小项之和)，就可以很容易地填入卡诺图中。

【例 4-13】 用卡诺图表示逻辑函数 $F(A,B,C,D)=\overline{A}B\overline{C}\,\overline{D}+ABC+A\,\overline{B}$。

解 首先将 F 化成标准与或式：

$$
\begin{aligned}
F(A,B,C,D)&=\overline{A}B\overline{C}\,\overline{D}+ABC+A\overline{B}\\
&=\overline{A}B\overline{C}\,\overline{D}+ABC(D+\overline{D})+A\overline{B}(C+\overline{C})\\
&=\overline{A}B\overline{C}\,\overline{D}+ABCD+ABC\overline{D}+A\overline{B}C+A\overline{B}\,\overline{C}\\
&=\overline{A}B\overline{C}\,\overline{D}+ABCD+ABC\overline{D}+A\overline{B}C(D+\overline{D})+A\overline{B}\,\overline{C}(D+\overline{D})\\
&=\overline{A}B\overline{C}\,\overline{D}+ABCD+ABC\overline{D}+A\overline{B}CD+A\overline{B}C\overline{D}+A\overline{B}\,\overline{C}D+A\overline{B}\,\overline{C}\,\overline{D}\\
&=m_4+m_8+m_9+m_{10}+m_{11}+m_{14}+m_{15}
\end{aligned}
$$

在卡诺图中相应最小项的位置填 1，其余位置填 0(0 也可以不填)，卡诺图如图 4-3 所示。

【例 4-14】 已知逻辑函数 Y 的卡诺图如图 4-4 所示，写出 Y 的逻辑函数表达式。

解

$$
\begin{aligned}
Y(A,B,C)&=m_2+m_3+m_5+m_6\\
&=\overline{A}B\overline{C}+\overline{A}BC+A\overline{B}C+AB\overline{C}
\end{aligned}
$$

F: CD \ AB	00	01	11	10
00	0	1	0	1
01	0	0	0	1
11	0	0	1	1
10	0	0	1	1

图 4-3 例 4-13 卡诺图

Y: C \ AB	00	01	11	10
0	0	1	1	0
1	0	1	0	1

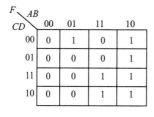

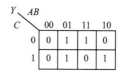

图 4-4 例 4-14 卡诺图

4.4.3 用卡诺图化简逻辑函数

1. 求最简与或表达式

由卡诺图中小格的相邻性得知,相邻小格只有一个变量不同,因此可以合并方格为1的相邻格,保留相同的变量,消去不同的变量,达到化简的目的。化简的规则:如果有 2^k 个最小项相邻 $(k=1,2,3,\cdots)$ 并排成一个矩形,则它们可以合并为一项,并消去 k 个因子,留下相同变量,是1的写原变量,是0的写反变量,组成与项,各个与项之间为"或"关系。

用卡诺图求最简与或式的步骤:(1)画出函数的卡诺图;(2)圈出矩形 2^k 个格中的1;(3)写出最简与或表达式。

同时要注意:(1)1格一个也不能漏圈;(2)1格可以被重复圈;(3)圈的面积尽可能大,圈的个数尽可能少;(4)每个圈中至少有一个未圈过的1。

【例 4-15】 用卡诺图法化简函数: $X(A,B,C)=\sum m(2,3,4,6,7)$。

解 将函数 X 填在卡诺图中(图 4-5),圈1,写出每个圈对应的与项,得到最简与或表达式: $X=B+A\overline{C}$。

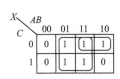

图 4-5 例 4-15 图

【例 4-16】 用卡诺图法化简函数: $L=\overline{A}\,\overline{B}CD+B\overline{C}\,\overline{D}+BC\overline{D}+A\,\overline{B}CD$。

解 填卡诺图(图 4-6),圈1,得到最简与或表达式:
$$L=B\overline{D}+\overline{A}\overline{B}C+A\overline{B}CD$$

【例 4-17】 用卡诺图法化简函数: $Y=\overline{A}\,\overline{B}+AC\overline{D}+A\overline{B}D+AC\overline{D}+\overline{A}BCD$。

解 填卡诺图(图 4-7),圈1,得到最简与或表达式:
$$Y=\overline{B}+A\overline{D}+\overline{A}CD$$

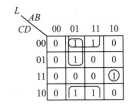

图 4-6 例 4-16 图

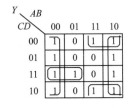

图 4-7 例 4-17 图

2. 求最简或与表达式

求逻辑函数的最简或与表达式时,要在卡诺图上圈0。圈0和圈1的原则、方法相同,不同的是消去不同变量后,留下相同变量是1的写反变量,是0的写原变量组成或项,各个或项之间为"与"关系。

【例 4-18】 用卡诺图将下列函数化简为最简或与式:
$$X(A,B,C)=\sum m(2,3,4,6,7)$$

解 将函数 X 填入卡诺图(图 4-8),圈0,得到最简或与表达式:
$$X=(A+B)(B+\overline{C})$$

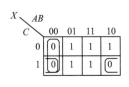

图 4-8 例 4-18 图

将例 4-18 与例 4-15 相比较,得到结论:同一函数圈1和圈0得到的结果是相同的。最简与或式和最简或与式是从不同角度描述同一个逻辑函数。

【例 4-19】 用卡诺图将下列函数化简为最简或与式:

$$G = (A+B+D)(\overline{A}+\overline{B}+\overline{D})(\overline{A}+B+D)(A+C+\overline{D})(\overline{B}+\overline{C}+\overline{D})$$

解　方法 1　将函数 G 在卡诺图中填 0，注意函数中为原变量的填在变量 0 的位置，为反变量的填在变量 1 的位置，如图 4-9(a)所示，圈 0，得到最简或与式：

$$G = (\overline{B}+\overline{D})(B+D)(A+B+C)$$

方法 2　先写出函数 G 的对偶式 G'：

$$G' = ABD + \overline{A}\,\overline{B}\,\overline{D} + \overline{A}BD + AC\overline{D} + \overline{B}\,\overline{C}\,\overline{D}$$

将 G' 填入卡诺图，见图 4.9(b)，圈 1，化简成 G' 的最简与式：

$$G' = \overline{B}\,\overline{D} + BD + ABC$$

将 G' 对偶求得 G 的最简或与式：

$$G = (\overline{B}+\overline{D})(B+D)(A+B+C)$$

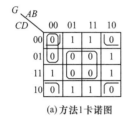 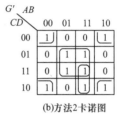

(a)方法1卡诺图　　　　(b)方法2卡诺图

图 4-9　例 4-19 图

4.4.4　具有随意项的逻辑函数化简

在实际逻辑电路中，有时会遇到这样的情况：在逻辑变量的顺序排列组合中，某些取值组合与实际情况相违背，不可能存在（或不允许存在），这些变量取值对应的函数值也就没有意义（或不存在）。遇到这类问题时，将这些变量取值对应的函数值看成是 1 还是 0，对函数功能没有影响。称这种变量取值组合成的最小项为随意项，在化简逻辑函数时可以根据化简的需要把其看成 1 或 0。

例如，有一个电机的正转、反转和停止工作分别用 A、B、C 变量表示，$A=1$ 表示电机正转，$B=1$ 表示反转，$C=1$ 表示电机停止工作。很显然，电机在任何时候只能处于其中一种状态，即只能出现 ABC 为 001、100 或 010 中的一种，而不能是 000、011、101、110 或 111 中的任何一种，因此这五个最小项为约束项。这种约束条件用最小项恒为 0 表示其与函数功能无关，即

$$\overline{A}\,\overline{B}\,\overline{C} + \overline{A}BC + A\overline{B}C + AB\overline{C} + ABC = 0$$

又如，在 8421BCD 码中，有六组编码（1010～1111）是不使用的。在电路正常工作时，这六组代码不会出现。因此，与之对应的输出为 1 或 0 都不影响电路工作，这种最小项称为无关项。

在逻辑代数中，把约束项和无关项统称为随意项，在逻辑函数中表示为 $\sum d(\cdots)$，在真值表和卡诺图中，用 ϕ 或 × 表示。

【例 4-20】　用卡诺图化简函数：

$$F(A,B,C,D) = \sum m(1,3,7,11,15) + \sum d(0,2,5)$$

解　画出函数 F 的卡诺图，如图 4-10 所示。

将随意项 0101 作为 1，圈 1，化简得：

$$F = CD + \overline{A}D$$

将随意项 0000 和 0010 作为 0，圈 1，化简得：

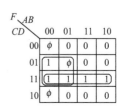

图 4-10　例 4-20 图

$$F = D(\overline{A} + C)$$

注意,任何一个随意项可以看成 1 或 0,但不能既看成 1,又看成 0。

【例 4-21】 一大一小两台电机 M_L 和 M_S 向水箱泵水。当水箱内水位降到 C 点(图 4-11)时,由小电机 M_S 单独泵水;降到 B 点时,由大电机 M_L 单独泵水;降到 A 点时两台电机同时泵水。试写出两电机工作的最简逻辑函数。

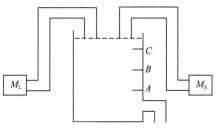

图 4-11 例 4-21 图 1

解 设水位 A、B、C 为逻辑变量,各变量值在低于相应水位时为 1,不低于相应水位时为 0;电机 M_L 和 M_S 为逻辑函数,工作为 1,不工作为 0。由此得到真值表(表 4-6)。在真值表中,010、100、101、110 这四组取值无意义,对应不可能存在的情况,在真值表中用 ϕ 表示,即其值为 1 或 0 对函数 M_L 和 M_S 无影响。

将 M_L、M_S 分别填入卡诺图中(图 4-12)。化简得:

$$M_L = B$$
$$M_S = A + \overline{B}C$$

表 4-6 例 4-21 真值表

A	B	C	M_L	M_S
0	0	0	0	0
0	0	1	0	1
0	1	0	ϕ	ϕ
0	1	1	1	0
1	0	0	ϕ	ϕ
1	0	1	ϕ	ϕ
1	1	0	ϕ	ϕ
1	1	1	1	1

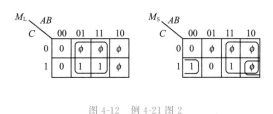

图 4-12 例 4-21 图 2

4.4.5 引入变量卡诺图

我们知道,变量每增加一个,其函数卡诺图的小格数就增加一倍。当变量超过五个时,其函数卡诺图的应用就会受到限制。可以用引入变量卡诺图(Variable Entered Map, VEM),使多变量卡诺图变得简单。

引入变量卡诺图是将一个 n 变量的函数分离出一个变量填入 $n-1$ 变量卡诺图中,使卡诺图的面积减小为原来的一半,从而化简了多变量卡诺图。例如,三变量函数:

$$F = \overline{A}\,\overline{B}\,\overline{C} + AB\overline{C} + A\overline{B}\,\overline{C} + ABC$$

分离出变量 C 作为引入变量,填入两变量 (A, B) 卡诺图中,F 的引入变量卡诺图如图 4-13 所示。

【例 4-22】 用 VEM 化简函数:

$$F(A, B, C, D) = ABCD + \overline{A}\,\overline{B}\,\overline{C}D + \overline{A}BC\overline{D} + AB\overline{C}\,\overline{D} + ABC\overline{D} + A\overline{B}CD + \overline{A}BCD$$

解 将 D 作为引入变量,填入三变量 ABC 卡诺图中(图 4-14),化简得:

$$F = \overline{A}\,\overline{C}D + BC\overline{D} + ACD + A\overline{B}\,\overline{C}$$

图 4-13 F 的引入变量卡诺图

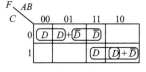

图 4-14 例 4-22 图

【例 4-23】 用 VEM 化简函数：

$$F = \overline{A}\,\overline{B}\,\overline{C}\,\overline{D}E + \overline{A}\,\overline{B}\,\overline{C}DE + \overline{A}BC\overline{D}\,\overline{E} + \overline{A}B\,\overline{C}\,\overline{D}\,\overline{E} +$$
$$\overline{A}B\,\overline{C}\,\overline{D}E + \overline{A}B\,\overline{C}D + \overline{A}BCD\overline{E} + \overline{A}BC\overline{D}\,\overline{E}$$

解 将 E 作为引入变量，画 VEM 图（图 4-15），化简得到：

$$F = \overline{B}\,\overline{C}E + \overline{A}B\,\overline{C} + \overline{A}BCE + \overline{A}BC\overline{D}$$

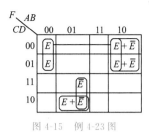

图 4-15　例 4-23 图

4.5　逻辑代数应用实例——LUT 实现三人表决器模块

4.5.1　三人表决器设计

三人表决器模块根据三个输入信号的状态进行表决，并将结果输出。如果输入信号中 1 的个数大于等于 2 个，则输出为 1；否则输出为 0。这个模块可以用于实现多数表决逻辑。

查找表（Look-Up Table，LUT）是一种常见的数字电路组件，用于实现逻辑函数的计算和存储。它是数字逻辑设计中最基本的实现模块之一。LUT 的基本原理是通过查找表的方式实现逻辑函数的计算。它将输入信号映射到一个预定义的输出值，这些输出值存储在一个内部的存储器中。LUT 基本结构如图 4-16 所示。

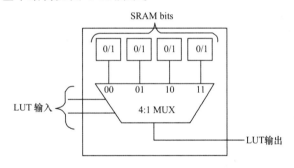

图 4-16　LUT 基本结构

4.5.2　LUT 三人表决器模块实例代码

三人表决器 LUT_ThreeVoter 模块有三个输入（a、b 和 c）和一个输出（out）。LUT_ThreeVoter 模块使用一个 8 位的 Look-Up Table（lut）来进行三人表决。内部有三个 AND 门（gate1、gate2 和 gate3），分别将输入信号 a 和 b、a 和 c、b 和 c 相连。这些 AND 门的输出（ab_and、ac_and 和 bc_and）分别与 lut 的索引相连。lut 的索引是一个 3 位的二进制数，根据输入信号的组合确定输出值。最后使用 assign 语句将 lut 的输出值赋给输出端口 out。

代码如下：

```
module LUT_ThreeVoter (
    input wire a,
    input wire b,
    input wire c,
    output wire out
);
    // Look-Up Table
    reg lut [7:0] = 8'b11110000;
    // Internal wires
```

```
wire ab_and；
wire ac_and；
wire bc_and；
// AND gates
and gate1 (ab_and，a，b)；
and gate2 (ac_and，a，c)；
and gate3 (bc_and，b，c)；
// Output
assign out = lut[{ab_and，ac_and，bc_and}]；
endmodule
```

习题 4

4-1 已知逻辑函数真值表如题表 4-1 所示,写出函数对应的标准与或式和标准或与式。

4-2 写出下列函数的标准与或式和标准或与式。

$(1)X=(A+B+D)(A+C+\overline{D})(\overline{B}+\overline{C}+D)$

$(2)X=BCD+AC\overline{D}+\overline{A}\,\overline{C}\,D+\overline{A}\,\overline{B}\,\overline{D}$

4-3 使逻辑函数 $X=(\overline{A}+B)(B+\overline{C})(\overline{A}+C)(A+\overline{C})(\overline{B}+C)$
为 0 的逻辑变量组合有哪些? 使之为 1 的逻辑变量组合有哪些?

4-4 写出下列函数的对偶式。

$(1)F=(A+\overline{B})(\overline{A}+B)(B+C)(\overline{A}+C)$

$(2)F=\overline{A+\overline{B+\overline{\overline{C}}}}$

$(3)F=\overline{\overline{\overline{A}\cdot\overline{B}}+\overline{\overline{C}}}$

4-5 写出下列函数的反函数。

$(1)F=\overline{A+B+\overline{\overline{C}+\overline{D}}+\overline{E}}$

$(2)F=B[(C\overline{D}+A)+\overline{E}]$

$(3)F=A\overline{B}+\overline{C}D$

4-6 将下列函数写成与非-与非式。

$(1)XY+\overline{X}Z+\overline{Y}\,\overline{Z}$

$(2)XYZ+\overline{X}\,\overline{Y}\,\overline{Z}$

4-7 将下列函数写成或非-或非式。

$(1)(\overline{A}+\overline{B})(B+C)$

$(2)(A+B+\overline{C})(\overline{A}+\overline{C}+D)(\overline{B}+C+\overline{D})$

4-8 用公式法化简下列逻辑函数。

$(1)XYZ+\overline{X}Y+X\,Y\,\overline{Z}$

$(2)\overline{\overline{X+Y}\cdot\overline{\overline{X}+Y}}$

$(3)ABC+\overline{A}\,\overline{B}C+\overline{A}BC+AB\overline{C}+\overline{A}\,\overline{B}\,\overline{C}$

$(4)\overline{\overline{C}\,\overline{D}+A}+A+CD+AB$

题表 4-1

A	B	C	F
0	0	0	1
0	0	1	1
0	1	1	0
1	0	0	1
1	0	1	1
1	1	0	0
1	1	1	0

(5) $(A+C+D)(A+C+\overline{D})(A+\overline{C}+D)(A+\overline{B})$

(6) $\overline{AC}+\overline{A}\overline{B}C+\overline{B}C+A\overline{B}\overline{C}$

(7) $ABC+BD+\overline{A}\overline{D}+1$

(8) $\overline{\overline{AB}+A\overline{B}}+\overline{A}\overline{B}\cdot(\overline{A}\overline{B}+CD)$

(9) $\overline{\overline{A}\overline{B}\overline{B}\overline{C}}\overline{BCD}\overline{\overline{A}\overline{BCD}}+\overline{A}\overline{B}\overline{C}D$

(10) $ABC+\overline{\overline{A}\overline{C}(B+\overline{D})\overline{CD}}$

4-9 证明下列异或运算公式。

(1) $A\oplus 0=A$ (2) $A\oplus 1=\overline{A}$

(3) $A\oplus A=0$ (4) $A\oplus \overline{A}=1$

(5) $AB\oplus A\overline{B}=A$

4-10 证明下列等式成立。

(1) $A\odot B=\overline{A}\oplus B$ (2) $\overline{A}\oplus B=A\oplus \overline{B}$

(3) $A\oplus B\oplus C=A\odot B\odot C$

4-11 化简下列各式为最简或与式。

(1) $X=(\overline{A}+B)(B+\overline{C})(\overline{A}+C)(A+\overline{C})(\overline{B}+C)$

(2) $X=(A+B)(B+D)(\overline{C}+\overline{D})(A+C+\overline{D})(\overline{B}+\overline{C}+D)$

(3) $X=(B+C+D)(A+\overline{C}+\overline{D})(\overline{A}+\overline{C}+\overline{D})(\overline{A}+\overline{B}+\overline{D})$

4-12 化简下列各式。

(1) $G=\overline{\overline{AB}+\overline{B}C+AC}$

(2) $G=\overline{(A+\overline{C}+D)(\overline{B}+C+D)(\overline{A}+C+\overline{D})(\overline{A}+\overline{C}+D)}$

(3) $G=(A\oplus B)C+(B\oplus \overline{C})D$

4-13 逻辑函数项 $W\overline{X}YZ$ 的相邻项有哪些?

4-14 画出下列函数的卡诺图,分析每组函数间的关系。

(1) $F_1=X\overline{Y}+\overline{X}Z$, $F_2=(X+Z)(\overline{X}+\overline{Y})$

(2) $G_1=\overline{A}\overline{B}\overline{D}+\overline{A}BC+ABD+A\overline{B}C$

$G_2=(A+C+D)(\overline{B}+C+\overline{D})(\overline{A}+\overline{C}+\overline{D})(B+\overline{C}+D)$

4-15 用卡诺图化简下列函数,并求出最简与或表达式。

(1) $F_1(X,Y,Z)=\sum(2,3,6,7)$

(2) $F_2(A,B,C,D)=\sum(7,13,14,15)$

(3) $F_3(A,B,C,D)=\sum(1,3,4,6,7,9,11,12,14,15)$

4-16 用卡诺图化简下列函数,并求出最简与式。

(1) $F_1=ABD+\overline{A}\overline{C}D+\overline{A}B+\overline{A}CD+A\overline{B}\overline{D}$

(2) $F_2=\overline{X}Z+\overline{W}X\overline{Y}+W(XY+X\overline{Y})$

(3) $F_3=BDE+\overline{B}\overline{C}D+CDE+\overline{A}\overline{B}CE+\overline{A}BC+\overline{B}\overline{C}\overline{D}E$

4-17 用卡诺图化简下列函数,并求出最简或与式。

(1) $F_1(A,B,C)=\prod(0,1,4,5)$

(2)$F_2(A,B,C,D)=\prod(0,1,2,3,4,10,11)$

(3)$F_3(W,C,Y,Z)=\prod(1,3,5,7,13,15)$

4-18 用卡诺图化简下列各式,并求出函数的最简与或式及最简或与式。

(1)$F_1=\overline{X}\,\overline{Z}+\overline{Y}\,\overline{Z}+Y\overline{Z}+XYZ$

(2)$F_2=(A+\overline{B}+D)(\overline{A}+B+D)(\overline{A}+B+\overline{D})(B+\overline{C}+\overline{D})$

(3)$F_3=(\overline{A}+\overline{B}+D)(\overline{A}+D)(A+B+\overline{D})(A+\overline{B}+C+D)$

4-19 试用最少与非门实现下列逻辑函数。

(1)$Y=\overline{A}\,\overline{C}+A\overline{B}\,\overline{C}+\overline{A}B\overline{C}$

(2)$Y=A\overline{B}D+BC\overline{D}+\overline{A}\,\overline{B}D+BC\,\overline{D}+\overline{A}\,\overline{C}$

(3)$Y=\overline{AB+AC+\overline{A}BC}$

4-20 写出题图 4-20 中各逻辑图的逻辑函数式,并化简为最简与或式。

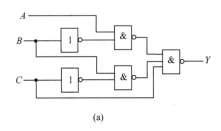 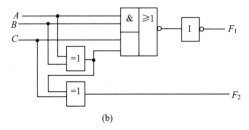

(a)　　　　　　　　　　　　　　(b)

题图 4-20

4-21 利用函数的随意项化简函数,并求出最简与或式。

(1)$G=\overline{Y}+\overline{X}\,\overline{Z}$,$d=YZ+XY$

(2)$G=\overline{B}\,\overline{C}\,\overline{D}+BC\overline{D}+ABCD$,$d=\overline{B}C\overline{D}+\overline{A}BCD$

(3)$G(A,B,C,D)=\sum m(0,1,5,7,8,11,14)+\sum d(3,9,15)$

4-22 化简下列具有约束条件为 $d=AB+AC$ 的逻辑函数。

(1)$Z_1=\overline{A}\,\overline{C}+\overline{A}B$

(2)$Z_2=\overline{B}\,\overline{C}\,\overline{D}+\overline{A}BC\overline{D}+\overline{A}\,\overline{B}\,\overline{C}+\overline{A}\,\overline{B}\,\overline{D}$

(3)$Z_3=\overline{A}\,\overline{C}\,\overline{D}+\overline{A}BCD+\overline{A}\,B\overline{D}+A\overline{B}\,\overline{C}D$

4-23 用 VEM 化简逻辑函数。

(1)$X=\overline{A}B\overline{C}+\overline{A}BC+AB\overline{C}+A\overline{B}\,\overline{C}$,将变量 C 作为引入卡诺图的变量。

(2)$X=\overline{A}\,\overline{B}\,\overline{C}\,\overline{D}+\overline{A}\,B\overline{C}D+A\overline{B}\,\overline{C}D+A\overline{B}C\overline{D}+A\overline{B}C\overline{D}+A\overline{B}CD$,将变量 D 作为引入卡诺图的变量。

4-24 用 VEM 化简下列逻辑函数,将变量 C、D 作为引入卡诺图的变量。

(1)$Y=\overline{A}\,\overline{B}\,\overline{C}\,\overline{D}+\overline{A}\,\overline{B}CD+\overline{A}\,B\overline{C}D+\overline{A}BCD+A\overline{B}CD+ABCD$

(2)$Y=A\overline{B}CD+AB\overline{C}\,\overline{D}+ABC\overline{D}+ABC\,\overline{D}+\overline{A}BCD+A\overline{B}C\overline{D}+\overline{A}\,\overline{B}\,\overline{C}D+ABCD$

杰出人物

卓越成就

第5章
组合逻辑电路

---本 章 提 要---

　　本章主要讨论组合逻辑电路的分析和设计方法,并详细介绍几种常用的组合逻辑集成电路的原理及使用方法和技巧。本章在简述组合逻辑电路模型的基础上,详细讨论了组合逻辑电路分析和设计的一般性方法。之后,对常见的组合逻辑集成电路做了较为详细的介绍,包括编码器、译码器、数据选择器、比较器和加法器等电路。

　　通过本章的学习,要求读者熟练掌握由基本逻辑门电路构成的组合逻辑电路的分析和设计的一般性方法,以及上述几种常见的组合逻辑集成电路的功能和使用方法,在掌握它们的内部结构和外部功能的同时,学会读懂逻辑器件的国际标准符号和惯用符号的含义。为今后学习和使用其他逻辑器件做好准备。

　　本章的重点为以下两个方面,即组合逻辑电路的分析和设计方法,常用的组合逻辑集成电路的功能和使用方法。

　　根据数字逻辑电路输入与输出之间时间关系上的不同特点,可以把数字逻辑电路分成两类:组合逻辑电路和时序逻辑电路。

　　一类数字逻辑电路的输出只与当时的输入有关,即输出和输入是即时影响关系,这类逻辑电路叫作组合逻辑电路,其电路构成特点:电路的输出与输入之间不存在反馈电路,电路中不含记忆或延迟单元,电路中

图 5-1　组合逻辑电路框图

的信号是单向传输的。图 5-1 是组合逻辑电路框图,图中电路的输入为 $X_1, X_2, \cdots, X_m$,输出为 $Z_1, Z_2, \cdots, Z_n$,其中 m, n 可以是任意的自然数。因为组合逻辑电路中不存在反馈电路和记忆延迟单元,所以,某一时刻的输入决定这一时刻的输出,与这一时刻前的输入和输出(电路的原有状态)无关。

　　组合逻辑电路的输出和输入关系可用如下逻辑函数表示。

$$Z_1 = F_1(X_1, X_2, \cdots, X_m)$$
$$Z_2 = F_2(X_1, X_2, \cdots, X_m)$$
$$\vdots \quad \vdots \qquad \vdots$$
$$Z_n = F_n(X_1, X_2, \cdots, X_m)$$

　　另一类数字逻辑电路的输出不仅与电路当时的输入有关,还与其输入和输出的历史状况

有关,这类逻辑电路叫作时序逻辑电路。

本章介绍组合逻辑电路,主要讨论组合逻辑电路的分析和设计,以及常用的几种组合逻辑集成电路。时序逻辑电路的分析和设计及常用时序逻辑集成电路将在第 7 章讨论。

5.1 组合逻辑电路分析

组合逻辑电路通常主要由逻辑门构成,电路的输出与输入之间无反馈,电路没有记忆功能。

组合逻辑电路分析的任务是:对给定的逻辑电路图,找出电路的逻辑功能。其分析过程主要可分为以下几个步骤:

(1)根据所给组合逻辑电路图,从输入开始逐级写出各器件的输入和输出变量;

(2)逐级写出各器件的输出函数表达式,合并为输入对输出的函数,并对其进行化简;

(3)列出所得逻辑函数的真值表;

(4)由逻辑函数表达式及真值表分析其逻辑功能。

【例 5-1】 已知逻辑电路如图 5-2 所示,分析该电路的逻辑功能。

解 显然,电路中没有记忆单元,不存在反馈支路,此电路属于组合逻辑电路,可按以下步骤分析:

(1)在逻辑图上标出各输出级 T_1、T_2、T_3、T_4、T_5、T_6 和 T_7。

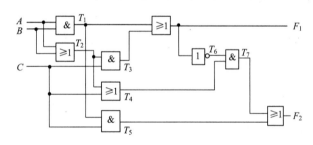

图 5-2　例 5-1 电路图

(2)写出各级输出的逻辑表达式。

$T_1 = AB$,$T_2 = A + B$,$T_3 = (A + B)C$,$T_4 = A + B + C$,$T_5 = ABC$,$F_1 = T_1 + T_3 = AB + (A + B)C = AB + AC + BC$,$T_6 = \overline{F_1} = \overline{AB + AC + BC}$,$T_7 = \overline{T_6 T_4} = \overline{\overline{AB + AC + BC}(A + B + C)} = \overline{A}\,\overline{B}C + \overline{A}B\overline{C} + A\overline{B}\,\overline{C}$,$F_2 = T_5 + T_7 = ABC + \overline{A}\,\overline{B}C + \overline{A}B\overline{C} + A\overline{B}\,\overline{C}$

表 5-1　例 5-1 真值表

A	B	C	F_1	F_2
0	0	0	0	0
0	0	1	0	1
0	1	0	0	1
0	1	1	1	0
1	0	0	0	1
1	0	1	1	0
1	1	0	1	0
1	1	1	1	1

(3)列真值表(表 5-1)。

(4)分析电路功能。从 F_1 和 F_2 表达式及真值表可以看出,F_1 为三人表决电路,变量取值多于或等于两个 1 时,输出为 1;F_2 为三变量异或电路,三变量取值有奇数个 1 时输出为 1,否则为 0,此电路可用来检验三位二进制码的奇偶性。

【例 5-2】 用 Verilog HDL 描述例 5-1 的逻辑电路。

解 门级电路图可以使用 Verilog HDL 的门级描述方式,可以使用 Verilog HDL 逻辑门保留字,也可以使用 assign 语句配合逻辑运算符。以下用较为简洁的 assign 语句配合逻辑运算符表达式方式,逐一地描述了各个逻辑门的输入信号及输出信号的互连关系。与使用电路图的方式相比,Verilog HDL 语言描述的方式对维护和修改电路图更方便,也很容易在 EDA 工具中进行仿真和验证功能。

```
module FUNC(A, B, C, F1, F2);        //逻辑外部端口列表
input A, B, C;      output F1, F2;    //默认位宽 1bit
wire T1, T2, T3, T4, T5, T6, T7;      //定义中间变量连线
assign T1 = A && B;       //以下用 assign 连续赋值语句依次声明组合逻辑关系
assign T2 = A || B;
assign T3 = T2 && C;
assign T4 = T2 || C;
assign T5 = T1 && C;
assign F1 = T1 || T3;
assign T6 = ! F1;
assign T7 = T4 && T6;
assign F2 = T5 || T7;
endmodule
```

【例 5-3】 电路图如图 5-3 所示,$A_3A_2A_1A_0$ 为四位二进制数码,试分析当四位二进制数为何值时 $F=1$。

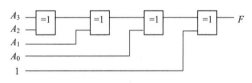

图 5-3 例 5-3 电路图

解 分析图 5-3 电路,图中各器件均为异或逻辑门,可求得输入输出关系如下:

$$F = 1 \oplus A_0 \oplus A_1 \oplus A_2 \oplus A_3$$

根据异或逻辑的性质:①$A \oplus 1 = \overline{A}$;②连续若干个变量的异或,其结果仅与取值为 1 的变量个数有关;有奇数个为 1 的变量,结果为 1;有偶数个为 1 的变量,结果为 0。所以

$$F = 1 \oplus A_0 \oplus A_1 \oplus A_2 \oplus A_3 = 1$$

必有

$$A_0 \oplus A_1 \oplus A_2 \oplus A_3 = 0$$

从而 A_0、A_1、A_2 和 A_3 中有偶数个 1,所有可能的取值见表 5-2。

表 5-2 例 5-3 满足条件的所有取值

A_0	A_1	A_2	A_3
0	0	0	0
1	1	0	0
1	0	1	0
1	0	0	1
0	1	1	0
0	1	0	1
0	0	1	1

【例 5-4】 用 Verilog HDL 描述例 5-3 的逻辑电路。

解 本例题的电路,用 assign 语句配合逻辑表达式描述最为简洁,代码如下:

```
module FUNC(A0，A1，A2，A3，F)；       //逻辑外部端口列表
input A0，A1，A2，A3；                 //默认位宽 1bit
output F；
assign F = (((A3 ^ A2) ^ A1) ^ A0) ^ 1'b1；     //声明组合逻辑关系
endmodule
```

5.2 组合逻辑电路设计

组合逻辑电路设计是组合逻辑电路分析的逆过程,其任务是利用给定的组合逻辑器件,设计出符合某种逻辑功能的电路,其主要步骤为:

(1)根据设计所要求的实际逻辑问题,确定电路的输入和输出,赋予不同的逻辑变量,找出输入和输出之间的因果关系,用 0、1 分别代表两种不同状态,正逻辑用 1 表示肯定,用 0 表示否定;

(2)根据输出变量与输入变量之间的逻辑关系列真值表;

(3)化简真值表并写出逻辑函数;

(4)画出经过化简的逻辑电路图。

实现组合逻辑函数的逻辑电路,可以采用小规模集成电路的基本逻辑门电路,也可以采用中规模集成电路的常用组合逻辑器件或大规模集成电路的可编程逻辑器件(PLD,Programmable Logic Device),实际设计过程中应根据电路的具体要求和器件资源来决定。一般而言,组合逻辑电路的设计应以电路简单、所用器件最少为目标,并尽量减少所用集成器件的种类,因此在设计过程中要灵活运用逻辑函数的化简或转换方法,以实现最佳方案。

【例 5-5】 试设计一个遵从"少数服从多数"原则的三人表决电路。

解

(1)分析。分别用变量 A、B、C 代表三人的表决选择,变量取值可以为 1 和 0,分别代表同意和反对,最后的表决结果为变量 Y,其取值 0 表示提议未通过,1 表示提议通过。

(2)列出真值表,见表 5-3。

(3)化简逻辑函数,如图 5-4 所示,得到 $Y = AB + BC + AC$。

表 5-3 例 5-5 真值表

A	B	C	Y
0	0	0	0
0	0	1	0
0	1	0	0
0	1	1	1
1	0	0	0
1	0	1	1
1	1	0	1
1	1	1	1

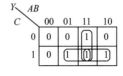

图 5-4 例 5-5 卡诺图

(4)画出逻辑图,如图 5-5 所示。

如果要求用与非门实现该逻辑电路,就应将表达式转换成与非-与非表达式:

$$Y = AB + BC + AC = \overline{\overline{AB}\ \overline{BC}\ \overline{AC}}$$

(5)画出逻辑图,如图 5-6 所示。

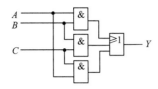
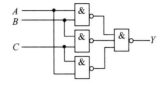

图 5-5　例 5-5 逻辑图　　　　　　图 5-6　例 5-5 用与非门实现的逻辑图

【例 5-6】　用 Verilog HDL 描述例 5-5 的逻辑电路。

解　对于已知真值表的组合逻辑电路,用 Verilog HDL 描述其行为最为方便,余下的逻辑化简工作均可交由 EDA 综合软件去完成,不必再用卡诺图化简为 SOP 表达式。将真值表变为 Verilog HDL 代码,使用 if-else 语句或 case 语句均很方便,两段参考代码如下:

```
module FUNC(A，B，C，Y)；         //case 语句实现的逻辑
input A，B，C；       //端口方向说明
output reg Y；       //在 always 块里被赋值的变量需要声明成 reg 型变量
always @(*)
    case ({A，B，C})         // 连接运算符{ }捆绑变量,便于整体运算
    3'b000：Y = 0；
    3'b001：Y = 0；
    3'b010：Y = 0；
    3'b011：Y = 1；
    3'b100：Y = 0；
    3'b101：Y = 1；
    3'b110：Y = 1；
    3'b111：Y = 1；
    // 以上 8 个 case 分支表达式可以用以下两条分支表达式汇总表达:
    // 3'b000，3'b001，3'b010，3'b100：Y = 0；
    // 3'b011，3'b101，3'b110，3'b111：Y = 1；
    endcase
endmodule
module FUNC(A，B，C，Y)；         //if-else 语句实现的逻辑
input A，B，C；
output reg Y；
always @(*)
    if    ({A，B，C} == 3'b000)  Y = 0；
    else if ({A，B，C} == 3'b001) Y = 0；
    else if ({A，B，C} == 3'b010) Y = 0；
    else if ({A，B，C} == 3'b011) Y = 1；
    else if ({A，B，C} == 3'b100) Y = 0；
    else if ({A，B，C} == 3'b101) Y = 1；
    else if ({A，B，C} == 3'b110) Y = 1；
    else                    Y = 1；
endmodule
```

【例 5-7】 试设计一个 8421BCD 码的检码电路。要求当输入量 $ABCD \leqslant 3$，或 $AB - CD \geqslant 8$ 时，电路输出 L 为高电平，否则为低电平。用与非门设计该电路，写出 L 的表达式。

解 根据题意，得真值表，见表 5-4。

由真值表写出逻辑函数表达式，从而

$$L(A,B,C,D) = \sum m(0,1,2,3,8,9,10,11,12,13,14,15)$$

由卡诺图(图 5-7)化简得

$$L = \overline{\overline{A}\,\overline{B}}$$

逻辑图如图 5-8 所示。

表 5-4　例 5-7 真值表

A	B	C	D	L
0	0	0	0	1
0	0	0	1	1
0	0	1	0	1
0	0	1	1	1
0	1	0	0	0
0	1	0	1	0
0	1	1	0	0
0	1	1	1	0
1	0	0	0	1
1	0	0	1	1
1	0	1	0	1
1	0	1	1	1
1	1	0	0	1
1	1	0	1	1
1	1	1	0	1
1	1	1	1	1

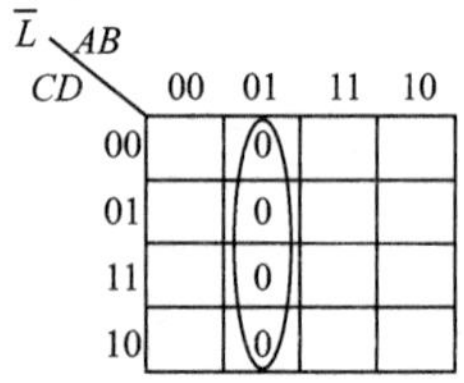

图 5-7　例 5-7 卡诺图

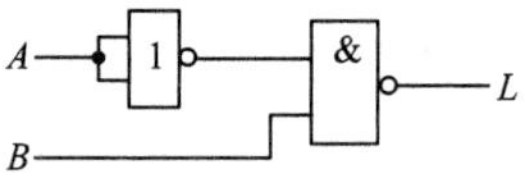

图 5-8　例 5-7 逻辑图

【例 5-8】 用 Verilog HDL 描述例 5-7 的逻辑电路。

解 虽然本题也可以效仿例 5-5 列出真值表后再用 Verilog HDL 描述真值表，但直接对逻辑做行为级描述将使代码非常简洁，后续逻辑化简等操作均可以交给 EDA 综合软件实现，这可以极大地提高逻辑设计效率。

```
module BCD (input [16:1]ABCD, output reg L);
always @( * )
    if (ABCD <= 16'h03)// ABCD[16:9]是 AB 部分，ABCD[8:1]是 CD 部分
        L = 1;
    else if ((ABCD[16:9] > ABCD[8:1]) && (ABCD[16:9] >= ABCD[8:1]+16'h08))
        L = 1;
    else
        L = 0;
endmodule
```

【例 5-9】 假如已知一个组合逻辑电路的输入 A、B、C 和输出 F 的波形如图 5-9 所示，试用最少的逻辑门实现输出函数 F。

解 由波形图得到真值表见表 5-5，图 5-10 给出其卡诺图，其逻辑图如图 5-11 所示。

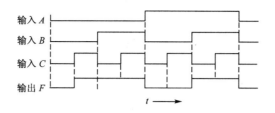

图 5-9 例 5-9 波形图

表 5-5 例 5-9 真值表

A	B	C	F
0	0	0	0
0	0	1	1
0	1	0	1
0	1	1	1
1	0	0	0
1	0	1	0
1	1	0	1
1	1	1	1

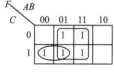

图 5-10 例 5-9 卡诺图

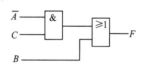

图 5-11 例 5-9 逻辑图

输出函数表达式为

$$F(A,B,C) = \sum m(1,2,3,6,7) = B + \overline{A}C$$

【例 5-10】 用 Verilog HDL 描述例 5-9 的逻辑电路。

解 如果能较为熟练的阅读波形图,本例可以仿照例 5-5,一边读波形,一边用 case 语句写出输入输出关系式,参考代码如下:

```
module FUNC(A, B, C, F);
input A, B, C;
output reg F;
always @(*)
    case ({A, B, C})          //用 case 语句列举真值表各项输入及对应的输出,
        3'b000: F = 0;         //逻辑由 EDA 工具综合、化简及实现
        3'b001: F = 1;
        3'b010: F = 1;
        3'b011: F = 1;
        3'b100: F = 0;
        3'b101: F = 0;
        3'b110: F = 1;
        3'b111: F = 1;
        default: F = 0;
    endcase
endmodule
```

5.3 编码器

数字系统只能处理二进制代码信息,任何输入数字系统的信息必须转换成某种二进制代码,这种转换工作通常由编码器完成。编码器的功能是把输入信号编成二进制代码。所谓编码,就是为若干输入线赋予代码,以不同的代码值来代表某输入线,表明此线输出有效。按照不同的输出代码种类,可将编码器分为二进制编码器和二-十进制编码器;按照是否有优先权编码,可将编码器分为普通编码器和优先编码器。

一般而言,N 个不同的信号,至少需要 n 位二进制数来编码,其中 N 和 n 之间必须满足关系: $2^n \geqslant N$。

5.3.1 普通编码器

1. 8 线-3 线编码器

8 线-3 线编码器的输入端是 8 个输入信号 I_0,I_1,$\cdots$,I_7,输出是三位二进制代码 Y_2、Y_1、Y_0。输入信号互相排斥,即在任意时刻,该编码器只能对一个输入信号进行编码。表 5-6 为 8 线-3 线编码器的真值表。

表 5-6　　8 线-3 线编码器真值表

I_0	I_1	I_2	I_3	I_4	I_5	I_6	I_7	Y_2	Y_1	Y_0
1	0	0	0	0	0	0	0	0	0	0
0	1	0	0	0	0	0	0	0	0	1
0	0	1	0	0	0	0	0	0	1	0
0	0	0	1	0	0	0	0	0	1	1
0	0	0	0	1	0	0	0	1	0	0
0	0	0	0	0	1	0	0	1	0	1
0	0	0	0	0	0	1	0	1	1	0
0	0	0	0	0	0	0	1	1	1	1

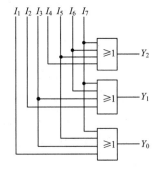

图 5-12　8 线-3 线编码器电路

8 线-3 线编码器的输出逻辑函数表达式为

$$Y_2 = I_4 + I_5 + I_6 + I_7 = \overline{\overline{I_4 \, \overline{I_5} \, \overline{I_6} \, \overline{I_7}}}$$

$$Y_1 = I_2 + I_3 + I_6 + I_7 = \overline{\overline{I_2} \, \overline{I_3} \, \overline{I_6} \, \overline{I_7}}$$

$$Y_0 = I_1 + I_3 + I_5 + I_7 = \overline{\overline{I_1} \, \overline{I_3} \, \overline{I_5} \, \overline{I_7}}$$

编码功能可以用或门实现,也可以用与非门实现。图 5-12 为用或门实现的 8 线-3 线编码器电路。

8 线-3 线编码器的 Verilog HDL 描述可以通过 case 语句列举真值表来实现,参考代码如下,其中考虑到实际应用中可能存在 I0~I7 所有输入均为 0 的无效情况,引入一个 NONE 信号,NONE 为 1 时表示无有效输入,编码 Y2~Y0 输出无效,NONE 为 0 时表示编码 Y2~Y0 输出有效。

```
module ENCODER83(NONE, Y2, Y1, Y0, I0, I1, I2, I3, I4, I5, I6, I7);
input I0, I1, I2, I3, I4, I5, I6, I7;
output reg NONE, Y2, Y1, Y0;    //I0~I7 全为 0 时是无效输入,NONE=1
```

```
always @ ( * )
case ({I0, I1, I2, I3, I4, I5, I6, I7})
    8'b1000_0000: {NONE, Y2, Y1, Y0} = 4'b0000;
    8'b0100_0000: {NONE, Y2, Y1, Y0} = 4'b0001;
    8'b0010_0000: {NONE, Y2, Y1, Y0} = 4'b0010;
    8'b0001_0000: {NONE, Y2, Y1, Y0} = 4'b0011;
    8'b0000_1000: {NONE, Y2, Y1, Y0} = 4'b0100;
    8'b0000_0100: {NONE, Y2, Y1, Y0} = 4'b0101;
    8'b0000_0010: {NONE, Y2, Y1, Y0} = 4'b0110;
    8'b0000_0001: {NONE, Y2, Y1, Y0} = 4'b0111;
    default:      {NONE, Y2, Y1, Y0} = 4'b1000;
endcase
endmodule
```

2. 键盘输入 8421BCD 码编码器

在数字系统的实际应用中,经常需要给电路输入数字 $0,1,\cdots,9$,通常采用键盘输入逻辑电路来完成这一任务,键盘输入逻辑电路主要由编码器组成,键盘输入 8421BCD 码编码器如图 5-13 所示。由 10 个按键和门电路等组成的 8421BCD 码编码器,$S_0 \sim S_9$ 为 10 个按键,对应十进制数 $0 \sim 9$ 输入键。电路输出 $A_3 A_2 A_1 A_0$(A_3 是高位)为 8421BCD 码,E 为使能控制端。

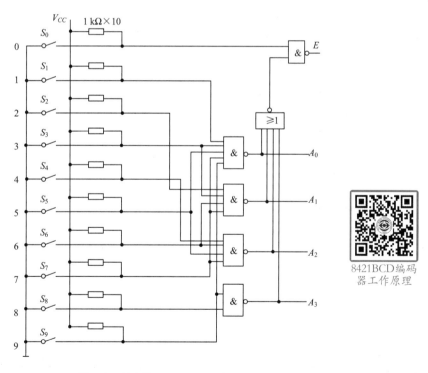

8421BCD编码
器工作原理

图 5-13　键盘输入 8421BCD 码编码器

表 5-7 为键盘输入 8421BCD 码编码器的功能表。该编码器为输入低电平有效。当按下 $S_0 \sim S_9$ 中任意一个键时,输入信号中有一个为低电平时,$E = 1$,表明有信号输入;$E = 0$ 时,表明无信号输入,此时输出代码无效。

表 5-7　　　　　　　　　　键盘输入 8421BCD 码编码器功能表

输				入						输		出		
S_9	S_8	S_7	S_6	S_5	S_4	S_3	S_2	S_1	S_0	A_3	A_2	A_1	A_0	E
1	1	1	1	1	1	1	1	1	1	0	0	0	0	0
1	1	1	1	1	1	1	1	1	0	0	0	0	0	1
1	1	1	1	1	1	1	1	0	1	0	0	0	1	1
1	1	1	1	1	1	1	0	1	1	0	0	1	0	1
1	1	1	1	1	1	0	1	1	1	0	0	1	1	1
1	1	1	1	1	0	1	1	1	1	0	1	0	0	1
1	1	1	1	0	1	1	1	1	1	0	1	0	1	1
1	1	1	0	1	1	1	1	1	1	0	1	1	0	1
1	1	0	1	1	1	1	1	1	1	0	1	1	1	1
1	0	1	1	1	1	1	1	1	1	1	0	0	0	1
0	1	1	1	1	1	1	1	1	1	1	0	0	1	1

　　8421BCD 编码器的 Verilog HDL 实现,依然可以通过 case 分支语句列举真值表项的方式分别对输出变量赋值来实现,当离散的信号线很多时,用连接运算符"{ }"将离散的信号捆绑起来使用,代码将很简洁。参考代码如下:

```
module ENCODER8421(EN, A2, A1, A0, S0, S1, S2, S3, S4, S5, S6, S7, S8, S9);
input EN, S0, S1, S2, S3, S4, S5, S6, S7, S8, S9;
output reg EN, A2, A1, A0;//S0~S9 全 1 或多个 0 时是无效输入,EN=0
always @ ( * )
case ({S0, S1, S2, S3, S4, S5, S6, S7, S8, S9})
    10'b11_1111_1110: {EN, A2, A1, A0} = {1'b1, 3'd0};
    10'b11_1111_1101: {EN, A2, A1, A0} = {1'b1, 3'd1};
    10'b11_1111_1011: {EN, A2, A1, A0} = {1'b1, 3'd2};
    10'b11_1111_0111: {EN, A2, A1, A0} = {1'b1, 3'd3};
    10'b11_1110_1111: {EN, A2, A1, A0} = {1'b1, 3'd4};
    10'b11_1101_1111: {EN, A2, A1, A0} = {1'b1, 3'd5};
    10'b11_1011_1111: {EN, A2, A1, A0} = {1'b1, 3'd6};
    10'b11_0111_1111: {EN, A2, A1, A0} = {1'b1, 3'd7};
    10'b10_1111_1111: {EN, A2, A1, A0} = {1'b1, 3'd8};
    10'b01_1111_1111: {EN, A2, A1, A0} = {1'b1, 3'd9};
    10'b11_1111_1111: {EN, A2, A1, A0} = {1'b0, 3'd0};   //无有效输入
    default:          {EN, A2, A1, A0} = {1'b0, 3'd0};//非法输入
endcase
endmodule
```

5.3.2　优先编码器

1.8 线-3 线优先编码器 74148

　　在实际应用中,可能出现多个输入信号同时有效的情况(比如两个按键同时被按下),这时,编码器要决定哪个输入有效,这可以通过优先编码器来实现。优先编码器允许两个或两个以上的信号同时输入,但只对优先权最高的一个进行编码。8 线-3 线优先编码器 74148 的逻辑图、管脚图、国际标准符号和惯用符号如图 5-14 所示。表 5-8 为优先编码器 74148 的功能表。

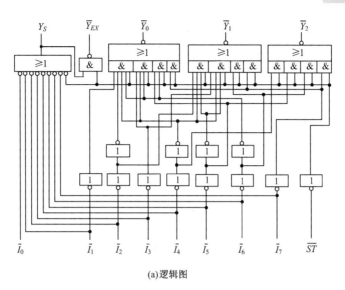

(a) 逻辑图

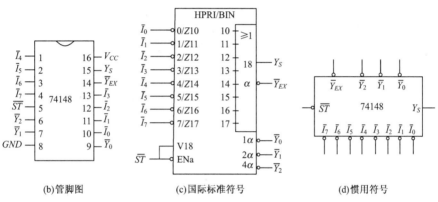

(b) 管脚图 　　(c) 国际标准符号 　　(d) 惯用符号

图 5-14　优先编码器 74148

表 5-8　　　　　　　　　　　　优先编码器 74148 功能表

输　入									输　出				
$\overline{ST}$	$\overline{I}_0$	$\overline{I}_1$	$\overline{I}_2$	$\overline{I}_3$	$\overline{I}_4$	$\overline{I}_5$	$\overline{I}_6$	$\overline{I}_7$	$\overline{Y}_2$	$\overline{Y}_1$	$\overline{Y}_0$	$\overline{Y}_{EX}$	Y_S
1	×	×	×	×	×	×	×	×	1	1	1	1	1
0	1	1	1	1	1	1	1	1	1	1	1	1	0
0	×	×	×	×	×	×	×	0	0	0	0	0	1
0	×	×	×	×	×	×	0	1	0	0	1	0	1
0	×	×	×	×	×	0	1	1	0	1	0	0	1
0	×	×	×	×	0	1	1	1	0	1	1	0	1
0	×	×	×	0	1	1	1	1	1	0	0	0	1
0	×	×	0	1	1	1	1	1	1	0	1	0	1
0	×	0	1	1	1	1	1	1	1	1	0	0	1
0	0	1	1	1	1	1	1	1	1	1	1	0	1

在 74148 中,输入、输出均为低电平有效。在 8 个输入端 $\overline{I}_0 \sim \overline{I}_7$ 中,$\overline{I}_7$ 的优先权最高,$\overline{I}_6$ 次之,$\overline{I}_0$ 最低。$\overline{Y}_2\overline{Y}_1\overline{Y}_0$ 为三位二进制输出。使能输入端 $\overline{ST}$、使能输出端 Y_S 及扩展输出端 $\overline{Y}_{EX}$ 在容量扩展时使用。功能表中有三种输出 $\overline{Y}_2\overline{Y}_1\overline{Y}_0=111$ 的情况,只有在 $\overline{ST}=0,\overline{Y}_{EX}=0,$ $Y_S=1$ 时,此器件才具有对 $\overline{I}_i$ 信号编码的功能。

【例 5-11】　74148 是 8 线-3 线优先编码器,若逻辑图如图 5-15 所示,输出 W、Z、B_2、B_1、B_0 的状态各是高电平还是低电平?

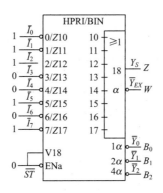

图 5-15　例 5-11 逻辑图

解　由 74148 功能表可知

$$W=0, Z=1, B_2 B_1 B_0 = 001$$

8 线-3 线编码器的 Verilog HDL 实现参考代码如下：

```
module ENCODER83(NONE, Y2, Y1, Y0, I0, I1, I2, I3, I4, I5, I6, I7);
input I0, I1, I2, I3, I4, I5, I6, I7;
output reg NONE, Y2, Y1, Y0;        //I0～I7 全为 0 时是无效输入, NONE=1
always @ ( * )
    if   (I0) {NONE, Y2, Y1, Y0} = 4'b0000;        //I0 优先级最高
    else if (I1) {NONE, Y2, Y1, Y0} = 4'b0001;
    else if (I2) {NONE, Y2, Y1, Y0} = 4'b0010;
    else if (I3) {NONE, Y2, Y1, Y0} = 4'b0011;
    else if (I4) {NONE, Y2, Y1, Y0} = 4'b0100;
    else if (I5) {NONE, Y2, Y1, Y0} = 4'b0101;
    else if (I6) {NONE, Y2, Y1, Y0} = 4'b0110;
    else if (I7) {NONE, Y2, Y1, Y0} = 4'b0111;
    else      {NONE, Y2, Y1, Y0} = 4'b1000;
endmodule
```

2. 二-十进制优先编码器 74147

二-十进制优先编码器 74147 可以把 10 个输入信号 $\overline{I}_0 \sim \overline{I}_9$ 分别编成 10 个 8421BCD 码的反码输出，其中 $\overline{I}_9$ 优先权最高，$\overline{I}_0$ 优先权最低。输入输出均为低电平有效。表 5-9 为 74147 功能表。图 5-16 为 74147 的管脚图、国际标准符号和惯用符号。图中没有输入 $\overline{I}_0$，因为任何输出都与 $\overline{I}_0$ 无关。

表 5-9　　　　　　　优先编码器 74147 功能表

$\overline{I}_0$	$\overline{I}_1$	$\overline{I}_2$	$\overline{I}_3$	$\overline{I}_4$	$\overline{I}_5$	$\overline{I}_6$	$\overline{I}_7$	$\overline{I}_8$	$\overline{I}_9$	$\overline{Y}_3$	$\overline{Y}_2$	$\overline{Y}_1$	$\overline{Y}_0$
				输　　入							输　　出		
1	1	1	1	1	1	1	1	1	1	1	1	1	1
×	×	×	×	×	×	×	×	×	0	0	1	1	0
×	×	×	×	×	×	×	×	0	1	0	1	1	1
×	×	×	×	×	×	×	0	1	1	1	0	0	0
×	×	×	×	×	×	0	1	1	1	1	0	0	1
×	×	×	×	×	0	1	1	1	1	1	0	1	0
×	×	×	×	0	1	1	1	1	1	1	0	1	1
×	×	×	0	1	1	1	1	1	1	1	1	0	0
×	×	0	1	1	1	1	1	1	1	1	1	0	1
×	0	1	1	1	1	1	1	1	1	1	1	1	0

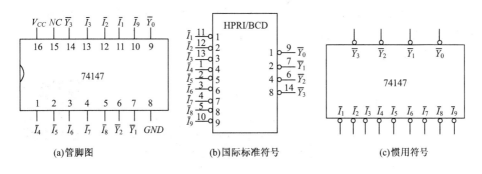

(a)管脚图　　　　　　　(b)国际标准符号　　　　　　(c)惯用符号

图 5-16　优先编码器 74147

二-十进制优先编码器的 Verilog HDL 实现参考代码如下,需要注意当 case 的分支语句没有列举出全部的分支组合时,最后需要有 default 默认分支,以免形成冗余逻辑。

```
module ENC2to10(Y3n, Y2n, Y1n, Y0n, I0n, I1n, I2n, I3n, I4n, I5n, I6n, I7n, I8n, I9n);
input I0n, I1n, I2n, I3n, I4n, I5n, I6n, I7n, I8n, I9n;
output reg Y3n, Y2n, Y1n, Y0n;//输入、输出均为负逻辑(低电平有效)
always @ ( * )
casex ({I0n, I1n, I2n, I3n, I4n, I5n, I6n, I7n, I8n, I9n })
    8'b11_1111_1111：{Y3n, Y2n, Y1n, Y0n} = 4'b1111;
    8'bxx_xxxx_xxx0：{Y3n, Y2n, Y1n, Y0n} = 4'b0110;
    8'bxx_xxxx_xx01：{Y3n, Y2n, Y1n, Y0n} = 4'b0111;
    8'bxx_xxxx_x011：{Y3n, Y2n, Y1n, Y0n} = 4'b1000;
    8'bxx_xxxx_0111：{Y3n, Y2n, Y1n, Y0n} = 4'b1001;
    8'bxx_xxx0_1111：{Y3n, Y2n, Y1n, Y0n} = 4'b1010;
    8'bxx_xx01_1111：{Y3n, Y2n, Y1n, Y0n} = 4'b1011;
    8'bxx_x011_1111：{Y3n, Y2n, Y1n, Y0n} = 4'b1100;
    8'bxx_0111_1111：{Y3n, Y2n, Y1n, Y0n} = 4'b1101;
    8'bx1_1111_1111：{Y3n, Y2n, Y1n, Y0n} = 4'b1110;
    default：        {Y3n, Y2n, Y1n, Y0n} = 4'b1111;
endcase
endmodule
```

5.4　译码器

译码是编码的逆过程。译码器的功能是将输入的二进制代码译成对应的输出信号或另一种形式的代码,译码器通常是一个多输入多输出的组合逻辑电路。常见的译码器主要包括二进制译码器、码制变换译码器及显示译码器等。

5.4.1　二进制译码器

把具有特定含义的二进制代码"翻译"成对应的输出信号的组合逻辑电路,称为二进制译码器。二进制译码器的输入是二进制代码,输出是与输入代码一一对应的有效电平信号。常用的集成电路二进制译码器有 2 线-4 线译码器 74139、3 线-8 线译码器 74138 和 4 线-16 线译码器 74154 等。下面以 3 线-8 线译码器 74138 为例,说明二进制译码器的工作原理。图 5-17 为 3 线-8 线译码器 74138 的逻辑图、管脚图、国际标准符号和惯用符号。表 5-10 为 3 线-8 线译码器 74138 的功能表。

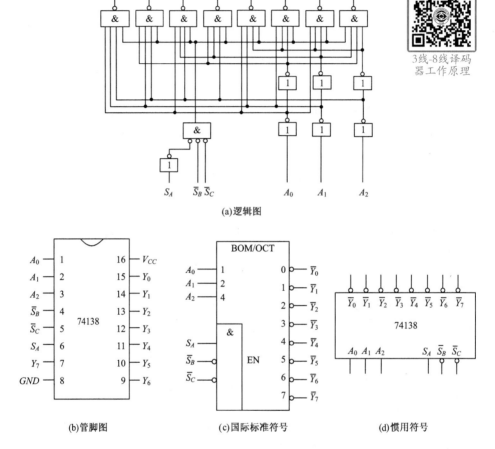

(a)逻辑图

(b)管脚图　　　　　(c)国际标准符号　　　　　(d)惯用符号

图 5-17　3 线-8 线译码器 74138

表 5-10　　　　　　　　3 线-8 线译码器 74138 功能表

	输　　入				输　　出							
S_A	$\overline{S}_B + \overline{S}_C$	A_2	A_1	A_0	Y_0	Y_1	Y_2	Y_3	Y_4	Y_5	Y_6	Y_7
$\times$	1	$\times$	$\times$	$\times$	1	1	1	1	1	1	1	1
0	$\times$	$\times$	$\times$	$\times$	1	1	1	1	1	1	1	1
1	0	0	0	0	0	1	1	1	1	1	1	1
1	0	0	0	1	1	0	1	1	1	1	1	1
1	0	0	1	0	1	1	0	1	1	1	1	1
1	0	0	1	1	1	1	1	0	1	1	1	1
1	0	1	0	0	1	1	1	1	0	1	1	1
1	0	1	0	1	1	1	1	1	1	0	1	1
1	0	1	1	0	1	1	1	1	1	1	0	1
1	0	1	1	1	1	1	1	1	1	1	1	0

译码器 74138 有三个输入端 A_2、A_1、A_0，它们共有 8 种状态的组合输出 $\overline{Y}_0 \sim \overline{Y}_7$（输出低电平有效），每个输出对应一个最小项，因此这种译码器也称为最小项译码器。74138 还设有三个使能控制端 S_A、$\overline{S}_B$ 和 $\overline{S}_C$。从功能表中可以看出，只有当 $S_A = 1$，$\overline{S}_B = \overline{S}_C = 0$ 时，译码器才具有正常译码功能，否则禁止译码，所有输出端被封锁在高电平。正常译码时，输出端的逻辑表达式为

$$\overline{Y}_0 = \overline{\overline{A}_2 \overline{A}_1 \overline{A}_0} \qquad \overline{Y}_1 = \overline{\overline{A}_2 \overline{A}_1 A_0}$$

$$\overline{Y}_2 = \overline{\overline{A}_2 A_1 \overline{A}_0} \qquad \overline{Y}_3 = \overline{\overline{A}_2 A_1 A_0}$$

$$\overline{Y}_4 = \overline{A_2 \overline{A}_1 \overline{A}_0} \qquad \overline{Y}_5 = \overline{A_2 \overline{A}_1 A_0}$$

$$\overline{Y}_6 = \overline{A_2 A_1 \overline{A}_0} \qquad \overline{Y}_7 = \overline{A_2 A_1 A_0}$$

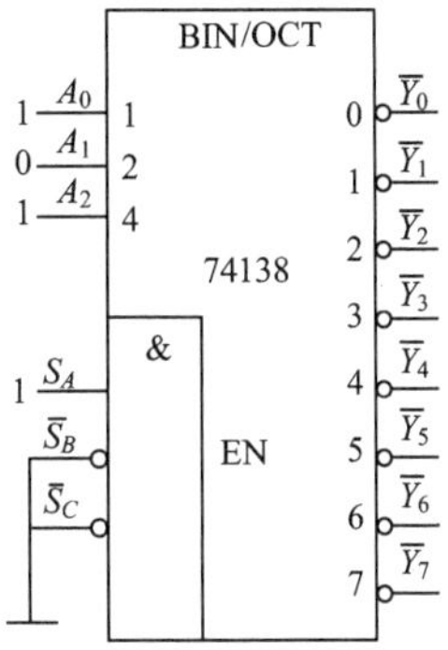

3-8 译码器的 Verilog HDL 描述参考代码如下，其中 A 是代表输入信号 A2~A0 的变量，位宽为 3 位：

```
module decorder3_8(Y, A);
output [7:0] Y;
input [2:0] A;
assign Y = ~(1'b1 << A);//负逻辑输出，~是按位取反
endmodule
```

图 5-18 例 5-12 图

【例 5-12】 为使 74138 译码器的第 10 引脚输出为低电平，请标出各输入端应置的逻辑电平。

解 74138 的第 10 引脚输出为 $\overline{Y}_5$，则地址输入端应为 $A_2 A_1 A_0 = 101$，选中 $\overline{Y}_5$ 为低电平的各输入端如图 5-18 所示。

【例 5-13】 将 74138 扩展成 4 线-16 线译码器。

解 利用 74138 的使能控制端实现扩展功能，逻辑图如图 5-19 所示。

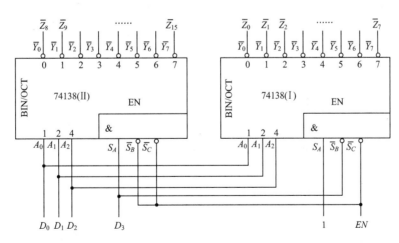

图 5-19 74138 扩展成 4 线-16 线译码器的逻辑图

将（II）片的使能控制端 S_A 与（I）片的 $\overline{S}_B$ 接在一起，作为 4 线-16 线译码器的高位输入 D_3，取（II）片的 $A_2 = D_2$，$A_1 = D_1$，$A_0 = D_0$，（I）片的 S_A 接高电平 1，（II）片的 $\overline{S}_B$、$\overline{S}_C$ 和（I）片的 $\overline{S}_C$ 接在一起，做总使能控制端。

【例 5-14】 用 Verilog HDL 描述例 5-13 的 4 线-16 线译码器

解 74138 是负逻辑输出,即编码有效的输出线为 0,如果想实现正逻辑输出的编码,只需要对现有输出取反即可,参考代码如下:

```
module decorder4_16(Y, A);
output [15:0] Y;
input [3:0] A;
assign Y = 1'b1 << A;      //正逻辑输出,A 索引的位置 1
//assign Y = ~(1'b1 << A);      //负逻辑输出,A 索引的位置 0,~是按位取反
endmodule
```

【例 5-15】 用译码器 74138 实现下列函数:

$$F(A,B,C)=A \oplus B \oplus C$$
$$G(A,B,C)=AB+BC+AC$$

解 将函数 F 和 G 化成最小项之和形式:

$$F(A,B,C)=\overline{A}\,\overline{B}C+\overline{A}B\overline{C}+A\overline{B}\,\overline{C}+ABC$$
$$=m_1+m_2+m_4+m_7$$

$$G(A,B,C)=\overline{A}BC+A\overline{B}C+AB\overline{C}+ABC$$
$$=m_3+m_5+m_6+m_7$$

用两个与非门分别组成函数 F 和 G,如图 5-20 所示,显然,一个译码器可以同时实现多个函数功能。

【例 5-16】 4 线-16 线译码器 74154 接成如图 5-21 所示电路,图中 $\overline{G}_1$、$\overline{G}_2$ 为使能控制端,工作时为 0。写出函数 $F_1(A,B,C,D)$、$F_2(A,B,C,D)$ 的最简表达式。

解 根据 74154 功能表,有

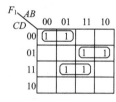

图 5-20 例 5-15 图

$$F_1(A,B,C,D)=\sum m(0,4,7,9,13,15)=\overline{A}\,\overline{C}\,\overline{D}+A\overline{C}D+BCD$$

$$F_2(A,B,C,D)=\sum m(5,7,8,9,13,15)=BD+A\overline{B}\,\overline{C}$$

其卡诺图如图 5-22 所示。

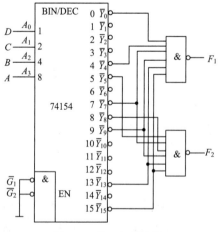

图 5-21 例 5-16 逻辑图

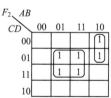

图 5-22 例 5-16 卡诺图

【例 5-17】 用译码器 74138 设计一个 1 线-8 线数据分配器将 1 路输入数据根据地址选择码分配给 8 路输出数据中的某一路输出。

解 利用 74138 的 1 个使能控制端作为数据的输入端,输出为 8 个译码输出端,由地址信号选择某一根输出线,显然,当输入数据为高电平时,使能控制端无效,被选中的输出端输出高电平;当输入数据为低电平时,使能控制端有效,被选中的输出端有效,输出低电平。综合以上分析,以上使用方案实现了数据选择器的功能,图 5-23 为用译码器构成数据分配器的连接方案,表 5-11 为以上数据分配器的功能表。

表 5-11   数据分配器的功能表

地址选择信号			输 出
A_2	A_1	A_0	
0	0	0	$D = D_0$
0	0	1	$D = D_1$
0	1	0	$D = D_2$
0	1	1	$D = D_3$
1	0	0	$D = D_4$
1	0	1	$D = D_5$
1	1	0	$D = D_6$
1	1	1	$D = D_7$

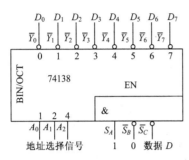

图 5-23 用译码器构成数据分配器

5.4.2 码制变换译码器

码制变换译码器的功能是将一种码制的代码转换成另一种码制的代码。下面介绍二-十进制译码器 7442。

集成芯片 7442 是 4 线-10 线译码器,输入为 8421BCD 码,输出为十进制代码 0~9,它的功能表见表 5-12,输出为低电平时有效。当输入 8421BCD 码为 1010~1111 时,输出全为高电平,为无效码。

二-十进制译码器工作原理

表 5-12   集成芯片 7442 功能表

十进制数	输 入				输 出									
	A_3	A_2	A_1	A_0	$\overline{Y_0}$	$\overline{Y_1}$	$\overline{Y_2}$	$\overline{Y_3}$	$\overline{Y_4}$	$\overline{Y_5}$	$\overline{Y_6}$	$\overline{Y_7}$	$\overline{Y_8}$	$\overline{Y_9}$
0	0	0	0	0	0	1	1	1	1	1	1	1	1	1
1	0	0	0	1	1	0	1	1	1	1	1	1	1	1
2	0	0	1	0	1	1	0	1	1	1	1	1	1	1
3	0	0	1	1	1	1	1	0	1	1	1	1	1	1
4	0	1	0	0	1	1	1	1	0	1	1	1	1	1
5	0	1	0	1	1	1	1	1	1	0	1	1	1	1
6	0	1	1	0	1	1	1	1	1	1	0	1	1	1
7	0	1	1	1	1	1	1	1	1	1	1	0	1	1
8	1	0	0	0	1	1	1	1	1	1	1	1	0	1
9	1	0	0	1	1	1	1	1	1	1	1	1	1	0

图 5-24 为 4 线-10 线译码器 7442 的逻辑图、管脚图、国际标准符号和惯用符号。由 7442 功能表和逻辑图可得到输出端逻辑函数为

$$\overline{Y}_0 = \overline{\overline{A}_3 \overline{A}_2 \overline{A}_1 \overline{A}_0} \quad \overline{Y}_1 = \overline{\overline{A}_3 \overline{A}_2 \overline{A}_1 A_0}$$

$$\overline{Y}_2 = \overline{\overline{A}_3 \overline{A}_2 A_1 \overline{A}_0} \quad \overline{Y}_3 = \overline{\overline{A}_3 \overline{A}_2 A_1 A_0}$$

$$\overline{Y}_4 = \overline{\overline{A}_3 A_2 \overline{A}_1 \overline{A}_0} \quad \overline{Y}_5 = \overline{\overline{A}_3 A_2 \overline{A}_1 A_0}$$

$$\overline{Y}_6 = \overline{\overline{A}_3 A_2 A_1 \overline{A}_0} \quad \overline{Y}_7 = \overline{\overline{A}_3 A_2 A_1 A_0}$$

$$\overline{Y}_8 = \overline{A_3 \overline{A}_2 \overline{A}_1 \overline{A}_0} \quad \overline{Y}_9 = \overline{A_3 \overline{A}_2 \overline{A}_1 A_0}$$

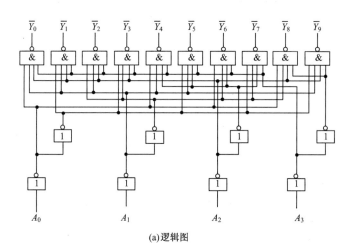

(a)逻辑图

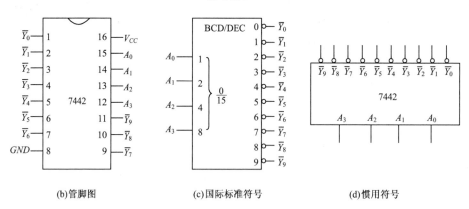

(b)管脚图　　　　(c)国际标准符号　　　　(d)惯用符号

图 5-24　4 线-10 线译码器 7442

二-十进制译码器的 Verilog HDL 实现参考代码如下,通过 case 语句分支线列举真值表项实现。

```
module DECODER2to10(A3, A2, A1, A0, Y0n, Y1n, Y2n, Y3n, Y4n, Y5n, Y6n, Y7n, Y8n,
Y9n);
input A3, A2, A1, A0;
output reg Y0n, Y1n, Y2n, Y3n, Y4n, Y5n, Y6n, Y7n, Y8n, Y9n;   //负逻辑
always @ (*)
casex ({A3, A2, A1, A0})
4'b0000: { Y0n, Y1n, Y2n, Y3n, Y4n, Y5n, Y6n, Y7n, Y8n, Y9n } = 10'b0111_1111_11;
```

```
4'b0001: { Y0n, Y1n, Y2n, Y3n, Y4n, Y5n, Y6n, Y7n, Y8n, Y9n } = 10'b1011_1111_11;
4'b0010: { Y0n, Y1n, Y2n, Y3n, Y4n, Y5n, Y6n, Y7n, Y8n, Y9n } = 10'b1101_1111_11;
4'b0011: { Y0n, Y1n, Y2n, Y3n, Y4n, Y5n, Y6n, Y7n, Y8n, Y9n } = 10'b1110_1111_11;
4'b0100: { Y0n, Y1n, Y2n, Y3n, Y4n, Y5n, Y6n, Y7n, Y8n, Y9n } = 10'b1111_0111_11;
4'b0101: { Y0n, Y1n, Y2n, Y3n, Y4n, Y5n, Y6n, Y7n, Y8n, Y9n } = 10'b1111_1011_11;
4'b0110: { Y0n, Y1n, Y2n, Y3n, Y4n, Y5n, Y6n, Y7n, Y8n, Y9n } = 10'b1111_1101_11;
4'b0111: { Y0n, Y1n, Y2n, Y3n, Y4n, Y5n, Y6n, Y7n, Y8n, Y9n } = 10'b1111_1110_11;
4'b1000: { Y0n, Y1n, Y2n, Y3n, Y4n, Y5n, Y6n, Y7n, Y8n, Y9n } = 10'b1111_1111_01;
4'b1001: { Y0n, Y1n, Y2n, Y3n, Y4n, Y5n, Y6n, Y7n, Y8n, Y9n } = 10'b1111_1111_10;
default: { Y0n, Y1n, Y2n, Y3n, Y4n, Y5n, Y6n, Y7n, Y8n, Y9n } = 10'b1111_1111_11;
endcase
endmodule
```

5.4.3 显示译码器

在数字系统中,常常需要将数字、字母或符号等直观地显示出来,供人们读取或监视系统的工作情况。能够显示数字、字母或符号的器件称为数字显示器。这些被显示的数字量都是以一定的代码形式出现的,所以这些数字量要先经过数字显示译码器的译码,才能送到数字显示器去显示。

1. 七段数码管显示器

目前在各种显示器中,七段数码管显示器应用广泛。图 5-25 为七段数码管显示器的发光段示意图和数字显示图。它可以表示 0~15 的阿拉伯数字。在实际应用中,10~15 一般用两位数码管显示器表示。

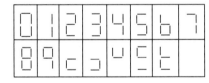

(a)七段数码管显示器的发光段示意图　　(b)数学显示图　　LED 数码管内部结构与工作原理

图 5-25　七段数码管显示器

目前常用的七段数码管有半导体发光二极管(Light-Emitting Diode,LED)和液晶显示器(Liquid Crystal Display,LCD)两类。根据不同的连接方式,七段数码管分为共阴极和共阳极两类。共阴极是指七个发光管的阴极连在一起,接低电平,阳极为高电平的发光管被点亮。共阳极是指七个发光管的阳极连在一起接高电平,阴极接低电平的发光管被点亮。图 5-26(a)和图 5-26(b)分别为半导体发光二极管共阴极数码管 BS201A 和共阳极数码管 BS201B 的原理图。

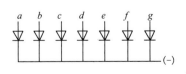
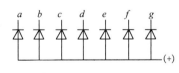

(a)共阴极数码管BS201A　　(b)共阳极数码管BS201B　　SD10-CD4511 共阴型LED数码管显示原理

图 5-26　半导体发光二极管共阴极数码管 BS201A 和共阳极数码管 BS201B 原理图

2. BCD 码七段显示译码器 7448

半导体数码管和液晶显示器都可以用 TTL 或 CMOS 集成电路直接驱动。为此,需要用显示译码器将 BCD 码译成数码管所需的驱动信号,以便使数码管将 BCD 码所代表的数值用十进制数字显示出来。这类中规模 BCD 码七段显示译码器种类较多,如输出低电平有效的 7445、7447 七段显示译码器,它们可以驱动共阳极显示器;又如输出高电平有效的 7448 七段显示译码器,可以驱动共阴极显示器。下面介绍能驱动 BS201A 工作的 4 线-7 线译码器 7448。4 线-7 线译码器 7448 的功能列于表 5-13 中。

表 5-13   4 线-7 线译码器 7448 功能表

十进制数	输入							输出						
	$\overline{LT}$	$\overline{RBI}$	A_3	A_2	A_1	A_0	$\overline{BI}/\overline{RBO}$	Y_a	Y_b	Y_c	Y_d	Y_e	Y_f	Y_g
0	1	1	0	0	0	0	1	1	1	1	1	1	1	0
1	1	×	0	0	0	1	1	0	1	1	0	0	0	0
2	1	×	0	0	1	0	1	1	1	0	1	1	0	1
3	1	×	0	0	1	1	1	1	1	1	1	0	0	1
4	1	×	0	1	0	0	1	0	1	1	0	0	1	1
5	1	×	0	1	0	1	1	1	0	1	1	0	1	1
6	1	×	0	1	1	0	1	0	0	1	1	1	1	1
7	1	×	0	1	1	1	1	1	1	1	0	0	0	0
8	1	×	1	0	0	0	1	1	1	1	1	1	1	1
9	1	×	1	0	0	1	1	1	1	1	0	0	1	1
10	1	×	1	0	1	0	1	0	0	0	1	1	0	1
11	1	×	1	0	1	1	1	0	0	1	1	0	0	1
12	1	×	1	1	0	0	1	0	1	0	0	0	1	1
13	1	×	1	1	0	1	1	1	0	0	1	0	1	1
14	1	×	1	1	1	0	1	0	0	0	1	1	1	1
15	1	×	1	1	1	1	1	0	0	0	0	0	0	0
灭灯	×	×	×	×	×	×	0(输入)	0	0	0	0	0	0	0
灭零	1	0	0	0	0	0	0	0	0	0	0	0	0	0
试灯	0	×	×	×	×	×	1	1	1	1	1	1	1	1

图 5-27 为 7448 的逻辑图、管脚图、国际标准符号和惯用符号。图 5-28 为用 7448 驱动 BS201A 电路。

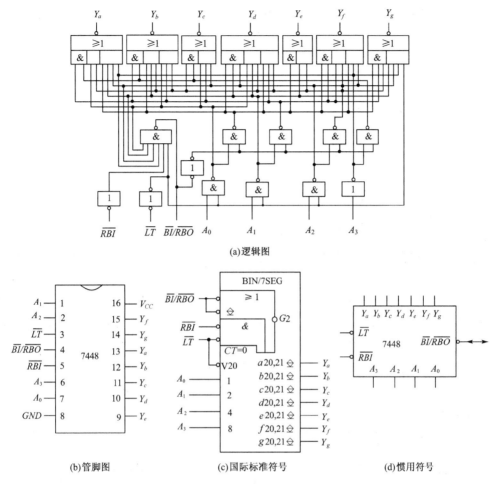

(a)逻辑图

(b)管脚图　　　　　(c)国际标准符号　　　　　(d)惯用符号

图 5-27　显示译码器 7448

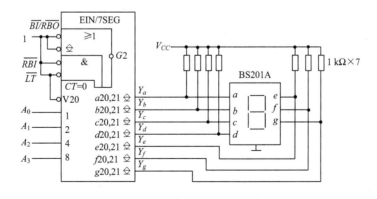

图 5-28　7448 驱动 BS201A 电路

译码器 7448 的功能主要取决于三个控制端 $\overline{LT}$、$\overline{RBI}$ 和 $\overline{BI}/\overline{RBO}$，现分别予以介绍如下。

（1）灭灯输入 $\overline{BI}$

$\overline{BI}/\overline{RBO}$ 是灭灯输入/灭零输出端。当 $\overline{BI}/\overline{RBO}$ 为输入端，且 $\overline{BI}=0$ 时，无论其他输入端是什么电平，输出 $Y_a \sim Y_g$ 均为 0，字形消隐。

（2）试灯输入 $\overline{LT}$

当 $\overline{LT}=0$ 时，$\overline{BI}/\overline{RBO}$ 为输出端，且 $\overline{RBO}=1$，此时无论其他输入端是什么电平，输出 $Y_a \sim Y_g$ 均为 1，即七段管都亮，这一功能可用于测试数码管、发光管的好坏。

（3）灭零输入 $\overline{RBI}$

当 $\overline{LT}=1,\overline{RBI}=0$，输入变量为 0000 时，七段输出 $Y_a \sim Y_g$ 全为 0，不显示 0 字形。此时 $\overline{BI}/\overline{RBO}$ 为输出端，且 $\overline{RBO}=0$。

（4）灭零输出 $\overline{RBO}$

由 7448 逻辑图得到 $\overline{RBO}=\overline{\overline{A_3}\,\overline{A_2}\,\overline{A_1}\,\overline{A_0}\,LT\,RBI}$。只有当输入 $A_3A_2A_1A_0=0000$，而且有灭零输入信号（$\overline{RBI}=0$）时，$\overline{RBO}$ 才会给出低电平。因此，$\overline{RBO}=0$ 表示译码器已将本来应该显示的 0 熄灭了。

将灭零输入端和灭零输出端配合使用，可以实现多位数码显示系统的灭零控制，如图 5-29 所示的连接方法可以达到此目的。整数部分把高位 $\overline{RBO}$ 与低位 $\overline{RBI}$ 相连，$\overline{RBI}$ 最高位接 0，最低位接 1；小数部分的 $\overline{RBO}$ 与高位 $\overline{RBI}$ 相连，$\overline{RBI}$ 最高位接 1，最低位接 0。这样就可以把前、后多余的 0 熄灭了。这种连接方式，使整数部分只有在高位是 0 而且被熄灭的情况下，低位才会有灭零输入信号。同样，小数部分只有在低位是 0 而且被熄灭时，高位才有灭零输入信号。

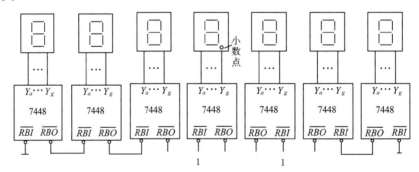

图 5-29　多位数码显示系统的灭零控制

4 线-7 线译码器（BCD-7SEG 译码器）的 Verilog HDL 实现参考代码如下：

```verilog
module BCDto7seg(ABCD, abcdefg);
input [3:0] ABCD;        output reg [6:0] abcdefg;
always @ (ABCD)
case (ABCD)
    4'b0000: abcdefg = 7'b1111110;
    4'b0001: abcdefg = 7'b0110000;
    4'b0010: abcdefg = 7'b1101101;
    4'b0011: abcdefg = 7'b1111001;
    4'b0100: abcdefg = 7'b0110011;
```

$4'b0101$：$abcdefg = 7'b1011011$；

$4'b0110$：$abcdefg = 7'b1011111$；

$4'b0111$：$abcdefg = 7'b1110000$；

$4'b1000$：$abcdefg = 7'b1111111$；

$4'b1001$：$abcdefg = 7'b1111011$；

default：$abcdefg = 7'b0000000$；

  endcase

 endmodule

【例 5-18】 用与非门设计一个七段显示译码器,要求显示"H""E""L""P"四个符号。

解 显示四个符号需要两位译码输入、七位输出,列出输入、输出关系表(表 5-14)：

表 5-14   7448 输入、输出关系表

A	B	a	b	c	d	e	f	g	显示
0	0	0	1	1	0	1	1	1	H
0	1	1	0	0	1	1	1	1	E
1	0	0	0	0	1	1	1	0	L
1	1	1	1	0	0	1	1	1	P

从而

$$a = \overline{A}B + AB = B = \overline{\overline{B}}$$

$$b = \overline{A}\,\overline{B} + AB = \overline{\overline{\overline{A}\,\overline{B}}\,\overline{AB}}$$

$$c = \overline{A}\,\overline{B} = \overline{\overline{\overline{A}\,\overline{B}}}$$

$$d = \overline{A}B + A\overline{B} = \overline{\overline{\overline{A}\,B}\,\overline{A\,\overline{B}}}$$

$$e = f = 1$$

$$g = \overline{A\overline{B}}$$

逻辑电路图略。

5.5 数据选择器

5.5.1 数据选择器的原理

  数据选择器也称多路选择器(Multiplexer,MUX),数据选择器的功能是将多个输入数据中的一个送到唯一的输出端。常用的数据选择器有二选一、四选一、八选一和十六选一等。

  双四选一数据选择器 74153 的逻辑图、管脚图、国际标准符号及惯用符号如图 5-30 所示。表 5-15 为 74153 功能表。一片 74153 上有两个四选一数据选择器,A_1、A_0 为公共控制输入端(地址),可以控制将四个输入数据 D_0、D_1、D_2、D_3 中哪一个送到输出端。$\overline{ST}$ 为选通端,低电平有效。当 $\overline{ST}=1$ 时,输出端 Y 恒为 0。

  从逻辑图和功能表看出,输出与输入关系表达式为

$$Y = D_0 \overline{A_1}\,\overline{A_0} + D_1 \overline{A_1} A_0 + D_2 A_1 \overline{A_0} + D_3 A_1 A_0 = \sum_{i=0}^{3} D_i m_i$$

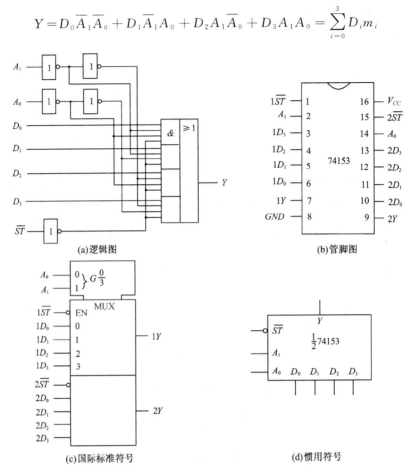

图 5-30 双四选一数据选择器 74153

显然,数据选择器可以认为是二进制译码器和数据 D_i 的组合,因此,只要合理地选择 D_i,就可以用译码器实现数据选择器的功能。

74151 是八选一数据选择器,有三个控制输入端 A_2、A_1、A_0,八个数据输入端 $D_0 \sim D_7$,一个选通端 $\overline{ST}$,两个互补输出端 Y 和 $\overline{Y}$。

表 5-16 为八选一数据选择器 74151 的功能表,图 5-31 为 74151 的管脚图、国际标准符号和惯用符号。

表 5-15 74153 功能表

输 入			输 出
$\overline{ST}$	A_1	A_0	Y
1	$\times$	$\times$	0
0	0	0	D_0
0	0	1	D_1
0	1	0	D_2
0	1	1	D_3

表 5-16 74151 功能表

输 入				输 出	
$\overline{ST}$	A_2	A_1	A_0	Y	$\overline{Y}$
1	$\times$	$\times$	$\times$	0	1
0	0	0	0	D_0	$\overline{D_0}$
0	0	0	1	D_1	$\overline{D_1}$
0	0	1	0	D_2	$\overline{D_2}$
0	0	1	1	D_3	$\overline{D_3}$
0	1	0	0	D_4	$\overline{D_4}$
0	1	0	1	D_5	$\overline{D_5}$
0	1	1	0	D_6	$\overline{D_6}$
0	1	1	1	D_7	$\overline{D_7}$

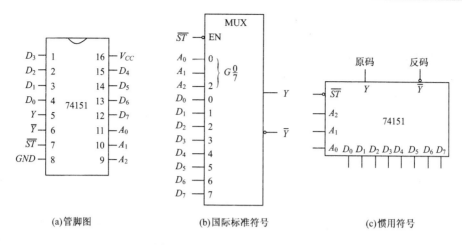

(a)管脚图 　　　　　(b)国际标准符号 　　　　　(c)惯用符号

图 5-31　八选一数据选择器 74151

用 Verilog HDL 实现数据选择器的语法较为简单,通过 assign 或 always 语句描述其行为即可生成组合逻辑。以实现二选一数据选择器为例,可以采用如下的三种不同方式实现,分别使用条件运算符"? :"、if-else 语句、case 语句,参考代码如下。需要实现多位的数据选择器,也仅需在定义端口时声明信号位宽,如果不声明位宽,默认位宽是 1bit。

```verilog
module mux1(out, a, b, sel);
output out;          //默认位宽 1bit
input a, b, sel;
    assign out = (sel) ? a : b;
endmodule
module mux2(out, a, b, sel);
output reg out;
input a, b, sel;
always @ ( * )
    case (sel)
        1'b0 : out = b;
        1'b1 : out = a;
        default : out = 'bx;
    endcase
endmodule
module mux3(out, a, b, sel);
output reg out;
input a, b, sel;
always @ ( a or b or sel)     //电平触发
    if (sel)                  //sel 电平决定输出 a 或 b
        out = a;
    else
        out = b;
endmodule
```

要实现一个数据位宽为 4bit 的八选一数据选择器,Verilog HDL 实现参考代码如下:

`define WIDTH　4

```
module mux8s1(out, d0, d1, d2, d3, d4, d5, d6, d7, sel);
output reg [`WIDTH:1] out;      //位宽由 WIDTH 宏定义为 4bit
input [`WIDTH:1] d0, d1, d2, d3, d4, d5, d6, d7;
input [2:0] sel;                //选择信号 3bit 可表示 8 个选项
always @ ( * )
    case (sel)
        3'b0 : out = d0;
        3'b1 : out = d1;
        3'b2 : out = d2;
        3'b3 : out = d3;
        3'b4 : out = d4;
        3'b5 : out = d5;
        3'b6 : out = d6;
        3'b7 : out = d7;
        default : out = 'bx;
    endcase
endmodule
```

5.5.2 数据选择器实现逻辑函数

由数据选择器的输入、输出表达式：

$$Y = D_0 \overline{A_1} \overline{A_0} + D_1 \overline{A_1} A_0 + D_2 A_1 \overline{A_0} + D_3 A_1 A_0 = \sum_{i=0}^{3} D_i m_i$$

可以看出，只要恰当地选择各个 D_i，就可以实现若干个最小项之和的形式，这正是一般逻辑函数的通用表达式。所以，可以根据以上特点用数据选择器来实现逻辑函数。具体地说，在连接电路时，把逻辑函数的变量依次接数据选择器的地址码端，在数据输入端对应将逻辑函数所包含的最小项接 1，未包含的最小项接 0，这样在输出端就得到了该逻辑函数。

【例 5-19】 用 74151 实现逻辑函数 $F(A,B,C) = \overline{A}BC + B\overline{C} + A\overline{B}C$。

解 将函数化成最小项之和形式：

$$F(A,B,C) = \overline{A}BC + B\overline{C} + A\overline{B}C = m_2 + m_3 + m_5 + m_6$$

按如图 5-32 所示连接方式连接电路，74151 的输出端就实现了逻辑函数 F。

【例 5-20】 用半片双四选一数据选择器 74153 实现函数 $G(X,Y,Z) = \overline{X}\,\overline{Y} + \overline{X}Y\overline{Z} + X\overline{Y}Z$。

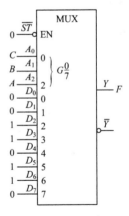

图 5-32 例 5-19 图

解 将函数 G 化成标准与或式：

$$G(X,Y,Z) = \overline{X}\,\overline{Y} + \overline{X}Y\overline{Z} + X\overline{Y}Z$$
$$= \overline{X}\,\overline{Y}Z + \overline{X}\,\overline{Y}\,\overline{Z} + \overline{X}Y\overline{Z} + X\overline{Y}Z$$

由于 74153 只有两个控制变量（两位地址码），而函数 G 有三个变量，需将变量 Z 分离出来，作引入变量卡诺图，如图 5-33(a)所示。将 X、Y 接在 74153 控制输入端 A_1、A_0，数据 1、$\overline{Z}$、

Z、0 分别接在 $1D_0$、$1D_1$、$1D_2$、$1D_3$ 端，$1\overline{ST}$ 接 0，这样 74153 的输出 $1Y$ 就实现了逻辑函数 G，如图 5-33(b)所示。

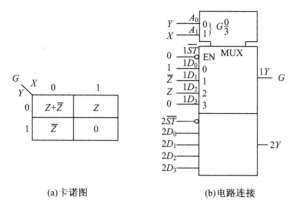

(a)卡诺图　　　　　　　　(b)电路连接

图 5-33　例 5-20 图

【例 5-21】　试用一个八选一数据选择器 MUX 实现逻辑函数：

$$F(A,B,C,D) = \sum m(1,5,8,9,13,14) + \sum d(6,7,10,11)$$

其中 $\sum m(\cdots)$ 为最小项之和，$\sum d(\cdots)$ 为随意项之和(输入允许使用反变量)。

解　一个八选一数据选择器只有三个地址译码端，而函数的输入端有四个，所以先将函数的输入端转化为三个，见表 5-17。

表 5-17　　　　　　　　　例 5-15 真值表

A	B	C	D	$F(A,B,C,D)$	$F(A,B,C)$
0	0	0	0	0	D
0	0	0	1	1	
0	0	1	0	0	0
0	0	1	1	0	
0	1	0	0	0	D
0	1	0	1	1	
0	1	1	0	ϕ	ϕ
0	1	1	1	ϕ	
1	0	0	0	1	1
1	0	0	1	1	
1	0	1	0	ϕ	ϕ
1	0	1	1	ϕ	
1	1	0	0	0	D
1	1	0	1	1	
1	1	1	0	1	$\overline{D}$
1	1	1	1	0	

转化为三个变量后，即可按上两例类似方法连接，电路连接图如图 5-34 所示。

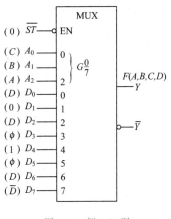

图 5-34　例 5-21 图

5.6　数值比较器

在一些数字系统(例如数字计算机系统)中,经常要求比较 A 与 B 两个数字的大小。为完成这一功能所设计的各种逻辑电路系统称为数值比较器。数值比较器的输入是待比较的两个数 A 和 B,输出是比较的结果($A>B$、$A<B$ 和 $A=B$)。

5.6.1　一位数值比较器

一位数值比较器是多位数值比较器的基础。当待比较的数 A 和 B 都是一位数时,其真值表见表 5-18。图 5-35 为一位比较器的逻辑图。得到一位数值比较器的逻辑函数表达式为

$$L(A>B)=A\bar{B}$$
$$S(A<B)=\bar{A}B$$
$$E(A=B)=\bar{A}\,\bar{B}+AB=A\odot B$$

表 5-18　　一位数值比较器真值表

输　　入		输　　出		
A	B	$L(A>B)$	$S(A<B)$	$E(A=B)$
0	0	0	0	1
0	1	0	1	0
1	0	1	0	0
1	1	0	0	1

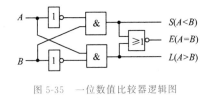

图 5-35　一位数值比较器逻辑图

5.6.2　四位数值比较器 7485

比较两个多位数的大小时,必须从高向低逐位比较,高位不相等时,可以直接给出比较结果;高位相等时,依次比较低位直至级联输入位。

常用的集成四位数值比较器有 7485,输入待比较的两个数分别为 $A=A_3A_2A_1A_0$ 和 $B=B_3B_2B_1B_0$,输出为比较结果 $L(A>B)$、$S(A<B)$ 和 $E(A=B)$。7485 还设有三个级联输入端 $l(A>B)$、$s(A<B)$ 和 $e(A=B)$。表 5-19 为四位数值比较器 7485 功能表。

由功能表可以得到 7485 三个输出端逻辑表达式:

$$E=E_3E_2E_1E_0e$$

$$L = L_3 + E_3 L_2 + E_3 E_2 L_1 + E_3 E_2 E_1 L_0 + E_3 E_2 E_1 E_0 l$$
$$S = S_3 + E_3 S_2 + E_3 E_2 S_1 + E_3 E_2 E_1 S_0 + E_3 E_2 E_1 E_0 s$$

其中 E_i 表示 $A_i = B_i$，L_i 表示 $A_i > B_i$，S_i 表示 $A_i < B_i$。图 5-36 为四位数值比较器 7485 的逻辑图、管脚图、国际标准符号和惯用符号。

表 5-19　　　　　　　　　　四位数值比较器 7485 功能表

数 值 输 入				级 联 输 入			输　出		
$A_3 B_3$	$A_2 B_2$	$A_1 B_1$	$A_0 B_0$	l	s	e	L	S	E
$A_3 > B_3$	$\times$	$\times$	$\times$	$\times$	$\times$	$\times$	1	0	0
$A_3 < B_3$	$\times$	$\times$	$\times$	$\times$	$\times$	$\times$	0	1	0
$A_3 = B_3$	$A_2 > B_2$	$\times$	$\times$	$\times$	$\times$	$\times$	1	0	0
$A_3 = B_3$	$A_2 < B_2$	$\times$	$\times$	$\times$	$\times$	$\times$	0	1	0
$A_3 = B_3$	$A_2 = B_2$	$A_1 > B_1$	$\times$	$\times$	$\times$	$\times$	1	0	0
$A_3 = B_3$	$A_2 = B_2$	$A_1 < B_1$	$\times$	$\times$	$\times$	$\times$	0	1	0
$A_3 = B_3$	$A_2 = B_2$	$A_1 = B_1$	$A_0 > B_0$	$\times$	$\times$	$\times$	1	0	0
$A_3 = B_3$	$A_2 = B_2$	$A_1 = B_1$	$A_0 < B_0$	$\times$	$\times$	$\times$	0	1	0
$A_3 = B_3$	$A_2 = B_2$	$A_1 = B_1$	$A_0 = B_0$	1	0	0	1	0	0
$A_3 = B_3$	$A_2 = B_2$	$A_1 = B_1$	$A_0 = B_0$	0	1	0	0	1	0
$A_3 = B_3$	$A_2 = B_2$	$A_1 = B_1$	$A_0 = B_0$	0	0	1	0	0	1

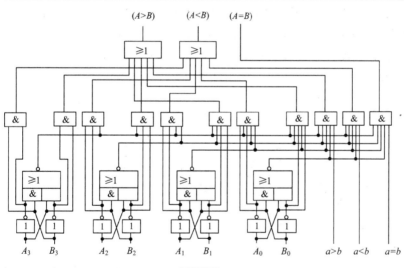

(a)逻辑图

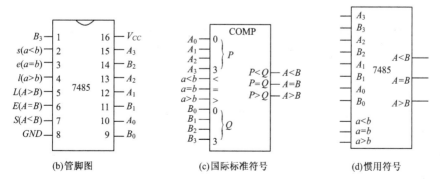

(b)管脚图　　　　　　(c)国际标准符号　　　　　(d)惯用符号

图 5-36　四位数值比较器 7485

【例 5-22】 试用 7485 实现二位二进制比较的电路。

解 7485 是四位数值比较器电路,少于四位的比较电路可以直接使用 7485 实现,如图 4-37 所示。其中 A_1A_0 和 B_1B_0 为被比较的两个二位二进制数,输出三种可能,由 7485 的输出端输出。

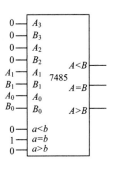

图 5-37 例 5-22 逻辑图

5.6.3 数值比较器的位数扩展

如果待比较的数值多于四位,则可以通过对四位数值比较器的扩充来实现。数值比较器串接方式扩展如图 5-38 所示,是用两片四位数值比较器 7485 串接构成的一个八位数值比较器的连接方法。若高四位能得出比较结果,则输出与低位(I)片无关;若高位相同,比较结果由低四位的比较结果确定。

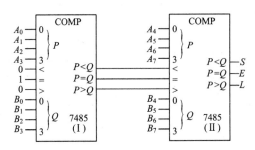

图 5-38 数值比较器串接方式扩展

以上串接方案速度较慢,当待比较的数值位数较大且需要快速比较时,可以采用并接方式扩展,这方面内容可查阅其他参考书。

用 Verilog HDL 实现数值比较器,位数可以通过位宽声明实现,与用逻辑门扩展实现所需位宽相比,Verilog HDL 极为简便,这也是 Verilog HDL 的优势之一。以下是比较两个数相等、大、小的 Verilog HDL 代码。

```
module compare(equal, a, b);    //比较两数相等
parameter WIDTH = 8;            //参数型常量定义,定义位宽 8bit
input [WIDTH-1:0] a, b;
output equal;
    assign equal = (a == b) ? 1 : 0;
endmodule
module compare(small, a, b);    //比较两数大小
parameter WIDTH = 8;
```

```
input [WIDTH−1:0] a, b;
output reg small;
always @( * )
    if (a<b) small = 1;
    else     small =0;
endmodule
module compare(LE, a, b);      //比较 a≥b
parameter WIDTH = 8;
input [WIDTH−1:0] a, b;
output reg LE;
always @( * )
    if (a>=b) LE = 1;
    else       LE =0;
endmodule
```

5.7 加法电路

算术运算是数字系统的基本功能之一,更是计算机中不可缺少的组成单元。两个二进制数之间的算术运算包括加、减、乘或除的实现,目前在数字计算机中都是化成若干步加法进行运算的,因此加法器是算术运算的基本单元。

5.7.1 半加器

半加器(Half Adder)的功能是实现两个一位二进制数的相加。由于未考虑来自相邻低位的进位,所以称为半加器。半加器的真值表见表 5-20,其中输入 A 和 B 分别为被加数和加数,输出 S 和 C 分别为本位和进位输出。由真值表得到:

表 5-20　半加器真值表

A	B	S	C
0	0	0	0
0	1	1	0
1	0	1	0
1	1	0	1

$$S=A \oplus B$$
$$C=AB$$

图 5-39 为半加器的逻辑图、国际标准符号及惯用符号。

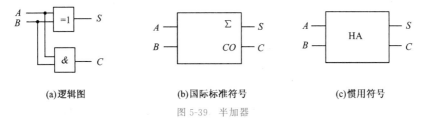

(a)逻辑图　　　　　(b)国际标准符号　　　　　(c)惯用符号

图 5-39　半加器

【例 5-23】　用三个半加器实现下列函数:

$$X_1(A,B,C)=A \oplus B \oplus C$$
$$X_2(A,B,C)=\overline{A}BC+A\overline{B}C$$

$$X_3(A,B,C)=AB\overline{C}+(\overline{A}+\overline{B})C$$
$$X_4(A,B,C)=ABC$$

解 对以上各式依据半加器的函数功能进行转化,有

$$X_1=A\oplus B\oplus C=(A\oplus B)\oplus C$$
$$X_2=(A\oplus B)C$$
$$X_3=AB\overline{C}+\overline{AB}C=(AB)\oplus C$$
$$X_4=(AB)C$$

逻辑图如图 5-40 所示,其中 $S_1=A\oplus B$,$C_1=AB$。

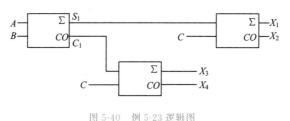

图 5-40 例 5-23 逻辑图

5.7.2 全加器

除了被加数和加数外,输入端还应考虑来自低位的进位 C_i,这样的电路构成全加器(Full Adder)。全加器真值表见表 5-21,其中输出 C_{i+1} 是本位向高位的进位输出。

表 5-21　全加器真值表

A	B	C_i	S	C_{i+1}
0	0	0	0	0
0	0	1	1	0
0	1	0	1	0
0	1	1	0	1
1	0	0	1	0
1	0	1	0	1
1	1	0	0	1
1	1	1	1	1

由真值表得到输出函数表达式:

$$S=\overline{A}\,\overline{B}C_i+\overline{A}B\overline{C_i}+A\overline{B}\,\overline{C_i}+ABC_i$$
$$=A\oplus B\oplus C_i$$
$$C_{i+1}=\overline{A}BC_i+A\overline{B}C_i+AB\overline{C_i}+ABC_i$$
$$=AB+BC_i+AC_i$$
$$=AB+(A\oplus B)C_i$$

图 5-41 是双全加器 74183 的逻辑图、管脚图、国际标准符号和惯用符号。

【例 5-24】 试用四选一数据选择器 MUX 实现一位二进制全加器(输入允许使用反变量)。

解 根据全加器的功能,写出其逻辑方程:

$$S_i(A,B,C_{i-1})=A\oplus B\oplus C_{i-1}=\sum m(1,2,4,7)$$

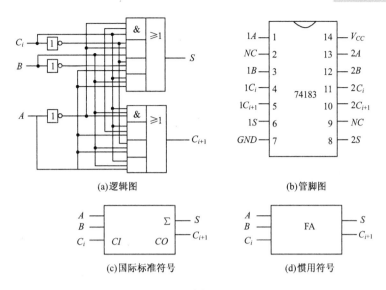

(a)逻辑图　　　　　　(b)管脚图

(c)国际标准符号　　　　(d)惯用符号

图 5-41　双全加器 74183

$$C_i(A,B,C_{i-1}) = AB + AC_{i-1} + BC_{i-1} = \sum m(3,5,6,7)$$

其中 A、B 为加数，C_{i-1}、C_i 分别为低位和本位的进位。

将其输入变量由三变量转化为二变量。

$$S_i(A,B,C_{i-1}) = \sum m(1,2,4,7)$$
$$= \overline{A}\ \overline{B}C_{i-1} + \overline{A}B\overline{C}_{i-1} + A\overline{B}\ \overline{C}_{i-1} + ABC_{i-1}$$
$$= (\overline{A}\ \overline{B})C_{i-1} + (\overline{A}B)\overline{C}_{i-1} + (A\overline{B})\overline{C}_{i-1} + (AB)C_{i-1}$$

$$S_i(A,B) = m_0 C_{i-1} + m_1 \overline{C}_{i-1} + m_2 \overline{C}_{i-1} + m_3 C_{i-1}$$

$$C_i(A,B,C_{i-1}) = \sum m(3,5,6,7)$$
$$= \overline{A}BC_{i-1} + A\overline{B}C_{i-1} + AB\overline{C}_{i-1} + ABC_{i-1}$$
$$= (\overline{A}B)C_{i-1} + (A\overline{B})C_{i-1} + (AB)\overline{C}_{i-1} + (AB)C_{i-1}$$

$$C_i(A,B) = m_1 C_{i-1} + m_2 \overline{C}_{i-1} + m_3 \overline{C}_{i-1} + m_3 C_{i-1}$$
$$= m_1 C_{i-1} + m_2 \overline{C}_{i-1} + m_3$$

所以，按照以上二式设置 74153 的输入、输出关系，即可实现全加器功能。

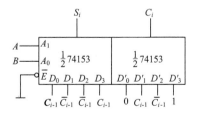

图 5-42　例 5-24 逻辑图

用 Verilog HDL 实现全加器可以简单地从行为级描述，用 assign 语句实现组合逻辑。实现 1 位全加器和实现多位加法器的 Verilog HDL 实现参考代码分别如下：

```
module fadder(cout, sum, a, b, cin);        //1 位全加器
input a, b, cin;
```

```
output cout, sum;        //默认位宽 1bit
    assign {cout, sum} = a + b + cin;
endmodule
`define WIDTH   8
module adder8(cout, sum, a, b, cin);      //8 位加法器
input [`WIDTH-1 : 0] a, b;
input cin;
output cout;
output [`WIDTH-1 : 0] sum;
    assign {cout, sum} = a + b + cin;
endmodule
```

5.7.3　超前进位加法器 74283

多位二进制数相加时,每位用一个全加器,依次将低位加法器进位输出端 C_{i+1} 与高位加法器的进位输入端 C_i 相连,构成并行输出、串行进位的加法器,图 5-43 为四位串行进位加法器。这种加法器结构简单,但运算速度不高。为克服这一缺点,采用超前进位方式。现在介绍超前进位的原理。

由表 5-21 知道,全加器本位和 S_i 及进位 C_{i+1} 分别为

$$S_i = A_i \oplus B_i \oplus C_i$$
$$C_{i+1} = \overline{A_i}B_iC_i + A_i\overline{B_i}C_i + A_iB_i\overline{C_i} + A_iB_iC_i$$
$$= A_iB_i + (A_i \oplus B_i)C_i$$

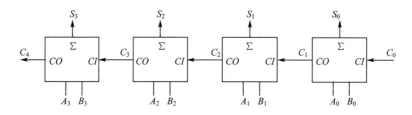

图 5-43　四位串行进位加法器

定义 $G_i = A_iB_i$ 为产生变量,$P_i = A_i \oplus B_i$ 为传输变量,这两个变量都与进位信号无关。
上面两式可以写成:

$$S_i = P_i \oplus C_i$$
$$C_{i+1} = G_i + P_iC_i$$

可以得到各位进位信号表达式:

$$C_1 = G_0 + P_0C_0$$
$$C_2 = G_1 + P_1C_1 = G_1 + P_1G_0 + P_1P_0C_0$$
$$C_3 = G_2 + P_2C_2 = G_2 + P_2G_1 + P_2P_1G_0 + P_2P_1P_0C_0$$
$$C_4 = G_3 + P_3C_3 = G_3 + P_3G_2 + P_3P_2G_1 + P_3P_2P_1G_0 + P_3P_2P_1P_0C_0$$

由于 $C_0 = 0$,所以各位的进位都只与 G、P 有关,即只与 A、B 有关,因此是可以并行产生的。

根据超前进位原理构成的四位超前进位加法器 74283 的逻辑图、管脚图、国际标准符号及惯用符号如图 5-44 所示。

运算速度加快是以增加电路复杂程度为代价的。当加法器位数增加时,电路的复杂程度也随之急剧上升。

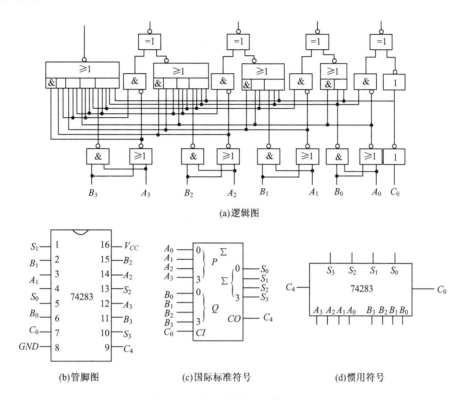

(a)逻辑图

(b)管脚图　　　　　(c)国际标准符号　　　　　(d)惯用符号

图 5-44　四位超前进位加法器 74283

5.8　组合逻辑电路应用实例——一位数码管显示模块

5.8.1　数码管介绍

数码管是一种简易的数码显示器件,具有发光显示清晰、易于控制、响应速度快等优点,在数字显示仪器仪表、数字控制设备等方面应用广泛。各种数码管实物如图 5-45 所示。

图 5-45　各种数码管实物

数码管显示数字原理如图 5-46 所示。一位数码管(也称八段数码管)是将 8 个发光二极管按固定排列封装在一起,不同的发光二极管段亮暗组合构成了 0～9 数字的显示效果。

数码管分为共阴极和共阳极两种,数码管 0～9 数字显示的编码二进制值如图 5-47 所示。

图 5-46　数码管显示数字原理

十进制数	BCD码	共阴极编码 (1亮)	共阳极编码 (0亮)	数码管 显示效果
0	4'b0000	0011_1111	1100_0000	0
1	4'b0001	0000_0110	1111_1001	1
2	4'b0010	0101_1011	1010_0100	2
3	4'b0011	0100_1111	1011_0000	3
4	4'b0100	0110_0110	1001_1001	4
5	4'b0101	0110_1101	1001_0010	5
6	4'b0110	0111_1101	1000_0010	6
7	4'b0111	0000_0111	1111_1000	7
8	4'b1000	0111_1111	1000_0000	8
9	4'b1001	0110_1111	1001_0000	9

图 5-47　数码管 0~9 数字显示的编码值二进制

5.8.2　数码管显示模块实例代码

数码管显示模块的输入信号为要显示的数值 num(0~9)，输出为 8 位的段选信号 seg_data，由译码器来实现数码管显示的功能，如图 5-48 所示。

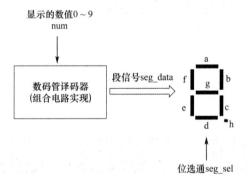

图 5-48　由译码器来实现数码管显示的功能

代码如下：

```
module seg_led(
input[3:0] num,
output[5:0] seg_sel,
output reg[7:0] seg_data
);
//
parameter DIG_0 = 8'hC0;
```

```
parameter DIG_1 = 8'hF9；
parameter DIG_2 = 8'hA4；
parameter DIG_3 = 8'hB0；
parameter DIG_4 = 8'h99；
parameter DIG_5 = 8'h92；
parameter DIG_6 = 8'h82；
parameter DIG_7 = 8'hF8；
parameter DIG_8 = 8'h80；
parameter DIG_9 = 8'h90；
//
always @(*)
    case(num)
    4'd0：seg_data = DIG_0；
    4'd1：seg_data = DIG_1；
    4'd2：seg_data = DIG_2；
    4'd3：seg_data = DIG_3；
    4'd4：seg_data = DIG_4；
    4'd5：seg_data = DIG_5；
    4'd6：seg_data = DIG_6；
    4'd7：seg_data = DIG_7；
    4'd8：seg_data = DIG_8；
    4'd9：seg_data = DIG_9；
    default：seg_data = 8'hFF；
    endcase
//
assign seg_sel = 6'b000_000；
endmodule
```

习题 5

5-1　分析题图 5-1 所示的电路,写出 Y 的逻辑表达式。

5-2　求题图 5-2 所示电路中 F 的逻辑表达式,化简成最简与或式,列出真值表,分析其逻辑功能,设计出全部改用与非门实现这一逻辑功能的电路。

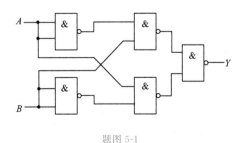

题图 5-1　　　　　　　　　　　　题图 5-2

5-3 分析题图 5-3 所示电路。

5-4 分析题图 5-4 所示电路,求输出 F 的逻辑函数表达式并化简,用最少的或非门实现。

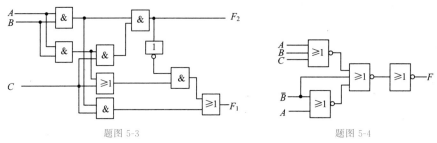

题图 5-3　　　　　　　　　　　　　　题图 5-4

5-5 分析题图 5-5 所示电路,说明其逻辑功能。

5-6 分析题图 5-6 所示电路,说明其逻辑功能。

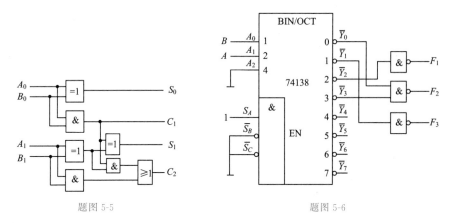

题图 5-5　　　　　　　　　　　　　　题图 5-6

5-7 一个由 3 线-8 线译码器和与非门组成的电路如题图 5-7 所示,试写出 Y_1 和 Y_2 的逻辑表达式。

5-8 八选一数据选择器电路如题图 5-8 所示,其中 A、B、C 为地址,$D_0 \sim D_7$ 为数据输入,试写出输出 Y 的逻辑表达式。

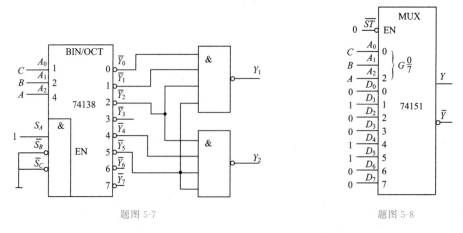

题图 5-7　　　　　　　　　　　　　　题图 5-8

5-9 假如已知一个组合逻辑电路的输入 A、B、C 和输出 F 的波形如题图 5-9 所示,试用最少的逻辑门实现输出函数 F。

5-10　试用与非门设计一个组合逻辑电路,其输入 A、B、C 及输出 F_A、F_B、F_C 的波形如题图 5-10 所示。

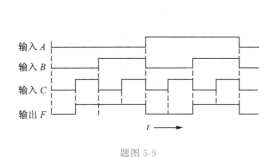

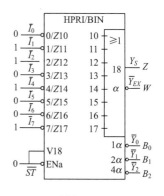

题图 5-9　　　　　　　　　　　　　　题图 5-10

5-11　组合逻辑电路有四个输入 A、B、C、D 和一个输出 Y。当满足下面三个条件中任一个时,输出 Y 都等于 1:(1)所有输入都等于 1;(2)没有一个输入等于 1;(3)奇数个输入等于 1。写出输出 Y 的最简与或表达式。

5-12　试用与非门组成半加器,用与非门和非门组成全加器。

5-13　试用与非门设计一个组合逻辑电路,输入是三位二进制数,输出是输入的平方。

5-14　试用与非门设计一个组合逻辑电路,输入是四位二进制数,输出是输入的补码。

5-15　试用与非门设计三变量不一致电路(输入端只提供原变量)。

5-16　74148 是 8 线-3 线优先编码器,若电路连接如题图 5-16 所示,输出 W、Z、B_2、B_1、B_0 的状态各是高电平还是低电平?

5-17　在优先编码器 74148 电路中(参见题图 5-16),当 $(\overline{ST},\overline{I_7},\overline{I_6},\overline{I_5},\overline{I_4},\overline{I_3},\overline{I_2},\overline{I_1},\overline{I_0})=(0,1,0,1,0,1,0,1,1)$ 时,给出其输出代码 $(Y_S,\overline{Y}_{EX},\overline{Y}_2,\overline{Y}_1,\overline{Y}_0)$。

题图 5-16

5-18　试设计一个 8421BCD 码的检码电路。要求当输入量 $ABCD \leqslant 5$,或 $ABCD \geqslant 10$ 时,电路输出 L 为高电平,否则为低电平。用与非门设计该电路,写出 L 的表达式。

5-19　某产品有 A、B、C、D 四项质量指标。规定:A 必须满足要求,其他三项中只要有任意两项满足要求,产品就算合格。试设计一个组合逻辑电路以实现上述功能。

5-20　现有 A、B、C 三台用电设备,每台用电量均为 10 kW,由两台发电机组供电,Y_1 发电机组的功率为 20 kW,Y_2 发电机组的功率为 10 kW。设计一个供电控制系统,当三台用电设备同时工作时,Y_2、Y_1 均启动;两台用电设备工作时,Y_1 启动;一台用电设备工作时,Y_2 启动。试用 3 线-8 线译码器 74138 实现。

5-21　有一个车间,有红、黄两个故障指示灯,用来表示三台设备的工作情况。当有一台设备出现故障时,黄灯亮;两台设备出现故障时,红灯亮;三台设备都出现故障时,红灯、黄灯都亮。试用与非门设计一个控制灯亮的逻辑电路。

5-22　旅客列车分为特快、直快和慢车,它们的优先顺序为特快、直快、慢车。同一时间内只能有一种列车从车站开出,即只能给出一个开车信号。试用 3 线-8 线译码器 74138 设计一个满足上述要求的排队电路。

5-23 设计一个组合逻辑电路,电路有两个输出,其输入为 8421BCD 码。当输入数为 2、4、6、8 时,输出 $X=1$;当输入数$\geq$5 时,输出 $Y=1$。试用与非门实现电路并画出逻辑图。

5-24 某设备有开关 A、B、C,要求:只有在开关 A 接通的条件下,开关 B 才能接通;只有在开关 B 接通的条件下,开关 C 才能接通。如违反这一规程,则发出报警信号。设计一个由与非门组成的能实现这一功能的报警控制电路。

5-25 利用 3 线-8 线译码器电路,设计一个路灯控制电路。要求由四个开关在不同的地方都能控制路灯的亮和灭,当一个开关动作后灯亮,另一个开关动作后灯灭。

5-26 试用 3 线-8 线译码器 74138 和与非门实现下列函数:

$$F_1(A,B,C)=\sum m(0,3,6,7)$$
$$F_2(A,B,C)=\sum m(1,3,5,7)$$

5-27 试用 3 线-8 线译码器 74138 和与非门实现下列函数:

$$Y_1(A,B,C)=AB\overline{C}+\overline{A}(B+C)$$
$$Y_2(A,B,C)=(A+\overline{C})(\overline{A}+B+C)$$
$$Y_3(A,B,C)=AB+AC+BC$$

5-28 4 线-16 线译码器 74154 接成题图 5-28 所示电路,图中 $\overline{G_1}$、$\overline{G_2}$ 为使能控制端,工作时为 0。写出函数 $F_1(A,B,C,D)$、$F_2(A,B,C,D)$ 的最简表达式。

5-29 分析题图 5-29 所示电路,写出输出函数表达式。

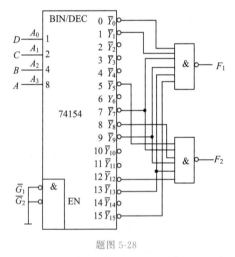
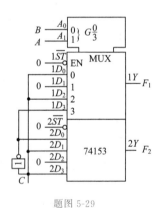

题图 5-28   题图 5-29

5-30 用八选一数据选择器 74151 实现下列函数:

$$Z_1(A,B,C)=\sum m(0,1,4,7)$$
$$Z_2(A,B,C)=A+BC$$
$$Z_3(A,B,C)=(A+\overline{B})(\overline{A}+C)$$

第6章
触发器

::: 本 章 提 要 :::

　　本章主要介绍触发器的基本原理、逻辑功能、特性方程、触发器相互转换和触发器的基本使用方法。本章在详细介绍由基本逻辑门电路(或非、与非逻辑门电路)构成的基本 RS 触发器的基础上,介绍了时钟 RS 触发器、主从触发器和边沿触发器。从逻辑功能上看,涉及 RS 触发器、D 触发器、JK 触发器、T 触发器以及 T' 触发器。对以上每种类型的触发器,详细介绍了其功能及描述方法。本章学习要求:

　　(1)在理解触发器基本原理和特点的基础上,了解触发器的电路结构、动作特点以及逻辑功能分类;

　　(2)熟练掌握各种触发器的使用场合;

　　(3)熟练掌握触发器在不同连接方式后的输出波形;

　　(4)读懂逻辑器件的国际标准符号和惯用符号的含义;

　　(5)建立时序逻辑器件工作的时序概念,为后面学习和使用其他时序逻辑器件做好准备。

　　本章重点:

　　(1)触发器的基本原理、逻辑功能、特性方程、输出波形;

　　(2)触发器之间的相互转换和触发器的正确使用方法。

　　前面介绍的各种电路或集成电路的输出状态随输入信号而变化,我们把这类电路统称为组合逻辑电路。本章将介绍一种新的电路或集成电路——触发器。

　　在数字电路中,不但需要对二值信号进行算术运算或逻辑运算,而且需要经常将这些信号和运算结果保存起来。为此,需要使用具有记忆功能的基本逻辑单元。一般我们把能够存储一位二值信号的基本电路称为触发器。

　　触发器具有以下两个基本特点:

　　(1)有两个能自行保持的稳定状态:1 状态和 0 状态。

　　(2)在外加输入信号的作用下,触发器可以从一种状态变到另一种状态,而且当输入信号消失后,新的状态可以保持下来,即我们所讲的具有记忆功能。

　　集成触发器的种类繁多,按时钟控制信号分类,有基本 RS 触发器、时钟触发器;按触发方式分类,有电平触发器、脉冲触发器(或主从触发器)、边沿触发器;按逻辑功能分类,有 RS 触发器、D 触发器、JK 触发器、T 触发器和 T′触发器。

本章重点对触发器的基本性质、触发方式、逻辑功能及其应用进行介绍。

6.1 基本 RS 触发器

基本 RS 触发器是各种触发器中电路结构最简单的一种,同时它也是其他复杂触发器电路结构的一个组成部分。

6.1.1 由与非门构成的基本 RS 触发器

1. 电路结构

由与非门构成的基本 RS 触发器逻辑图如图 6-1(a)所示,假若在 G_1 的输入端 $\overline{S}$ 加入一个低电平信号,在 G_2 的输入端 $\overline{R}$ 加入一个高电平信号,则 G_1 的输出端 Q 是高电平输出,G_2 的输出端 $\overline{Q}$ 是低电平输出。如果 $\overline{S}$ 端的信号变成高电平,则 $\overline{Q}$ 端就不再输出低电平,也就是说,此电路没有"记住"原来的信号。但是,若 $\overline{Q}$ 端引一条反馈线(如图中虚线所示)到 G_1 的另一个输入端形成正反馈,当 $\overline{S}$ 端输入低电平,$\overline{R}$ 端输入高电平时,Q 端输出高电平,$\overline{Q}$ 端输出低电平(由 $\overline{S}$ 端输入低电平所致),如果 $\overline{S}$ 端的低电平信号消失了(变为高电平),由于 $\overline{Q}$ 端的反馈作用,电路仍能保持原来的输出状态,我们就说此电路具有记忆功能。

如果我们把图 6-1(a)改画成图 6-1(b)的形式,这就是基本 RS 触发器。$\overline{R}$ 和 $\overline{S}$ 是两个输入端,低电平有效,$\overline{R}$ 为复位端或置 0 端,$\overline{S}$ 为置位端或置 1 端,在合法输入组合下(基本 RS 触发器 $\overline{R}$ 和 $\overline{S}$ 不能同时为 0),$\overline{R}$ 有效(低电平),则 Q 为 0 状态,$\overline{S}$ 有效(低电平),则 Q 为 1 状态;Q、$\overline{Q}$ 为两个互补输出端,并以 Q 端的状态作为触发器的状态。$Q=1$,$\overline{Q}=0$ 时,表示触发器处于 1 状态;反之,$Q=0$,$\overline{Q}=1$ 时,表示触发器处于 0 状态。它的逻辑符号如图 6-1(c)所示,图中输入端的小圈表示输入信号为低电平有效,即在输入端为低电平时完成其逻辑功能(置 1 或置 0),这里将输入信号 $\overline{R}$、$\overline{S}$ 作为整体看待,不看作原变量取反运算。

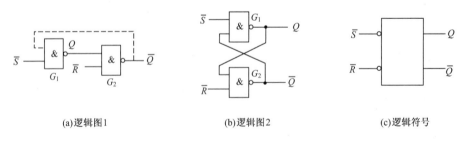

(a)逻辑图1　　　　　　　(b)逻辑图2　　　　　　　(c)逻辑符号

图 6-1　由与非门构成的基本 RS 触发器

2. 工作原理

图 6-1(b)所示基本 RS 触发器具有两个稳定状态:①$Q=0$,$\overline{Q}=1$;②$Q=1$,$\overline{Q}=0$。

(1)当 $\overline{R}=\overline{S}=1$ 时,触发器状态保持不变,触发器具有保持功能。

若触发器为 0 状态,如果输入信号 $\overline{R}$、$\overline{S}$ 均为高电平,即 $\overline{R}=\overline{S}=1$,则由于 $Q=0$ 反馈到

G_2 的输入端,使 $\overline{Q}=1$,而 $\overline{Q}=1$ 又保证 G_1 的输出 $Q=0$,两个与非门电路互相制约,使触发器的 0 状态维持不变。同理,若触发器为 1 状态,当 $\overline{R}=\overline{S}=1$ 时,同样由于门 G_1 和 G_2 的互相制约,触发器的 1 状态维持不变。由此可见,基本 RS 触发器有两个稳定状态,所以它具有记忆功能,能存储一位二进制信息。

(2)当 $\overline{R}=1$、$\overline{S}=0$ 时,$\overline{S}$ 低电平有效,则 $Q=1$,$\overline{Q}=0$,触发器置 1。

若 $\overline{R}=1$、$\overline{S}=0$,则不管触发器原来为 0 状态或 1 状态,此时 G_1 输出高电平,$Q=1$,G_2 因输入为高电平而输出低电平,$\overline{Q}=0$,即触发器新的状态为 $Q=1$、$\overline{Q}=0$,一旦 $\overline{S}$ 的低电平信号撤销,$\overline{S}=\overline{R}=1$,则触发器仍能保持 1 状态不变。

(3)当 $\overline{R}=0$、$\overline{S}=1$ 时,$\overline{R}$ 低电平有效,则 $Q=0$,$\overline{Q}=1$,触发器置 0。

若 $\overline{R}=0$、$\overline{S}=1$,则不管触发器原来为 1 状态或 0 状态,此时 G_2 输出高电平,$\overline{Q}=1$,G_1 因输入为高电平而输出低电平,$Q=0$,即触发器新的状态为 $Q=0$、$\overline{Q}=1$。一旦 $\overline{R}$ 的低电平信号撤销,使 $\overline{R}=\overline{S}=1$,则触发器仍能保持 0 状态不变。

(4)当 $\overline{R}=\overline{S}=0$ 时,触发器状态由 G_1 和 G_2 的延迟决定,是不确定状态。

若 $\overline{R}=\overline{S}=0$,$G_1$ 和 G_2 都输出高电平,即 $Q=\overline{Q}=1$,这样就不符合触发器所规定的 Q 和 $\overline{Q}$ 互补的逻辑关系。而当 $\overline{R}$、$\overline{S}$ 同时由 0 跳变到 1 时,由于两个门延迟时间不同及干扰等因素,触发器究竟是 1 状态还是 0 状态是随机的。

图 6-2 给出了基本 RS 触发器在输入 $\overline{S}$、$\overline{R}$ 波形作用下,输出 Q、$\overline{Q}$ 的波形(这里忽略门电路的延迟时间 t_{pd})。从图 6-2 可以进一步看出 RS 触发器的工作过程(设初始状态 $Q=0$,$\overline{Q}=1$)。

由于触发器的状态是不确定的,因此为了防止这种情况的发生,要求输入 $\overline{R}$、$\overline{S}$ 应该满足条件:$\overline{R}+\overline{S}=1$,我们称它为基本 RS 触发器的约束条件。

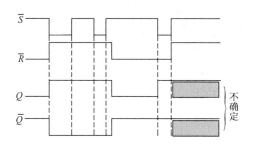

图 6-2 基本 RS 触发器工作波形

6.1.2 基本 RS 触发器的逻辑功能描述方法

触发器的逻辑功能是指电路的下一个稳定状态(次态)Q^{n+1} 与触发器现在的稳定状态(现态)Q^n 以及现在的输入信号(基本 RS 触发器为 $\overline{R}$、$\overline{S}$)之间的逻辑关系,它可以用状态转移真值表(状态表)、状态方程(特征方程)、状态转移图和激励表、波形图(时序图)等几种方法来描述。这里介绍基本 RS 触发器的各种逻辑功能描述方法。

1. 状态转移真值表(状态表)

为了表明触发器在输入信号作用下,触发器的下一个稳定状态(次态)Q^{n+1} 与触发器现在的稳定状态(现态)Q^n 之间的逻辑关系,可以将上述对基本 RS 触发器的分析结论以真值表的形式来描述,见表 6-1。在表 6-1 中,将 Q^n 作为变量进行化简得到的真值表见表 6-2,从中可以更清楚地看到基本 RS 触发器的逻辑功能。

表 6-1　与非门组成的基本 RS 触发器真值表

$\overline{R}$	$\overline{S}$	Q^n	Q^{n+1}
0	1	0	0
0	1	1	0
1	0	0	1
1	0	1	1
1	1	0	0
1	1	1	1
0	0	0	不确定
0	0	1	不确定

表 6-2　与非门组成的基本 RS 触发器化简真值表

$\overline{R}$	$\overline{S}$	Q^{n+1}
0	1	0
1	0	1
1	1	Q^n
0	0	不确定

2. 状态方程(特征方程)

触发器的逻辑功能还可以用逻辑函数表达式来描述。描述触发器逻辑功能的函数表达式称为触发器的状态方程或特征方程。将表 6-1 通过图 6-3 的卡诺图化简,得到基本 RS 触发器的状态方程。因为把 $\overline{R}$ 和 $\overline{S}$ 看作整体输入信号(符号上面的横线表示低电平有效),所以方程中没有对 $\overline{\overline{S}}$(最上面的横线表示非运算)化简成 S。

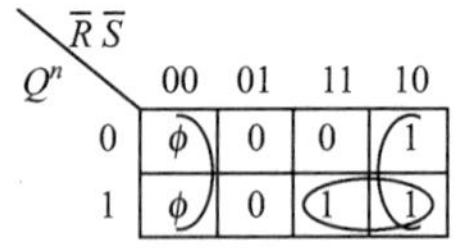

图 6-3　基本 RS 触发器状态方程化简卡诺图

$$\begin{cases} Q^{n+1} = \overline{\overline{S}} + \overline{R}Q^n \\ \overline{S} + \overline{R} = 1 \end{cases}$$

3. 状态转移图和激励表

触发器状态转移图(状态图),就是以图形方式表示输出状态转换的条件和规律。用圆圈表示各状态,圈内注明状态名或取值,用箭头表示状态之间的转移,箭头指向次态 Q^{n+1},线上注明状态转换的条件/输出,条件和输出都可以是多个。基本 RS 触发器的状态图如图 6-4 所示,图中无输出,只有转换条件,标注在线上。

列出已知状态转换和所需的激励输入的表称为激励表。激励表是以现态 Q^n 和次态 Q^{n+1} 为变量,以对应的输入 $\overline{R}$、$\overline{S}$ 为函数的关系表,即表示出在什么样的激励下,才能使现态 Q^n 转换到次态 Q^{n+1}($Q^n \rightarrow Q^{n+1}$)。表 6-3 给出了基本 RS 触发器的激励表。

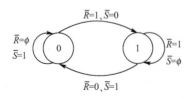

图 6-4　基本 RS 触发器的状态图

表 6-3　基本 RS 触发器激励表

状态转移		激励输入	
Q^n	$\rightarrow$　Q^{n+1}	$\overline{R}$	$\overline{S}$
0	0	ϕ	1
0	1	1	0
1	0	0	1
1	1	1	ϕ

4. 波形图(时序图)

触发器输入信号和触发器工作状态之间的对应关系可以采用波形图表示,也称为时序图,它能够直观地说明触发器的特性。

5.Verilog 描述

用 Verilog 描述 RS 触发器逻辑,基于与非门(NAND),R、S 低电平有效,图 6-1 所示门级描述如下:

```
module RS_FF_N(input Sn，input Rn，output Q，output Qn);
nand inst1(Q，Sn，Qn);
nand inst2(Qn，Rn，Q);
endmodule
```

【例 6-1】 在图 6-5(a)所示基本 RS 触发器中,给定输入条件下的波形如图 6-5(b)所示,画出 Q 和 $\overline{Q}$ 端对应的波形。

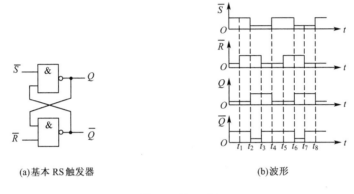

(a)基本 RS 触发器   (b)波形

图 6-5 例 6-1 图

解 根据每个时间区间里 $\overline{R}$、$\overline{S}$ 的输入查触发器的状态表,即可得到 Q 和 $\overline{Q}$ 的状态,并画出波形。从图中可以看出,虽然在 t_3-t_4 和 t_7-t_8 期间出现了 $\overline{R} = \overline{S} = 0$ 的情况,但是由于 $\overline{S}$ 和 $\overline{R}$ 不是同时变为高电平,即 $\overline{S}$ 首先回到高电平,所以触发器的状态仍是可以确定的。

6.1.3 由或非门构成的基本 RS 触发器

用两个或非门组成的 RS 触发器如图 6-6 所示。它具有与图 6-1 所示电路同样的功能。由于用或非门代替了与非门,所以触发器输入端 R、S 需要用高电平触发,即高电平有效。其化简真值表见表 6-4。

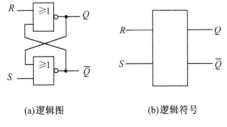

(a)逻辑图   (b)逻辑符号

图 6-6 或非门构成的基本 RS 触发器

表 6-4   或非门组成的基本 RS 触发器化简真值表

S	R	Q^{n+1}
0	0	Q^n
0	1	0
1	0	1
1	1	不确定

由图 6-6(a)可以看出,当 $R = S = 1$ 时,触发器的 $Q = 0$,$\overline{Q} = 0$,这不是正常状态。而当 R、S 同时由 1 变到 0 状态后,触发器的状态是不确定的,所以要求 R、S 输入端应该满足约束条件 $RS = 0$。这样,当 $R = 0$、$S = 1$ 时,$Q = 1$;当 $R = 1$,$S = 0$ 时,$Q = 0$。

RS 触发器,基于或非门(NOR),R、S 高电平有效,图 6-6 所示门级描述如下:

```
module RS_FF(input S, input R, output Q, output Qn);
nor inst1(Q, R, Qn);
nor inst2(Qn, S, Q);
endmodule
```

RS 触发器,R、S 高电平有效,行为级描述如下:

```
module RS_FF(R, S, Q, Qn);
input S, R;
output reg Q, Qn;
always @ ( * ) begin
    if ( ( ! S) && R)   begin
        Q = 0;   Qn = 1;
    end
    if ( S && ( ! R))   begin
        Q = 1;   Qn = 0;
    end
end
endmodule
```

注意 if-else 后面有多条语句时,需要放进一个 begin-end 块中。

为了验证所编写的 Verilog HDL 模块功能是否符合预期,可以用 Verilog HDL 编写测试向量(Test Bench),在 EDA 软件中对设计的模块进行仿真测试,能极大地加快逻辑验证过程。上述 RS 触发器代码配用的测试向量代码如下。被测模块实例化为实体 inst1,通过列举真值表激励信号的方法生成测试输入,将被测模块输出连接到 wire 型变量上,在仿真软件里能看到所有输入、输出信号波形。可用的仿真软件有 Xilinx 公司的 Vivado、Siemens 公司的 Modelsim 等。

```
`timescale 1ns/1ps
module rsFF_tst;
reg r, s;
wire q, qn;
initial begin
        r = 0;   s = 0;
    #100   r = 0;   s = 1;
    #100   r = 0;   s = 0;
    #100   r = 1;   s = 0;
    #100   r = 0;   s = 0;
    #100   r = 1;   s = 1;
    #100   r = 0;   s = 0;
end
RS_FF inst1 (.R(r), .S(s), .Q(q), .Qn(qn));
endmodule
```

【例 6-2】 或非门组成的基本 RS 触发器电路如图 6-7(a)所示,已知 S 和 R 的波形如图 6-7(b)所示。试画出 Q、$\overline{Q}$ 的波形。设触发器的初态 $Q=0$。

解 根据或非门组成的基本 RS 触发器的工作原理(输入高电平有效),以及 R、S 端的输入情况,画出其输出 Q、$\overline{Q}$ 的波形,如图 6-7(b)所示。

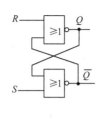 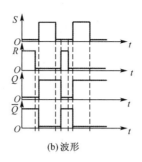

|(a)基本 RS 触发器电路|(b)波形|

图 6-7　例 6-2 图

6.1.4　基本 RS 触发器的特点

基本 RS 触发器具有记忆功能,结构简单,但它的输出状态仅仅直接响应于 $R(\overline{R})$、$S(\overline{S})$ 的变化,不受外加信号控制。

(1)基本 RS 触发器中,输入信号直接加在输出门上,所以输入信号在全部作用时间里,都直接改变输出端 Q、$\overline{Q}$ 的状态。因此,也把 $\overline{R}$、$\overline{S}$ 称为直接复位端(置 0 端)和直接置位端(置 1 端)。

(2)基本 RS 触发器的状态转换时刻由 $\overline{R}$、$\overline{S}$ 确定,没有统一的控制信号(时钟、CLK)控制触发器的转换时刻,因此是异步时序逻辑电路。

(3)基本 RS 触发器由于有输入条件的限制,所以直接应用比较少,但是它是组成各类触发器的基础。

6.2　时钟触发器

在数字系统中,经常要对各部分电路进行协调,以统一动作,为此需要有一个统一的脉冲信号(时钟脉冲)来控制,使电路在控制信号的作用下同时响应输入信号、发生状态变化,即同步工作。因此在基本 RS 触发器的基础上,产生了各种不同逻辑功能的同步触发器(时钟触发器)。

设 CLK 为同步时钟脉冲,触发器的状态 Q 只允许在时钟脉冲 $CLK=1$ 时发生改变。此种触发器也称为电平触发器。

6.2.1　时钟 RS 触发器

1.电路结构

为使触发器 Q 值改变的时刻与 CLK 同步,时钟 RS 触发器电路如图 6-8(a)所示,在基本 RS 触发器的基础上,适当地增加控制门(如门 C、D),以保证 $CLK=0$ 时 Q 值不变;门 A、B 构成基本触发器,门 C、D 构成触发控制电路。以图 6-8(a)为例,我们对其工作原理进行分析。

2.工作原理

在图 6-8(a)中,当时钟脉冲 $CLK=0$ 时,无论输入端 S 和 R 取何值,门 C、D 都关闭,门 C、D 的输出始终为 1,触发器状态不变。当时钟脉冲 $CLK=1$ 时,R 和 S 的信息通过门 C 和

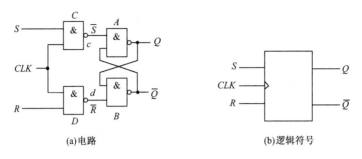

(a)电路   (b)逻辑符号

图 6-8　时钟 RS 触发器

D 反相后,作用到基本 RS 触发器的输入端,改变触发器状态。

(1)当 $S=R=0$ 时,$CLK=1$,则 $c=d=1$,触发器保持原状态。

(2)当 $S=1$,$R=0$ 时,$CLK=1$,则 $c=0$,$d=1$,触发器的次态 $Q^{n+1}=1$。

(3)当 $S=0$、$R=1$ 时,$CLK=1$,则 $c=1$,$d=0$,触发器的次态 $Q^{n+1}=0$。

(4)当 $S=R=1$ 时,$CLK=1$,则 $c=d=0$,触发器的两个输出端同时变为 1,当 S、R 同时由 1 变为 0 时,两种状态都可能出现,这取决于门的延迟时间差异。在实际应用中不允许这种现象出现。

3.逻辑功能描述

从时钟 RS 触发器的工作过程可知,在时钟信号 $CLK=0$ 期间,触发器状态保持不变;在 $CLK=1$ 期间,触发器的次态 Q^{n+1} 由触发器的现态 Q^n 和输入信号 S、R 确定。为了描述简单,省略时钟信号,得到时钟 RS 触发器的状态转移真值表见表 6-5。时钟 RS 触发器是 $CLK=1$ 的高电平触发方式。化简的状态表(也称为功能表)见表 6-6。

表 6-5　时钟 RS 触发器状态转移真值表

S	R	Q^n	Q^{n+1}
0	0	0	0
0	0	1	1
0	1	0	0
0	1	1	0
1	0	0	1
1	0	1	1
1	1	0	不确定
1	1	1	不确定

表 6-6　时钟 RS 触发器化简状态表(功能表)

S	R	Q^{n+1}	功能
0	0	Q^n	保持
0	1	0	置 0
1	0	1	置 1
1	1	不确定	不允许

时钟 RS 触发器的特性方程和控制输入端的约束条件可以从图 6-9 中的卡诺图得到,即

$$\begin{cases} Q^{n+1}=S+\overline{R}Q^n \\ SR=0 \end{cases}$$

同理,可以得到时钟 RS 触发器的状态图(图 6-10),激励表见表 6-7。

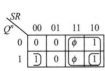

图 6-9　时钟 RS 触发器状态方程化简卡诺图 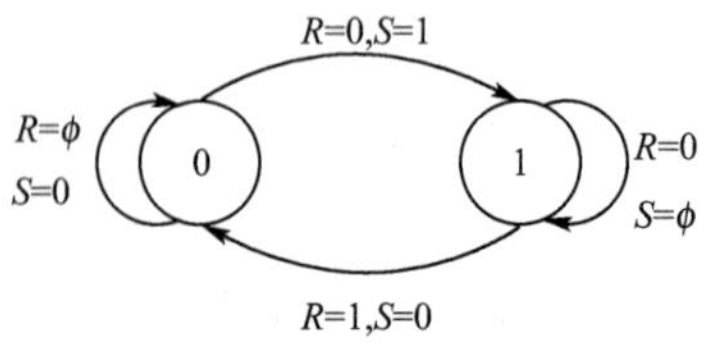   图 6-10　时钟 RS 触发器状态图

4.时钟 RS 触发器的 Verilog HDL 描述

以下是 R、S 高电平有效的时钟 RS 触发器的行为级描述,时钟高电平期间动作。

```
module RS_FF(CLK，R，S，Q，Qn);
input CLK，S，R;
output reg Q，Qn;
always @( * )
if (CLK)  begin
    if ( ( ! S) && R)  begin
        Q = 0;   Qn = 1;
    end
    if ( S && ( ! R))  begin
        Q = 1;   Qn = 0;
    end
end
endmodule
```

【例 6-3】 分析时钟 RS 触发器在图 6-11 所示的 S、R 输入下的输出波形。

解 时钟 RS 触发器在 $CLK=0$ 期间,触发器状态保持不变;在 $CLK=1$ 期间,S、R 的变化引起触发器状态变化。

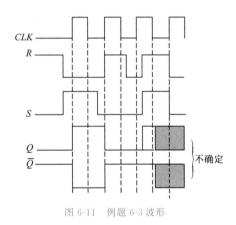

表 6-7 时钟 RS 触发器激励表

状态转移		激励输入	
Q^n →	Q^{n+1}	S	R
0	0	0	ϕ
0	1	1	0
1	0	0	1
1	1	ϕ	0

图 6-11 例题 6-3 波形

6.2.2 时钟 D 触发器

时钟 D 触发器的电路如图 6-12 所示。门 A、B 构成基本触发器,门 E、F 构成触发控制电路。

在图 6-12 所示的电路中,在 $CLK=0$ 期间,基本触发器输入端 $\overline{S}=1$,$\overline{R}=1$,由基本 RS 触发器功能可知触发器的状态保持不变,$Q^{n+1}=Q^n$;在 $CLK=1$ 期间,基本触发器输入端 $\overline{S}=\overline{D}$,$\overline{R}=D$,触发器的状态发生转移。

根据基本触发器的状态方程,在 $CLK=1$ 期间,约束条件 $\overline{S}+\overline{R}=\overline{D}+D=1$ 始终满足,将输入 $\overline{S}=\overline{D}$ 和 $\overline{R}=D$ 代入基本触发器的状态方程,得到时钟 D 触发器的状态方程为

$$Q^{n+1}=\overline{\overline{S}}+\overline{R}Q^n=\overline{\overline{D}}+DQ^n=D$$

同理,可以得到时钟 D 触发器的状态图如图 6-13 所示,真值表和激励表分别见表 6-8 和表 6-9。由于时钟 D 触发器的次态输出和输入变化一致,可以用时钟 D 触发器构成锁存器。锁存器可以把出现时间很短的数据变成稳定输出的数据,存储后使用。

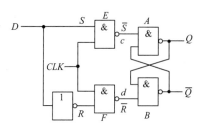

图 6-12　时钟 D 触发器的电路

表 6-8　时钟 D 触发器真值表

D	Q^{n+1}
0	0
1	1

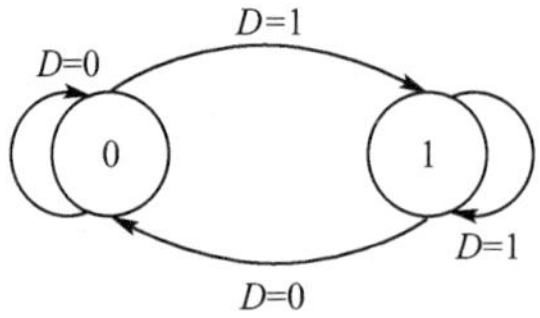

图 6-13　时钟 D 触发器状态图

表 6-9　时钟 D 触发器激励表

状态转移		激励输入
Q^n →	Q^{n+1}	D
0	0	0
0	1	1
1	0	0
1	1	1

6.2.3　时钟 JK 触发器

　　另外一种应用十分广泛的触发器是时钟 JK 触发器,因为时钟 JK 触发器的两个输入端的取值不再受约束条件的限制,克服了时钟 RS 触发器的 $RS=0$ 应用条件受限的问题。

　　时钟 JK 触发器的电路如图 6-14 所示,它是由时钟 RS 触发器加上两条反馈线而构成的,即从 $\overline{Q}$ 反馈到原 S 信号输入与非门,从 Q 反馈到原 R 信号输入与非门,并把 S 输入端改为 J,R 输入端改为 K。这样,原时钟 RS 触发器中的 R 和 S 信号分别为

$$S=J\overline{Q^n}\quad R=KQ^n$$

　　把它们代入时钟 RS 触发器状态方程,得到时钟 JK 触发器的状态方程为

$$Q^{n+1}=S+\overline{R}Q^n=J\overline{Q^n}+\overline{KQ^n}\cdot Q^n=J\overline{Q^n}+\overline{K}Q^n$$

　　约束条件 $SR=J\overline{Q^n}\cdot KQ^n=0$ 永远满足,所以输入信号 J、K 可以取任意组合值。当 $J=K=1$ 时,时钟 JK 触发器完成反转功能,即状态转移是由现态到现态的非。

　　根据状态方程或电路分析可以得到时钟 JK 触发器的状态图如图 6-15 所示,真值表和激励表见表 6-10 和表 6-11。

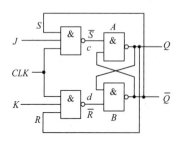

图 6-14　时钟 JK 触发器的电路

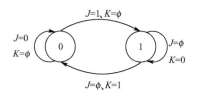

图 6-15　时钟 JK 触发器状态图

表 6-10 时钟 JK 触发器真值表			
J	K	Q^{n+1}	功能
0	0	Q^n	保持
0	1	0	置 0
1	0	1	置 1
1	1	$\overline{Q^n}$	反转

表 6-11 时钟 JK 触发器激励表			
状态转移		激励输入	
$Q^n \to$	Q^{n+1}	J	K
0	0	0	ϕ
0	1	1	ϕ
1	0	ϕ	1
1	1	ϕ	0

以下是时钟 D 触发器的行为级 Verilog HDL 描述,时钟高电平期间动作。

```
module D_FF(CLK，D，Q，Qn)；
input CLK，D；
output reg Q，Qn；
always @(*)
if (CLK) begin
    if ( D )  begin
        Q = 1；  Qn = 0；
    end
    else begin
        Q = 0；  Qn = 1；
    end
end
endmodule
```

以下是时钟电平 JK 触发器的 Verilog HDL 行为级级描述,时钟高电平期间动作。

```
module JK_FF(CLK，J，K，Q，Qn)；
input CLK，J，K；
output reg Q，Qn；
always @(*)
if (CLK) begin
    if ( ! J && K )  begin
        Q = 0；  Qn = 1；
    end
    if ( J && (! K)) begin
        Q = 1；  Qn = 0；
    end
    if ( J && K) begin
        Q = Qn；  Qn = ! Q；
    end
end
endmodule
```

以下是与上面时钟 JK 触发器配合使用的测试向量,通过列举 clk 为低电平和高电平期间 j、k 的各种变化组合来产生测试所需的激励信号。

```
`timescale 1ns/1ps
module jkFF_tst；
reg   j，k，clk；
wire q，qn；
```

```
        initial begin
              j = 0;   k = 0;   clk = 0;
          #100   j = 0;   k = 1;
          #100   j = 0;   k = 0;
          #100   j = 1;   k = 0;
          #100   j = 0;   k = 0;
          #100   j = 1;   k = 1;
          #100   j = 0;   k = 0;   clk = 1;
          #100   j = 0;   k = 1;
          #100   j = 0;   k = 0;
          #100   j = 1;   k = 0;
          #100   j = 0;   k = 0;
          #100   j = 1;   k = 1;
          #100   j = 0;   k = 0;   clk = 0;
          #100   $ stop();
        end
        JK_FF inst1 (.CLK(clk), .J(j), .K(k), .Q(q), .Qn(qn));
        endmodule
```

6.2.4　时钟 T 触发器

把时钟 JK 触发器的两个输入端连接在一起,构成了只有一个输入端的时钟 T 触发器,电路如图 6-16 所示。

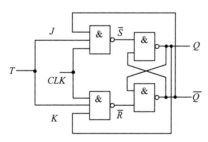

图 6-16　时钟 T 触发器电路

采用时钟 JK 触发器类似的分析方法,即利用时钟 JK 触发器的状态方程得

$$J = K = T$$

代入到时钟 JK 触发器状态方程,得到时钟 T 触发器的状态方程,即

$$Q^{n+1} = J\overline{Q^n} + \overline{K}Q^n = T\overline{Q^n} + \overline{T}Q^n = T \oplus Q^n$$

也可以采用与时钟 JK 触发器一样的分析方法,利用时钟 RS 触发器的状态方程进行推导。

根据状态方程可以得到时钟 T 触发器的状态图,如图 6-17 所示,真值表和激励表见表 6-12 和表 6-13。

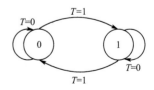

图 6-17　时钟 T 触发器的状态图

表 6-12	时钟 T 触发器真值表
T	Q^{n+1}
0	Q^n
1	$\overline{Q^n}$

表 6-13　时钟 T 触发器激励表

状态转移			激励输入
Q^n	→	Q^{n+1}	T
0		0	0
0		1	1
1		0	1
1		1	0

以下是时钟 T 触发器的 Verilog HDL 行为级描述,时钟高电平期间动作。

```
module T_FF(CLK,T,Q,Qn);
input CLK,T;
output reg Q,Qn;
always @( * )
if (CLK)
    if ( T ) begin
        Q = Qn;   Qn = ! Q;
    end
endmodule
```

6.2.5　时钟触发器的特点

触发器由统一的时钟信号控制工作,所以时钟触发器是同步时序逻辑电路,也称为同步触发器。时钟触发器采用时钟脉冲信号的高电平完成触发控制电路的控制,因此在整个时钟信号高电平期间,输入信号都可以影响触发器的状态输出。所以,时钟触发器也称为电平触发器。在 $CLK=1$ 期间,门 C、D 开启,如果 R、S 在 $CLK=1$ 期间多次变化,Q 值也将随之多次变化。即输出状态不是严格地按照时钟节拍变化,会产生所谓的"空翻"现象(一个 $CLK=1$ 期间,Q 端只许变化一次,变化一次以上就是空翻)。为了使触发器可靠工作,在 $CLK=1$ 期间输入信号应保持不变,限制了它的应用范围,同时它的抗干扰能力较差。

为了消除空翻现象,可以在时钟 RS 触发器的基础上,分别采用增加一套开关电路把输入 R、S 与门 C、D 隔开;或在电路翻转过程中,从其内部引出 0 信号,封锁门 C 或门 D;或使门 A、B 只在要求 CLK 正跳变或负跳变瞬间接受输入信号等办法实现。由此产生了几种常用的触发器:主从触发器、维持阻塞触发器、边沿触发器等。

6.3　主从触发器

6.3.1　主从 RS 触发器

为了提高触发器工作的可靠性,希望它的状态在每个 CLK 脉冲期间里只能变化一次。为此,在时钟 RS 触发器的基础上设计出主从 RS 触发器。

1.电路组成

图 6-18(a)和图 6-18(b)分别显示出了主从 RS 触发器的逻辑图和逻辑符号。其中由与非

门 A、B、C、D 组成的同步 RS 触发器为从触发器；由与非门 E、F、G、H 组成的同步 RS 触发器为主触发器，主触发器的输出作为从触发器的 S、R 输入。门 I 使主触发器和从触发器得到互补的时钟脉冲控制信号。逻辑符号中时钟信号 CLK 的小圈表示在脉冲的下降沿（负边沿）触发器完成次态的转移。

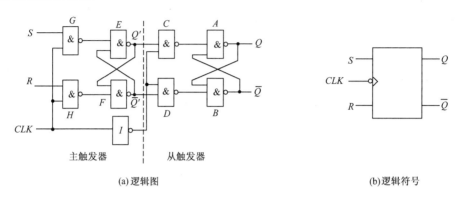

(a)逻辑图   (b)逻辑符号

图 6-18 主从 RS 触发器

2. 工作原理

当 $CLK=1$ 时，门 G、H 被打开，$\overline{CLK}=0$，门 C、D 被封锁，所以主触发器根据 S、R 变化，而从触发器则保持原状态不变。

当 $CLK=0$ 时，门 G、H 被封锁，主触发器不变。与此同时，$\overline{CLK}=1$，门 C、D 被打开，从触发器按照主触发器在 $CLK=1$ 期间最后的 S、R 值决定 Q 状态的变化。因此，只有在 CLK 从 1 变到 0 的瞬间，Q 改变状态，而 $CLK=0$、$\overline{CLK}=1$ 期间，因主触发器封锁，Q'、$\overline{Q'}$ 不再变化。这样，在 CLK 的一个变化周期内，触发器输出端的状态只可改变一次，从而解决了空翻问题。

主从 RS 触发器的特征方程、约束条件及真值表都与时钟 RS 触发器相同。主从 RS 触发器状态 Q 随输入信号 S、R 变化的波形图可以参考例 6-4 中的图 6-19。

3. Verilog HDL 描述

以下是 RS 触发器的 Verilog HDL 行为级描述，R、S 高电平有效，时钟下降沿触发。

```
module RS_FF(CLK，R，S，Q，Qn);
input CLK，S，R;
output reg Q，Qn;
always @(negedge CLK) begin        //如果上升沿触发，用"posedge CLK"
    if ((! S) && R)   begin
        Q <= 0;   Qn <= 1;        // "<="是非阻塞赋值
    end
    if (S && (! R))   begin
        Q <= 1;   Qn <= 0;
    end
end
endmodule
```

【**例 6-4**】 对于图 6-18 所示主从 RS 触发器，若 R 和 S 的波形图如图 6-19 所示，画出触发器的输出波形。设触发器的初态 $Q=0$。

解 根据 $CLK=1$ 期间 R 和 S 的状态，可以得到 Q'、$\overline{Q'}$ 的波形。然后，根据 CLK 下降

沿到达时 Q'、$\overline{Q}'$ 的状态可以画出 Q、$\overline{Q}$ 的波形。由图可见在第 6 个 $CLK=1$ 期间，Q'、$\overline{Q}'$ 的状态改变了两次，但是 Q、$\overline{Q}$ 的状态只改变了一次。

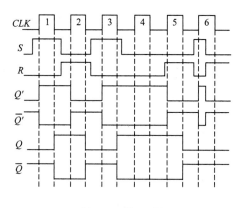

图 6-19　例 6-4 图

6.3.2　主从 JK 触发器

与时钟 JK 触发器一样，为了从根本上解决主从 RS 触发器两个输入端之间的约束条件问题，出现了主从 JK 触发器。

1. 电路组成

主从 JK 触发器的逻辑图和逻辑符号分别如图 6-20(a) 和图 6-20(b) 所示。在结构上，它与主从 RS 触发器的区别有两点：一是将输出 Q 及 $\overline{Q}$ 端分别反馈到门 H、G 上，即增加两条反馈线；二是输入端 S 和 R 分别改名为 J 和 K。由于 Q 与 $\overline{Q}$ 总是互补的，即使 J、K 同时为 1，门 G、H 中也必然有一个门输出高电位，因此由门 E、F 组成的从触发器的两个输入端不可能同时为低电平，从而解决了输入端之间的约束条件问题。

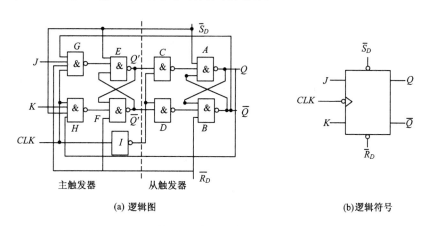

(a) 逻辑图　　　　　　　　　　　　　　　　(b)逻辑符号

图 6-20　主从 JK 触发器

2. 工作原理

主从 JK 触发器的工作原理与主从 RS 触发器的工作原理基本相同。当 $CLK=0$ 时，主触发器保持。当 $CLK=1$ 时，从触发器保持，主触发器接收输入端 J、K 的信号。当 CLK 由 1 变为 0 时，从触发器接收在 CLK 下降沿到来之前存入主触发器的信号。因此，主从 JK 触发器为 CLK 下降沿触发。

在图 6-20 的电路中,加入了直接置 1 端(置位端)$\overline{S}_D$ 和直接置 0 端(复位端)$\overline{R}_D$,$\overline{S}_D$ 和 $\overline{R}_D$ 为低电平有效。当 $\overline{S}_D=1$、$\overline{R}_D=0$ 时,无论 J、K、Q^n 为何值,触发器的状态 Q 端无条件为 0,即 $Q^{n+1}=0$,而与时钟 CLK 无关,也就是无须等待时钟 CLK 的下降沿;当 $\overline{S}_D=0$、$\overline{R}_D=1$ 时,无论 J、K、Q^n、CLK 为何值,触发器的状态 Q 端无条件为 1,即 $Q^{n+1}=1$,而与时钟 CLK 无关,也就是无须等待时钟 CLK 的下降沿。所以将 $\overline{S}_D$、$\overline{R}_D$ 称为直接置 1 端和异步置 0 端,也称为异步置 1 端(置位端)和直接置 0 端(复位端),即不受时钟信号 CLK 的控制。

经过对图 6-20 电路的分析,可得到主从 JK 触发器的真值表见表 6-14。根据表 6-14,我们可以得出主从 JK 触发器的卡诺图,如图 6-21 所示,其状态方程为

$$Q^{n+1}=J\overline{Q^n}+\overline{K}Q^n$$

表 6-14　主从 JK 触发器的真值表

$\overline{R}_D$	$\overline{S}_D$	J	K	Q^n	Q^{n+1}
1	1	0	0	0	0
1	1	0	0	1	1
1	1	0	1	0	0
1	1	0	1	1	0
1	1	1	0	0	1
1	1	1	0	1	1
1	1	1	1	0	1
1	1	1	1	1	0
0	1	ϕ	ϕ	ϕ	0
1	0	ϕ	ϕ	ϕ	1

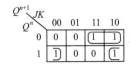

图 6-21　主从 JK 触发器的卡诺图

以下是 JK 触发器的 Verilog HDL 行为级描述,J、K 高电平有效,时钟下降沿触发。

```
module JK_FF(CLK, J, K, Q, Qn);
input CLK, J, K;
output reg Q, Qn;
always @(negedge CLK) begin        //如需上升沿触发,使用"posedge CLK"
    if ( ! J && K )  begin
        Q <= 0;   Qn <= 1;         // "<="是非阻塞赋值
    end
    if ( J && (! K)) begin
        Q <= 1;   Qn <= 0;
    end
    if ( J && K) begin
        Q <= Qn;  Qn <= Q;
    end
end
endmodule
```

【例 6-5】 对于图 6-20 的主从 JK 触发器,若 J 和 K 的波形图如图 6-22 所示,画出触发器的输出波形图。设触发器的初态 $Q=0$。

解 根据 $CLK=1$ 期间 J 和 K 的状态,可以得到 Q'、$\overline{Q}'$ 的波形。然后,根据 CLK 下降沿到达时 Q'、$\overline{Q}'$ 的状态可以画出 Q、$\overline{Q}$ 的波形。这里直接画出了触发器在时钟信号 CLK 下降沿随 J 和 K 变化的波形。

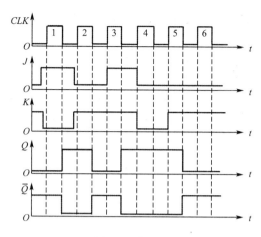

图 6-22　例 6-5 图

3. 触发器的动态参数

(1) 输入信号(J、K、D、T)的动态参数

建立时间 t_{setup}：输入信号必须在时钟有效沿之前准备好的最小时间。

保持时间 t_{hold}：输入信号在时钟有效沿之后应保持稳定不变的时间。

(2) 时钟信号 CLK 动态参数

CLK 信号最高时钟频率 f_{max}，由信号的高、低电平宽度决定。

(3) 传输延迟时间

t_{pHL}：从时钟触发沿到输出高电平变为低电平所需要的时间。

t_{pLH}：从时钟触发沿到输出低电平变为高电平所需要的时间。

因此，在画触发器的时序波形图时，如果不考虑门的时延，应注意：

① 异步置 1 端和异步置 0 端可以直接确定触发器的状态，与时钟信号无关。

② 在异步信号无效前提下，时钟信号的有效沿按输入信号来确定触发器状态。如果时钟有效沿与输入信号的变化同时发生，取时钟有效沿之前的瞬间输入信号确定触发器状态。

③ 如果异步信号(置 0 信号或置 1 信号)从有效变为无效(如低电平有效，由 0 变为 1)的时刻刚好与时钟的有效沿(如主从 JK 触发器的下降沿)重合，则当前的时钟有效沿失效，不按照输入信号确定触发器状态，而是按之前的瞬间异步信号确定触发器的状态。

【例 6-6】 对于图 6-20 的主从 JK 触发器，若 J、K、$\overline{R}_D$ 和 $\overline{S}_D$ 的波形图如图 6-23 所示，画出触发器的输出波形图。设触发器的初态 $Q=0$。

解 直接画出触发器在时钟信号 CLK 下降沿随 J 和 K 变化的波形，如图 6-23 所示。

(1) 在第 1 个脉冲下降沿，J、K 信号取之前瞬时的电平，即取 $J=0$，$K=1$，所以 $Q=0$。

(2) 在第 2 个脉冲下降沿，取 $J=1$，$K=1$，触发器反转，所以 $Q=1$，但是在此之后，由于异步置 0 信号有效，使得 $Q=0$。

(3) 在第 3 个脉冲下降沿，由于异步置 0 信号同时变为高电平，考虑输入信号的建立时间，这里将第 3 个脉冲下降沿视为无效，仍然由异步置 0 信号决定触发器状态，所以 $Q=0$。

(4) 在第 4 个脉冲下降沿，异步置 1 信号有效，所以 $Q=1$。

(5) 在第 5 个脉冲下降沿，$J=0$，$K=0$，触发器保持，所以 $Q=1$。

(6) 在第 6 个脉冲下降沿，$J=1$，$K=0$，所以 $Q=1$。

(7) 在第 7 个脉冲下降沿，$J=1$，$K=1$，触发器反转，所以 $Q=0$。

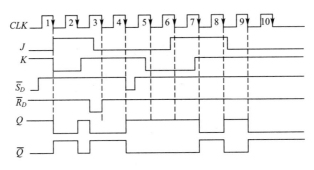

图 6-23　例 6-6 图

（8）在第 8 个脉冲下降沿，$J=1$，$K=1$，触发器反转，所以 $Q=1$。

（9）在第 9 个和第 10 个脉冲下降沿，$J=0$，$K=1$，所以 $Q=0$。

4. 一次变化问题

主从 JK 触发器 $CLK=1$ 期间，状态互补的 Q、$\overline{Q}$ 分别作用到门 H 和门 G，两者必有一个门被封锁，使输入信号 J 或 K 失去作用。例如，当 $Q=0$，$\overline{Q}=1$ 时，门 H 被封锁，输入信号 K 不起作用，主触发器的置 0 信号不能产生。输入信号 J 经门 G 作用到主触发器上，J 变化的影响如图 6-24 所示。若 $J=0$，则主触发器保持 0。若 J 由 0 变为 1，则主触发器 Q' 也由 0 变为 1。但是，J 由 1 再变为 0 时，则主触发器不会跟着由 1 变为 0。而且 J 随后的变化也不再影响主触发器。如此，主触发器在 $CLK=1$ 期间只变化一次，而不能随着 J 的变化而发生第二次变化。

同理，K 变化的影响如图 6-25 所示，当 $Q=1$，$\overline{Q}=0$ 时，主触发器在 $CLK=1$ 期间仅变化一次，而不能随着 K 的变化发生第二次变化。所以主触发器在 $CLK=1$ 期间最多仅能变化一次，我们称之为一次变化问题。

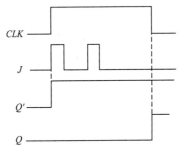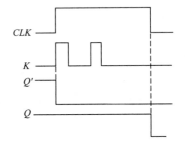

图 6-24　J 变化的影响（一次变化问题）　　图 6-25　K 变化的影响（一次变化问题）

由于主从 JK 触发器存在一次变化问题。因此，如果在 $CLK=1$ 期间，叠加在 J、K 信号上面的干扰信号达到一定的幅度时，就会引起主触发器变化一次，即使干扰信号迅速消失，主触发器也不能发生第二次变化，从而造成触发器的错误翻转。这说明一次变化问题降低了主从触发器的抗干扰能力。

由图 6-24 和图 6-25 的波形可以看出，在 J、K 信号上的负向干扰对主触发器不起作用，而在 J、K 信号上的正向干扰对主触发器可能起作用，即当触发器原态为 0，在 $CLK=1$ 期间，K 信号上的正向干扰不起作用，J 信号上的正向干扰起作用，主触发器置 1；当触发器原态为 1，在 $CLK=1$ 期间，J 信号上的正向干扰不起作用，K 信号上的正向干扰起作用，主触发器置 0。

因为主从触发器有一次变化问题，所以主从 JK 触发器只适合于 CLK 窄脉冲触发，即在

$CLK=1$ 期间,只有输入信号 J、K 不发生变化,主从 JK 触发器才有表 6-14 的功能。

类似于时钟 D 触发器和时钟 T 触发器,也可以设计出主从 D 触发器和主从 T 触发器,它们的功能描述都相同,这里不再重复。

由于出现了一次变化问题,主从触发器抗干扰能力降低了。为了克服这一缺点,出现了边沿触发器。

6.4 边沿触发器

为了提高触发器的工作可靠性,增强抗干扰能力,希望触发器的次态仅仅取决于 CLK 的下降沿(或上升沿)到达前输入信号的状态。而在此之前和之后输入状态的变化对触发器的状态没有影响。为实现这一设想,人们相继研制出了各种边沿触发器。目前已经用于数字集成电路产品中的边沿触发器电路有:维持阻塞触发器、利用 CMOS 传输门的边沿触发器、利用传输延迟时间的边沿触发器以及利用二极管进行电平配置的边沿触发器等类型。本节介绍 TTL 边沿触发器。

1.维持阻塞 D 触发器

(1)电路组成

维持阻塞 D 触发器的逻辑图和逻辑符号分别如图 6-26(a)和图 6-26(b)所示。它由六个与非门组成,门 G_1、G_2 组成基本 RS 触发器,信号输入端为 D。它利用反馈信号的维持阻塞作用来防止触发器产生空翻。

(2)工作原理

当 $CLK=0$ 时,电路维持原态不变,因为此时门 G_3、G_4 被封锁,其输出为高电平(正常工作时,$\overline{R}_D=\overline{S}_D=1$),触发器状态不变;此时门 G_3、G_4 输出高电平使门 G_5、G_6 打开,使 $G_5=D$、$G_6=\overline{D}$,这样触发器就处于等待信号状态。

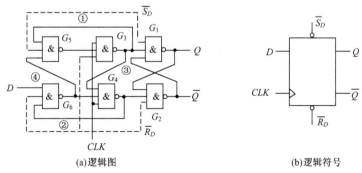

图 6-26 维持阻塞 D 触发器

当 CLK 由 0 变到 1 时(上升沿),触发器按门 G_5、G_6 的状态变化。

若在 $CLK=0$ 期间,$D=0$ 则 $G_5=D=0$、$G_6=\overline{D}=1$。一旦 CLK 的上升沿到来,门 G_3、G_4 被打开,$G_3=1$,$G_4=0$,触发器置 0,即 $Q^{n+1}=0$;同时,$G_4=0$,可通过置 0 维持线②将门 G_6 封锁,保证 $G_6=1$,并通过置 1 阻塞线④保持 $G_5=0$,保证 $G_3=1$,$G_4=0$,从而使整个 $CLK=1$ 期间,触发器的输出不随 D 的变化而变化,始终置 0。

若在 $CLK=0$ 期间,$D=1$,则 $G_5=D=1$,$G_6=\overline{D}=0$。一旦 CLK 的上升沿到来,门 G_3、

G_4 被打开，使 $G_3=0$、$G_4=1$，触发器置1，即 $Q^{n+1}=1$；同时，$G_3=0$，一方面通过置1维持线①将门 G_5 封锁，保证 $G_5=1$，门 G_3 开启；另一方面，通过置0阻塞线③将门 G_3 的0状态反馈到门 G_4 的输入端，将门 G_4 封锁，保证 $G_4=1$。从而使整个 $CLK=1$ 期间，无论 D 如何变化，因门 G_5、G_6 的输出不变，保证了 $G_3=0$、$G_4=1$ 的状态不变，触发器可靠地置1。

图6-26中增加了异步置0端 $\overline{R}_D$ 和异步置1端 $\overline{S}_D$。它们的关系是：当 $\overline{R}_D=\overline{S}_D=1$（或悬空）时，触发器的功能如上所述；当 $\overline{R}_D=0$、$\overline{S}_D=1$ 时，触发器异步置0；当 $\overline{R}_D=1$、$\overline{S}_D=0$ 时，触发器异步置1。

根据以上分析，维持阻塞D触发器的真值表见表6-15。根据表6-15可得到D触发器的状态方程：

$$Q^{n+1}=D$$

维持阻塞D触发器的状态图与前面的时钟D触发器相同，输入、输出波形图如图6-27所示（图中忽略了触发器的传输延迟时间）。从图6-27中，我们可以看到维持阻塞D触发器是时钟脉冲的上升沿触发，而在其他时间里，其输出不变，因此属于边沿触发方式，抗干扰能力较强。典型电路如双D触发器7474等。

表6-15 维持阻塞D触发器真值表

$\overline{R}_D$	$\overline{S}_D$	CLK	D	Q^n	Q^{n+1}
1	1	↑	0	0	0
1	1	↑	0	1	0
1	1	↑	1	0	1
1	1	↑	1	1	1
0	1	φ	φ	φ	0
1	0	φ	φ	φ	1

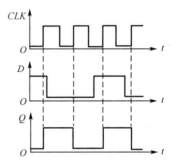

图6-27 维持阻塞D触发器输入、输出波形图

【例6-7】 上升沿触发的D触发器构成的电路如图6-28(a)所示，试根据所提供的输入信号 A、CLK 和 B 画出触发器的输出波形。

解 图中触发器为上升沿触发的D触发器。带异步置0端 $\overline{R}_D$，其具有优先权，在信号 $B=0$ 的情况下，输出 Q 为0，只有信号 $B=1$，并且在 CLK 的上升沿这一时刻输出才有可能改变状态。输入、输出波形如图6-28(b)所示。

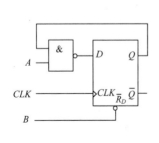

(a)上升沿触发的D触发器构成的电路

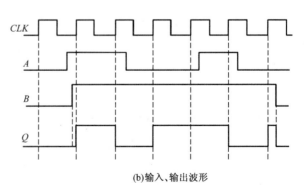

(b)输入、输出波形

图6-28 例6-7图

2.下降沿触发的 JK 触发器

下降沿触发的 JK 触发器如图 6-29 所示。它是利用触发器内部门电路的延迟时间来实现下降沿触发的。

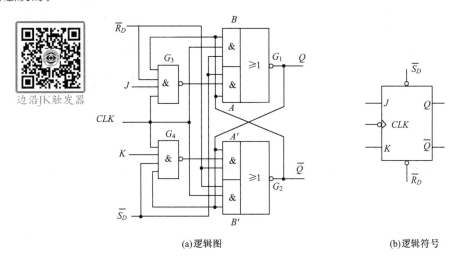

(a)逻辑图   (b)逻辑符号

图 6-29　下降沿触发的 JK 触发器

图 6-29(a)中,G_1 和 G_2 是两个与或非门,组成基本 RS 触发器,G_3 和 G_4 为两个输入控制门。G_3、G_4 的传输延迟时间大于基本 RS 触发器的翻转时间。以图 6-29(a)为例,我们来讨论下降沿触发的 JK 触发器的工作过程,假设 $\overline{R_D}=\overline{S_D}=1$。

(1)在 $CLK=0$ 期间,门 G_3、G_4、B 和 B′均被封锁,G_3、G_4 都输出 1。门 A、A′打开,所以基本 RS 触发器经过 A、A′处于保持状态,不接收输入数据。

(2)在 CLK 上升沿到来时,由于门 G_3 和 G_4 传输时间的延迟作用,门 B 和 B′的开启快于门 G_3 和 G_4 的开启,所以基本 RS 触发器通过 B、B′继续保持原来状态。

(3)在 $CLK=1$ 期间,门 B、B′是开启的,基本 RS 触发器通过 B、B′而处于保持状态。此时,J、K 输入经门 G_3、G_4 到达与门 A、A′的输入端,但是它无法进入基本 RS 触发器。比如,设触发器的初始状态为 $Q=0$、$\overline{Q}=1$。此时,$Q=0$ 封锁了 G_4 和 A′,输入 J 经门 G_3 到达了门 A 的输入端,但因为门 B 输出已经为 1,G_1 是与或非门,所以触发器输出不变,仍为 $Q=0$、$\overline{Q}=1$。

(4)当 CLK 的下降沿到来时,首先关闭 B、B′,从而破坏了基本 RS 触发器保持状态的条件。由于门 G_3、G_4 的传输延迟,门 G_3、G_4 的输出电平不会改变,从而使已经进入门 A、A′输入端的数据能进入基本 RS 触发器,基本 RS 触发器翻转较快。随后,CLK 下降沿封锁了门 G_3、G_4,从而把门 A、A′打开,又使基本 RS 触发器通过门 A、A′处于保持状态。

从以上的分析发现,下降沿触发的 JK 触发器仅仅是在 CLK 的下降沿到来时,接收输入数据,而在其他时间触发器都处于保持状态,这样不存在电平触发的空翻问题和主从触发器的一次性变化问题。因而下降沿触发的 JK 触发器同上升沿触发的 D 触发器一样具有良好的抗干扰性。其典型电路如双 JK 触发器 74112 等。其真值表见表 6-16,波形图如图 6-30 所示。

表 6-16　下降沿触发的 JK 触发器真值表

$\overline{S}_D$	$\overline{R}_D$	CLK	J	K	Q^{n+1}	$\overline{Q}^{n+1}$	功能
0	0	ϕ	ϕ	ϕ	1	1	不许
0	1	ϕ	ϕ	ϕ	1	0	置1
1	0	ϕ	ϕ	ϕ	0	1	置0
1	1	↓	0	0	Q^n	$\overline{Q}^n$	保持
1	1	↓	0	1	0	1	0
1	1	↓	1	0	1	0	1
1	1	↓	1	1	$\overline{Q}^n$	Q^n	翻转

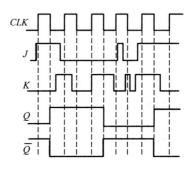

图 6-30　下降沿触发的 JK 触发器波形图

3. 时钟沿触发器的 Verilog HDL 描述

以下是时钟上升沿触发的边沿 D 触发器的 Verilog HDL 描述。

```
module dff(clk, d, q, qn);
input clk, d;
output reg q;
always @(posedge clk) begin
    q <= d;      //非阻塞赋值
    qn <= ~d;
end
endmodule
```

以下是时钟上升沿触发的边沿 D 触发器的 Verilog HDL 描述,带同步置零端 rst,高电平同步置零。

```
module dff(clk, rst, d, q, qn);
input clk, d, rst;
output reg q;
always @(posedge clk) begin
    if (rst) begin
        q <= 0;    qn <= 1;
end
else begin
    q <= d;       //非阻塞赋值
    qn <= ~d;
    end
end
endmodule
```

以下是时钟上升沿触发的边沿 D 触发器的 Verilog HDL 描述,带异步置零端 rst,rst 上升沿异步置零。

```
module dff(clk, rst, d, q, qn);
input clk, d, rst;
output reg q;
always @(posedge clk or posedge rst) begin
```

```
        if (rst) begin
            q <= 0;     qn <= 1;
        end
        else begin
            q <= d;        //非阻塞赋值
            qn <= ~d;
        end
    end
endmodule
```

【例6-8】 已知边沿触发结构 JK 触发器的逻辑符号及各输入端的波形如图 6-31 所示，试画出 Q、$\overline{Q}$ 端的对应波形，设初态为 $Q=0$。S_D 为高电平置 1 端，R_D 为高电平置 0 端，电路为 CLK 下降沿触发。

解 根据 JK 触发器的工作原理(输入 J、K 高电平有效)，S_D 恒为零，即复位无效，R_D 高电平时置 1，除此之外，在每个 CLK 的下降沿，触发器按照其原理改变输出状态，非下降沿则保持不变。其输出 Q、$\overline{Q}$ 的波形图如图 6-31(b)所示。

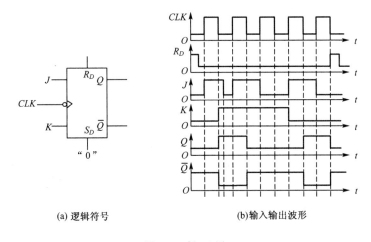

(a) 逻辑符号   (b)输入输出波形

图 6-31 例 6-8 图

6.5 触发器的分类及转换

我们已经描述了 RS、JK、D 触发器以及 T 触发器在各种不同情况下的逻辑状态。希望大家不要以为维持阻塞触发器就是 D 触发器，而 JK 触发器就一定是主从或负边沿触发的触发器。维持阻塞触发器、主从触发器和负边沿触发器是指触发器的内部结构形式，而 RS 触发器、JK 触发器以及 D 触发器等都是指触发器的外部结构特性，即逻辑功能。我们可以从图 6-32 中看出各类触发器的分类。

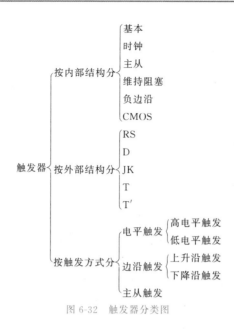

图 6-32　触发器分类图

下面我们描述一下常用触发器的管脚图和逻辑符号,并且讨论一下触发器之间的相互转换问题。

6.5.1　常用触发器的管脚图和逻辑符号

图 6-33 列出了部分常用触发器的管脚图,图 6-34 为部分触发器逻辑符号。

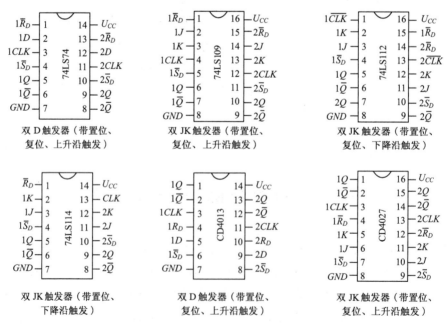

图 6-33　部分常用触发器的管脚图

带置位、复位的上升沿触发的D触发器　　带置位、复位的上升沿触发的JK触发器　　带置位、复位的下降沿触发的JK触发器

图 6-34　部分触发器逻辑符号

6.5.2　触发器之间的转换

1. D 触发器转换成 JK 触发器

我们知道 JK 触发器的特性方程是 $Q^{n+1}=J\overline{Q^n}+\overline{K}Q^n$，所以应使 D 触发器的输入信号转换为 $D=J\overline{Q^n}+\overline{K}Q^n$，采用与非门，有 $D=\overline{\overline{J\overline{Q^n}}\,\overline{\overline{K}Q^n}}$。

根据此转换方程，我们可以画出其转换电路，D 触发器转换成 JK 触发器电路图如图 6-35 所示。

2. D 触发器转换成 T 触发器

因为 T 触发器的特性方程是 $Q^{n+1}=T\overline{Q^n}+\overline{T}Q^n=T\oplus Q^n$，故转换电路的逻辑式为 $D=T\overline{Q^n}+\overline{T}Q^n$，采用与非门，有 $D=\overline{\overline{T\overline{Q^n}}+\overline{\overline{T}Q^n}}=\overline{\overline{T\overline{Q^n}}\,\overline{\overline{T}Q^n}}$。

据此我们可以画出它的转换电路，D 触发器转换成 T 触发器电路图如图 6-36 所示。

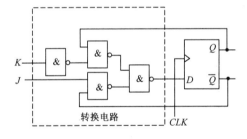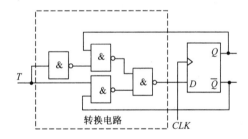

图 6-35　D 触发器转换成 JK 触发器电路图　　图 6-36　D 触发器转换成 T 触发器电路图

3. JK 触发器转换成 D 触发器

我们首先对 D 触发器的特性方程做一些变化：$Q^{n+1}=D=D(Q^n+\overline{Q^n})=DQ^n+D\overline{Q^n}$，将此式与 JK 触发器的特性方程进行比较，显然是取 $J=D,K=\overline{D}$，即可得到 D 触发器，JK 触发器转换成 D 触发器电路图如图 6-37 所示。

4. JK 触发器转换成 T 触发器

将 T 触发器的特性方程 $Q^{n+1}=T\overline{Q^n}+\overline{T}Q^n$ 与 JK 触发器的特性方程 $Q^{n+1}=J\overline{Q^n}+\overline{K}Q^n$ 进行比较后，我们看到如果令 $J=K=T$，便可得到 T 触发器。其转换电路如图 6-38 所示。

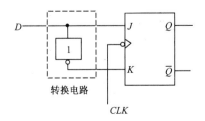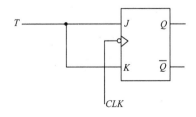

图 6-37　JK 触发器转换成 D 触发器电路图　　图 6-38　JK 触发器转换成 T 触发器电路图

T 触发器也可以转换成 JK 触发器和 D 触发器,参见如下例题。

【例 6-9】 试将 T 触发器转换成 D 触发器。

解 T 触发器转换成 D 触发器的功能,可以通过建立如图 6-39(a)的模型来实现,将两种触发器的输出端相连,转换任务归结于构建满足两种触发器特征方程的转换电路。电路的输出为 T,输入为 D、Q^n 和 $\overline{Q^n}$,即 $T=f(D,Q^n,\overline{Q^n})$。

对于 D 触发器,其输入、输出关系有:$Q^{n+1}=D$;对于 T 触发器,有 $Q^{n+1}=T \oplus Q^n$,所以,$D=T \oplus Q^n$,从而可得 $T=D \oplus Q^n$,即得到转换电路的逻辑表达式。依此表达式搭建逻辑电路即实现了 T 触发器到 D 触发器的转换。转换电路逻辑图如图 6-39(b)所示。

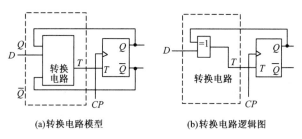

(a)转换电路模型　　　　　　(b)转换电路逻辑图

图 6-39　例 6-9 图

【例 6-10】 试将 T 触发器转换成 JK 触发器。

解 T 触发器转换成 JK 触发器的功能,可以通过建立如图 6-40(a)的模型来实现,将两种触发器的输出端相连,转换任务归结于构建满足两种触发器特征方程的转换电路。电路的输出为 T,输入为 J、K、Q^n 和 $\overline{Q^n}$,即 $T=f(J,K,Q^n,\overline{Q^n})$。

对于 JK 触发器,其输入、输出有

$$Q^{n+1}=J\overline{Q^n}+\overline{K}Q^n$$

对于 T 触发器,有 $Q^{n+1}=T \oplus Q^n$,所以有

$$J\overline{Q^n}+\overline{K}Q^n=T \oplus Q^n$$
$$T=(J\overline{Q^n}+\overline{K}Q^n) \oplus Q^n$$
$$=\overline{(J\overline{Q^n}+\overline{K}Q^n)}Q^n+(J\overline{Q^n}+\overline{K}Q^n)\overline{Q^n}$$
$$=(\overline{J}+Q^n)(K+\overline{Q^n})Q^n+J\overline{Q^n}$$
$$=(\overline{J}+Q^n)KQ^n+J\overline{Q^n}$$
$$=\overline{J}KQ^n+KQ^n+J\overline{Q^n}$$
$$=KQ^n+J\overline{Q^n}$$

从而可得 $T=KQ^n+J\overline{Q^n}$,即得到转换电路的逻辑表达式。依此表达式搭建逻辑电路即实现了 T 触发器到 D 触发器的转换。转换电路逻辑图如图 6-40(b)所示。

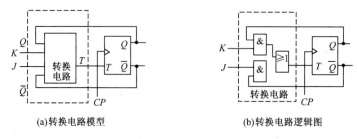

(a)转换电路模型　　　　　　(b)转换电路逻辑图

图 6-40　例 6-10 图

6.6 触发器的典型应用

1. 消除噪声电路

RS 触发器常用于计算机和各种仪器中的置位和复位系统。当一个开关闭合时,在开关完全闭合之前几毫秒时间内,有时会发生金属接触点之间的碰撞和跳动,这样置位端将产生不正确的结果,导致机器的误动作。用一个简单的 RS 触发器即可解决这一问题,消除接触噪声电路如图 6-41(a)所示。开关跳动的波形如图 6-41(b)所示,假设跳动的脉冲电压是一个理想的矩形波,跳动三次后,开关处于闭合状态。如果将这个信号输入系统,将导致不正确的结果。图 6-41(a)表示 RS 触发器消除接触噪声,电阻 R 为上拉电阻,保证输入端不处于悬浮状态。当开关 K 第一次与 $\overline{S}$ 相接时,$\overline{S}=0$,$\overline{R}=1$,Q 输出为高电平;当开关 K 跳开时,$\overline{S}=1$,$\overline{R}=1$,Q 输出不变,其输出波形如图 6-41(c)所示。

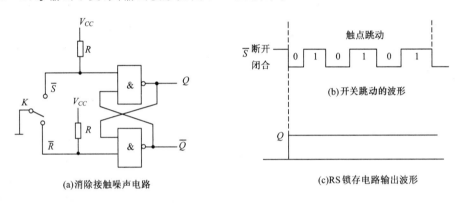

(a)消除接触噪声电路　　　(b)开关跳动的波形　　　(c)RS 锁存电路输出波形

图 6-41　开关消除接触噪声电路

2. 数据锁存器

图 6-42 示出了用双 D 触发器(CD4013)构成四位数据锁存器的连线图,我们把 D 端作为数据输入端,Q 端作为数据输出端。当时钟脉冲的上升沿到来时,数据 D 将被送入 Q 端。若不变更 $D_0 \sim D_3$ 的数据,不重新输入 CLK 的上升沿,触发器的输出端 Q 始终保持原状态不变。

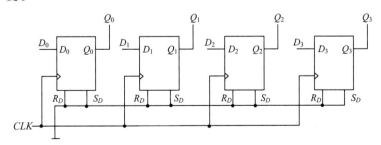

图 6-42　用双 D 触发器构成四位数据锁存器

以下是多位数据锁存器(寄存器)的 Verilog HDL 描述,在时钟上升沿同步锁存数据,所需位宽可以通过宏定义"`define N 8`"很方便地进行扩展。

```
`define N 8
module dff4bit(clk, D, Q);
```

```
input clk;
input [`N:1] D;
output reg [`N:1] Q;
always @(posedge clk) begin
    Q <= D;
end
endmodule
```

3. 单脉冲发生器

单脉冲发生器常用于数字系统的调试,如图 6-43(a) 所示,它由两个具有异步端的 JK 触发器和一个按钮开关 K 组成。当接通电源时,若按钮开关 K 处于图 6-43(a) 的位置,由于 B 触发器的异步端 $\overline{R}_{DB}$ 为 0,所以 B 触发器的输出 $\overline{Q}_B=1$。$\overline{R}_{DA}=1$,A 触发器开放,但经过一个时钟脉冲作用后,$Q_A=0$(因为 A 触发器的控制输入端为 $J_A=0$,$K_A=1$)。这时我们用手按下按钮开关 K,则 $J_A=K_A=1$,A 触发器变成翻转触发器;而 $\overline{R}_{DA}=1$,且 $J_B=K_B=1$,所以 B 触发器也是翻转触发器。此时在按钮开关按下后的第一个时钟脉冲的下降沿 Q_A 由 0 变 1,第二个时钟脉冲的下降沿 Q_A 由 1 变 0;Q_A 由 1 变 0 的下降沿引起 B 触发器的翻转,$\overline{Q}_B$ 由 1 变 0。又 $\overline{Q}_B$ 与 A 触发器异步置 0 端相连,因此 A 触发器异步置 0。通过上述的过程就形成了一个脉冲。其形成的波形图如图 6-43(b) 所示。这个单脉冲由 Q_A 端输出,它是一个正脉冲,其脉冲的宽度与时钟周期相等。

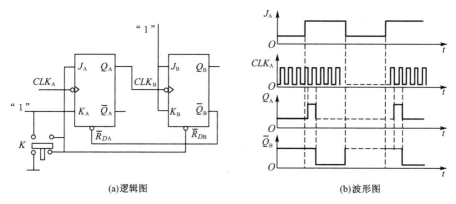

(a) 逻辑图　　　　　　　　　　　(b) 波形图

图 6-43　单脉冲发生器

以下是单脉冲发生器(同 8.4.4 节,单稳态触发器)的 Verilog HDL 行为级描述。

```
module singlePulse(clk, rst, trig, out);
input clk, rst, trig;
output out;
reg dly, re;
parameter DELAY = 30;        // pulse width = 30 clk
reg [15:0] counter;
always @(posedge clk) begin        // check rising edge of trig
    if (rst) begin
        dly <= 0;  re <= 0;
    end
    else
```

```
            dly <= trig;
        if ( (! dly) && trig )
                re <= 1;
        else
                re <= 0;
    end
    always @(posedge clk) begin
        if (rst) begin
            counter <= 0;
            out <= 0;
        end
        else begin
            if (re) begin
                counter <= DELAY -1;
                out <= 1;
            end
            else begin
                if (counter ! = 0)    counter <= counter-1;
                else                out <= 0;
            end
        end
    end
end
endmodule
```

【例 6-11】　试画出图 6-44(a)所示电路图在 CLK 和 $\overline{R}_D$ 信号作用下，Q_0、Q_1、Q_2 的输出波形，并说明 Q_0、Q_1、Q_2 的频率与 CLK 频率的关系。

　　解　$\overline{R}_D$ 为低电平有效，因此电路的初始状态为 $Q_0Q_1Q_2 = 000$，之后每来一个 CLK 的上升沿，触发器 Q_0 的状态翻转，因为后级触发器均是异步连接，所以前级出现翻转导致的上升沿将使后级翻转。Q_0、Q_1、Q_2 的输出波形如图 6-44(b)所示，显然，Q_0、Q_1、Q_2 的频率与 CLK 频率的关系为：$f_{Q_0} = f_{CLK}/2$，$f_{Q_1} = f_{CLK}/4$，$f_{Q_2} = f_{CLK}/8$。这种结构的电路具有分频功能，常作分频器使用。

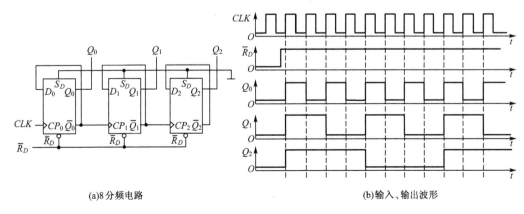

(a)8分频电路　　　　　　　　　　　　(b)输入、输出波形

图 6-44　例 6-11 图

6.7 触发器应用实例——边沿检测模块

6.7.1 边沿检测应用介绍

在复杂的逻辑设计中,很多情况我们都需要检测信号的跳变,也称边沿检测。边沿检测电路的功能是检测到一个信号的上升沿或者下降沿,即产生一个脉冲信号。边沿检测电路根据检测边沿的类型一般分为上升沿检测电路、下降沿检测电路和双沿检测电路,上升沿与下降沿检测如图 6-45 所示。

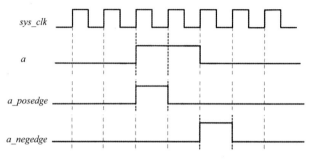

图 6-45　上升沿与下降沿检测

6.7.2 边沿检测模块设计

边沿检测模块定义一个 2 个深度的移位寄存器,在时钟 CLK 的驱动下存储前两个时刻的输入信号,使用逻辑运算,根据移位寄存器的信号值判断低电平到高电平的跳变沿(上升沿)或高电平到低电平的跳变沿(下降沿),边沿检测模块内部结构如图 6-46 所示。

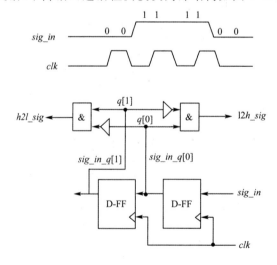

图 6-46　边沿检测模块内部结构

6.7.3 边沿检测模块实例代码

代码如下:

```
module edge_detect(
input clk,
```

```
input rst_n,
input sig_in,
output l2h_sig,
output h2l_sig
);
//
reg[1:0] sig_in_q;
always @(posedge clk or negedge rst_n)
    if(! rst_n)
        sig_in_q <= 2'b00;
    else
        sig_in_q <= {sig_in_q[0], sig_in};
//
assign l2h_sig = (! sig_in_q[1]) & sig_in_q[0];
assign h2l_sig = sig_in_q[1] & (! sig_in_q[0]);
endmodule
```

习题 6

6-1 画出如题图 6-1(a)所示的基本 RS 触发器输出端 Q、$\overline{Q}$ 的电压波形图。$\overline{S}$ 和 $\overline{R}$ 的电压波形如图 6-1(b)所示。

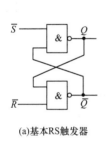

(a)基本RS触发器

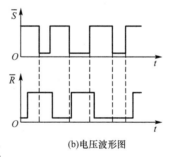

(b)电压波形图

题图 6-1

6-2 或门组成的基本 RS 触发器电路如题图 6-2(a)所示,已知 S 和 R 的波形如题图 6-2(b)所示。试画出 Q、$\overline{Q}$ 的波形图。设触发器的初态 $Q=0$。

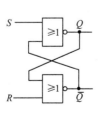

(a)基本RS触发器

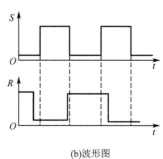

(b)波形图

题图 6-2

6-3 题图 6-3(a)所示为一个防抖动输出开关电路。当拨动开关 K 时,由于开关接通瞬间发生震颤,$\overline{R}$ 和 $\overline{S}$ 的波形如题图 6-3(b)所示,请画出 Q 和 $\overline{Q}$ 端的对应波形。

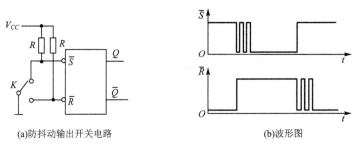

(a)防抖动输出开关电路   (b)波形图

题图 6-3

6-4 有一时钟 RS 触发器如题图 6-4(a)所示,试画出它的输出端 Q 的波形。初态 $Q=0$。

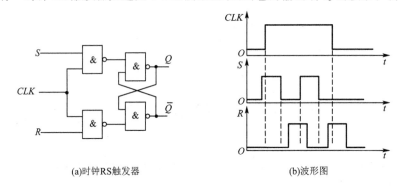

(a)时钟RS触发器   (b)波形图

题图 6-4

6-5 设具有异步端的主从 JK 触发器的初始状态 $Q=0$,输入波形如题图 6-5 所示,试画出输出端 Q 的波形。

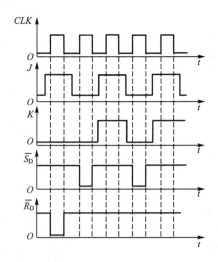

题图 6-5

6-6 设题图 6-6 的初始状态为 $Q_2Q_1Q_0=000$,在脉冲 CLK 作用下,画出 Q_0、Q_1、Q_2 的波形。S_D、R_D 分别是高电平有效的异步置 1 端、置 0 端。

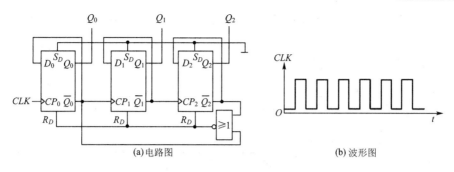

(a)电路图   (b)波形图

题图 6-6

6-7 设题图 6-7 电路两触发器初态均为 0,试画出 Q_1、Q_2 波形图。

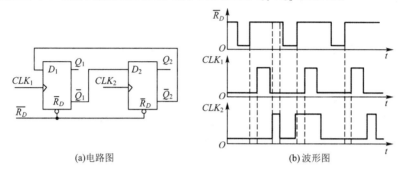

(a)电路图   (b)波形图

题图 6-7

6-8 已知边沿触发 JK 触发器各输入端的波形如题图 6-8 所示,试画出 Q、$\overline{Q}$ 端对应的波形,设初态 $Q=0$。S_D 为高电平置 1 端,R_D 为高电平置 0 端,电路为 CLK 上升沿触发。

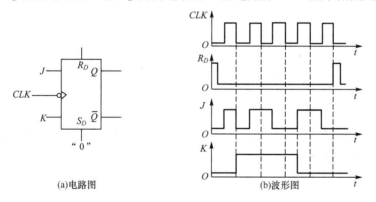

(a)电路图   (b)波形图

题图 6-8

6-9 如题图 6-9 所示,利用边沿触发器和异或门组成的脉冲分频器。试分析它在一系列 CLK 脉冲作用下的 Q_1、Q_2 和 Y 的波形(初始状态 $Q_1=Q_2=0$)。

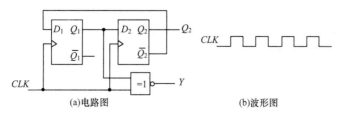

(a)电路图   (b)波形图

题图 6-9

6-10 设题图 6-10 中各个触发器的初始状态皆为 $Q=0$，试画出每个触发器 Q 端的波形。

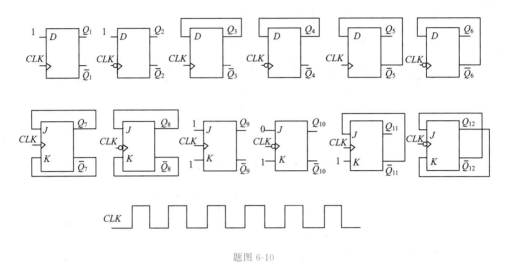

题图 6-10

6-11 题图 6-11 示出了一个单稳态电路和它的工作波形，试分析其工作原理（初态 $Q=0$）。（S_D、R_D 分别为高电平置 1 端、置 0 端。）

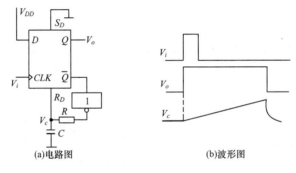

题图 6-11

6-12 电路如题图 6-12 所示。试对应 CLK_1 画出 CLK_2、Q_1、Q_2 和 Y 的波形（初态 $Q_1 = Q_2 = 0$）。CLK_1 为连续脉冲。

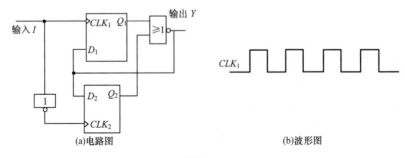

题图 6-12

6-13　试将 T 触发器转换成 D 触发器和 JK 触发器。

6-14　设计一个四人抢答电路,要求如下:

(1)每个参加者控制一个按键,用其发出抢答信号。

(2)主持人有一个控制按键,用于将电路复位。

(3)开始后,先按动按钮者将其对应的发光二极管点亮,其他三人对该电路不起作用。

6-15　电路如题图 6-15 所示,初态 $Q_1 = Q_2 = 0$,试根据 CLK、J_1 的波形,画出 Q_1、Q_2 的波形。

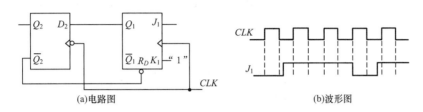

题图 6-15

6-16　试画出 JK、D、T 三种触发器的状态图。

6-17　电路图如题图 6-17 所示,试根据 CLK、$\overline{R}_D$、A、B 波形画出 Q 端波形。

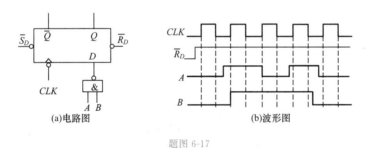

题图 6-17

6-18　电路图如题图 6-18 所示,试根据 CLK、$\overline{R}_D$、A 端的波形画出 Q 端的波形。

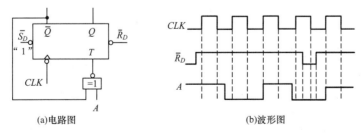

题图 6-18

6-19　电路图如题图 6-19 所示,触发器的初态 $Q_1 = Q_2 = 0$,试画出 CLK 信号下 Q_1、Q_2、V_o 对应的波形。

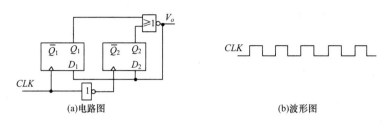

(a)电路图　　　　　　　　　(b)波形图

题图 6-19

6-20 T触发器组成题图 6-20 所示电路。分析电路功能,写出电路的状态方程,并画出状态图。

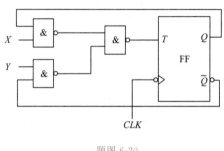

题图 6-20

6-21 触发器组成题图 6-21 所示电路。图中 FF_1 为维持阻塞 D 触发器,FF_2 分别为边沿 JK 触发器和主从 JK 触发器(图中未画出),试画出在时钟 CLK 作用下 Q_1、Q_2 的波形。

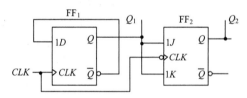

题图 6-21

6-22 题图 6-22(a)电路的输入波形如题图 6-22(b)所示,试画出输出 Q_1、Q_2 的波形。设初始状态均为 0。

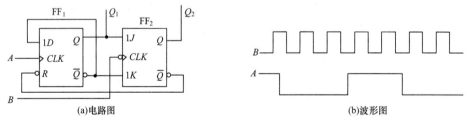

(a)电路图　　　　　　　　　　　(b)波形图

题图 6-22

6-23 试画出 JK 触发器转换成 AB 触发器的逻辑图。AB 触发器的功能表见题表 6-23。要求写出设计过程。

6-24 题图 6-24 所示为 XY 触发器的状态图。根据状态图中现态及其次态间的激励条件,写出 XY 触发器的特性方程,并写出其功能表。

题表 6-23

A	B	Q^{n+1}
0	0	$\overline{Q^n}$
0	1	1
1	0	Q^n
1	1	0

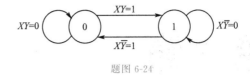

题图 6-24

杰出人物

卓越成就

第 7 章
时序逻辑电路

本 章 提 要

时序逻辑电路与组合逻辑电路并驾齐驱,是数字电路两大重要分支。本章首先介绍时序逻辑电路的基本概念、特点及时序逻辑电路的一般分析方法,然后重点讨论典型时序逻辑部件计数器和寄存器的工作原理、逻辑功能、集成芯片及其使用方法和典型应用,最后简要介绍同步时序逻辑电路的设计方法。

学习本章的要求:

(1)熟悉时序逻辑电路的分类,寄存器的工作原理。

(2)掌握时序逻辑电路的特点和时序逻辑电路功能的描述工具。

(3)熟练掌握时序逻辑电路的分析方法和同步时序逻辑电路的设计方法的步骤;计数器模数的判定。

本章重点:时序逻辑电路的分析方法和同步时序逻辑电路的设计方法。

7.1 时序逻辑电路的基本概念

7.1.1 时序逻辑电路的结构及特点

时序逻辑电路任何一个时刻的输出状态不仅取决于当时的输入信号,还与电路的原状态有关。

在组合逻辑电路中,任意时刻的输出信号只取决于当时的输入信号,这是组合逻辑电路在逻辑功能上的特点。在时序逻辑电路中,由于在结构上具有反馈和存储器件,所以信号不仅与当时的输入信号有关,而且还和以前的状态有关,也可以说还和以前的输入或者初始状态有关。具备这种逻辑功能的电路称为时序逻辑电路,简称时序电路。

时序逻辑电路通过存储器记忆了输入信号的过去状态,从而解决了组合逻辑电路无法解决的记忆问题。所以,时序逻辑电路中必须含有具有记忆能力的存储器件。存储器件的种类很多,如触发器、延迟线、磁性器件等,但最常用的是触发器。

由触发器作为存储器件的时序逻辑电路的基本结构如图 7-1 所示。一般来说,它由组合逻辑电路和触发器电路两部分组成。

图 7-1 中, X 为外部输入, Z 为外部输出, Q 为电路所在的状态(即现态), Y 为存储电路的激励输入,也是电路的内部输出。现态和次态不是一成不变的。电路一旦从现态变到了次态,对于下一个时钟脉冲来讲,这个次态就变成了现态。

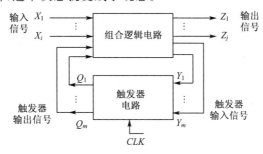

图 7-1 时序逻辑电路的基本结构

时序逻辑电路在电路结构上有两个显著的特点:(1)时序逻辑电路通常包含组合逻辑电路和触发器电路两个部分,而存储电路是必不可少的,由于触发器电路的存在,就有了记忆功能。(2)触发器电路的输出状态通常反馈到组合逻辑电路的输入端,与输入信号一起共同决定着组合逻辑电路的输出和触发器的下一个状态。

7.1.2 时序逻辑电路的分类

时序逻辑电路的重要概念就是时序,即时间上的先后顺序。在时序逻辑电路中即使有相同的输入,也可能因为输入时间的不同而造成时序逻辑电路的输出不同。

按照时序逻辑电路中触发器触发方式的不同,时序逻辑电路分为同步时序逻辑电路和异步时序逻辑电路两大类。

同步时序逻辑电路中的所有触发器共用一个时钟脉冲信号,即所有触发器的状态转换发生在同一时刻。异步时序逻辑电路则不同,它不再共用一个时钟信号,没有统一的时钟脉冲,有些触发器的时钟输入端与时钟脉冲源相连,只有这些触发器的状态变化才与时钟脉冲同步,而其他触发器的状态变化并不与时钟脉冲同步。这些触发器的时钟脉冲信号可以用另外的触发器的输出构成,这就决定了触发器的时钟脉冲信号不一定会发生在同一时刻。由此可见,同步时序逻辑电路的速度要高于异步时序逻辑电路,但电路结构要比后者复杂。

按照电路中输出变量是否和输入变量直接相关,时序逻辑电路又分为米里(Mealy)型电路和莫尔(Moore)型电路。米里型电路的外部输出 Z 既与触发器的状态 Q^n 有关,又与外部输入 X 有关。而莫尔型电路的外部输出 Z 仅与触发器的状态 Q^n 有关,而与外部输入 X 无关。

7.1.3 时序逻辑电路的表示方法

时序逻辑电路一般可用方程组、状态图和状态表来描述。

1. 方程组描述法

与组合逻辑电路只需一个输出方程即可描述电路功能不同,时序逻辑电路必须要用以下三个方程组才能完全描述其功能。

(1)激励方程

$$Y_i = f_i(X_i, Q_i^n) \quad (i=0,1,\cdots,k-1)$$

上式中, Y_i 为各触发器的控制输入端,即 R、S、J、K、D、T 等; $X_0, X_1, \cdots, X_{n-1}$ 表示 n 个输入

信号，$Q_0^n, Q_1^n, \cdots, Q_{k-1}^n$ 表示 k 个触发器的现态。激励方程是触发器的输入方程，它是输入信号和 k 个触发器的现态函数。

（2）状态方程

$$Q_i^{n+1} = h_i(Y_i, Q_i^n) \quad (i = 0, 1, \cdots, k-1)$$

上式中，Q_i^{n+1} 表示第 i 个触发器在现态 Q_i^n 和输入信号的激励下的下一个状态。

（3）输出方程

$$Z = g_i(X_i, Q_i^n) \quad (i = 0, 1, \cdots, k-1)$$

输出方程是输入信号和现态的函数，是最后的输出结果。

2. 状态图描述法

状态图是时序逻辑电路状态图的简称，它能够直观地描述时序逻辑电路的状态转换和输入、输出的关系，是分析和设计时序逻辑电路的一个重要工具。

3. 状态表描述法

状态表是将电路所有可能的输入组合列在表的顶部，所有的状态作为现态列在表的左边，对应的次态和输出填入表中。状态图和状态表可以相互转换。

值得注意的是，对于许多时序逻辑电路而言，三组逻辑方程还不能直观地看出时序逻辑电路的逻辑功能到底是什么。此外，在设计时序逻辑电路时，往往难以根据逻辑要求直接写出电路的激励方程、状态方程和输出方程。

4. 时序图描述法

时序图即时序逻辑电路的工作波形图，它能够直观地描述时序逻辑电路的输入信号、时钟信号、输出信号以及电路状态的转换在时间上的对应关系。

7.2 同步时序逻辑电路的一般分析方法

同步时序逻辑电路的分析就是根据所给的逻辑图找出电路所完成的逻辑功能。由于从电路的状态表和状态图中能比较方便地看出在时钟作用下电路的输出随输入变化的规律，得出电路的逻辑功能，所以同步时序逻辑电路的分析过程实际上主要是从逻辑图导出描述电路的状态表，进而得到状态图的过程。而要导出状态表的关键是找出电路所有可能存在的状态以及在每种状态下不同输入情况对应的输出和次态值。输出值是电路状态和输入的组合逻辑函数，可由电路的组合逻辑电路得到。次态值取决于触发器类型和对其的激励，对触发器的激励可由电路的组合逻辑电路导出。

7.2.1 分析同步时序逻辑电路的一般步骤

1. 根据给定的时序逻辑电路图，通过分析，求出它的输出和转换规律，进而说明该时序逻辑电路的逻辑功能和工作特性，写出下列各逻辑方程式：

（1）各触发器的时钟方程；

（2）时序逻辑电路的输出方程；

（3）各触发器的激励方程。

2. 将激励方程代入相应触发器的特性方程，求得各触发器的次态方程，也就是时序逻辑电路的状态方程。

3.根据状态方程和输出方程,列出该时序逻辑电路的状态表,画出状态图或时序图。

4.根据电路的状态表或状态图说明给定时序逻辑电路的逻辑功能。

上述步骤不一定是固定不变的,根据实际情况,各个步骤可以各有取舍。下面举例说明时序逻辑电路的具体分析方法。

7.2.2 同步时序逻辑电路的分析举例

【例7-1】 试分析如图7-2所示的时序逻辑电路。

解 由于图7-2为同步时序逻辑电路,图中的两个触发器都接至同一个时钟脉冲源 CLK,所以各触发器的时钟方程可以不写。

(1)写出输出方程:

$$Z = (X \oplus Q_1^n) \cdot \overline{Q_0^n}$$

(2)写出激励方程:

$$J_0 = X \oplus \overline{Q_1^n} \quad K_0 = 1$$
$$J_1 = X \oplus Q_0^n \quad K_1 = 1$$

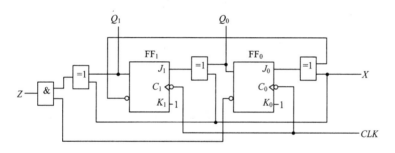

图 7-2 例 7-1 的逻辑电路图

(3)写出 JK 触发器的特性方程 $Q^{n+1} = J\overline{Q^n} + \overline{K}Q^n$,然后将各激励方程代入 JK 触发器的特性方程,得出各触发器的次态方程:

$$Q_0^{n+1} = J_0 \overline{Q_0^n} + \overline{K}_0 Q_0^n = (X \oplus \overline{Q_1^n}) \cdot \overline{Q_0^n}$$
$$Q_1^{n+1} = J_1 \overline{Q_1^n} + \overline{K}_1 Q_1^n = (X \oplus Q_0^n) \cdot \overline{Q_1^n}$$

(4)作状态表及状态图。将所有输入可能依次代入上述触发器的次态方程和输出方程中进行计算,得到电路的状态表,见表7-1。根据表7-1所示的状态表可得状态图,如图7-3所示。

表 7-1 例 7-1 的状态表

输入现态			次 态		输出
X	Q_1^n	Q_0^n	Q_1^{n+1}	Q_0^{n+1}	Z
0	0	0	0	1	0
0	0	1	1	0	0
0	1	0	0	0	1
1	0	0	1	0	1
1	1	0	0	1	0
1	0	1	0	0	0

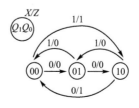

图 7-3 例 7-1 的状态图

（5）时序波形图。电路的时序波形如图 7-4 所示。

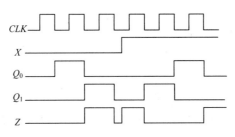

图 7-4　例 7-1 电路的时序波形图

（6）功能分析。该电路一共有三个状态 00、01、10。当 $X=0$ 时，按照加 1 规律从 00→01 →10→00 循环变化，并且每当转换为 10 状态（最大数）时，输出 $Z=1$；当 $X=1$ 时，按照减 1 规律从 10→01→00→10 循环变化，并且每当转换为 00 状态（最小数）时，输出 $Z=1$。所以该电路是一个可控的三进制计数器。当 $X=0$ 时，做加法计数，Z 是进位信号；当 $X=1$ 时，做减法计数，Z 是借位信号。

【例 7-2】　分析如图 7-5 所示的时序逻辑电路图。

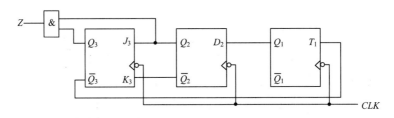

图 7-5　例 7-2 的逻辑电路图

解　（1）各触发器激励方程、状态方程及输出方程分别为

$$T_1=\overline{Q_3^n}, \quad D_2=Q_1^n, \quad J_3=Q_2^n, \quad K_3=\overline{Q_2^n}$$
$$Q_3^{n+1}=J_3\overline{Q_3^n}+\overline{K_3}Q_3^n=Q_2^n$$
$$Q_2^{n+1}=D_2=Q_1^n$$
$$Q_1^{n+1}=T_1\oplus Q_1^n=\overline{Q_3^n}\oplus Q_1^n$$
$$Z=Q_3^n\cdot Q_2^n$$

（2）列状态表，见表 7-2。

表 7-2　　　　　　　　　例 7-2 的状态表

Q_3^n	Q_2^n	Q_1^n	Q_3^{n+1}	Q_2^{n+1}	Q_1^{n+1}	Z
0	0	0	0	0	1	0
0	0	1	0	1	0	0
0	1	0	1	0	1	0
0	1	1	1	1	0	0
1	0	0	0	0	0	0
1	0	1	0	1	1	0
1	1	0	1	0	0	1
1	1	1	1	1	1	1

(3)画状态图。图 7-6 为例 7-2 的状态图,从中看出状态转换的规律,如现态为 001 时,输出为 0,CLK 时钟到后,次态为 010;除 111 状态以外,其余 7 个状态组成一个主循环圈。电路正常工作后,其状态按主循环圈的顺序转换。电路一旦进入 111 状态将无法启动,111 为孤立状态。可以用设计自启动电路的方法来解决电路的自启动问题。

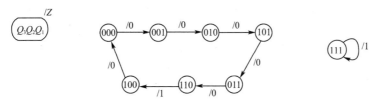

图 7-6　例 7-2 的状态图

【例 7-3】　试分析如图 7-7 所示的时序逻辑电路的逻辑功能。

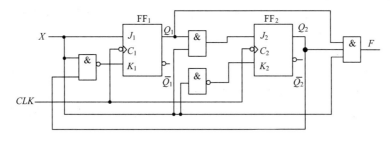

图 7-7　例 7-3 的逻辑图

解　根据图 7-7 写出激励方程、状态方程及输出方程:

$$\begin{cases} J_1 = X \\ K_1 = \overline{XQ_2^n} \end{cases} \qquad \begin{cases} J_2 = XQ_1^n \\ K_2 = \overline{X} \end{cases}$$

$$Q_1^{n+1} = X\overline{Q_1^n} + XQ_2^n Q_1^n$$

$$Q_2^{n+1} = XQ_1^n \overline{Q_2^n} + XQ_2^n$$

$$F = XQ_1^n Q_2^n$$

将计算结果列入状态表中,见表 7-3。再根据计算结果画出状态图,如图 7-8 所示。

表 7-3　　　例 7-3 的状态表

X	Q_2^n	Q_1^n	Q_2^{n+1}	Q_1^{n+1}	F
0	0	0	0	0	0
0	0	1	0	0	0
0	1	0	0	0	0
0	1	1	0	0	0
1	0	0	0	1	0
1	0	1	1	0	0
1	1	0	1	1	0
1	1	1	1	1	1

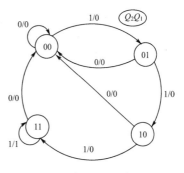

图 7-8　例 7-3 的状态图

由状态表和状态图看出,只要 $X = 0$,无论电路原来处于何种状态,都将回到 00 状态,且 $F = 0$。只有连续输入四个或四个以上的 1 时,才使 $F = 1$。该电路的逻辑功能是对输入信号 X 进行检测,当连续输入四个或四个以上的 1 时,输出 $F = 1$,否则 $F = 0$。故该电路称为 1111 序列检测器。

7.3 同步时序逻辑电路的设计方法

时序逻辑电路设计又称时序逻辑电路综合,它是时序逻辑电路分析的逆过程,即根据给定的逻辑功能要求,选择适当的逻辑器件,设计出符合要求的时序逻辑电路。本节仅介绍用触发器及门电路设计同步和异步时序逻辑电路的方法。这种设计方法的基本指导思想是用尽可能少的时钟触发器和门电路来实现待设计的时序逻辑电路。

7.3.1 同步时序逻辑电路的设计步骤

同步时序逻辑电路的设计步骤如下:

(1)根据设计要求,设定状态,导出对应的状态图或状态表。

(2)状态化简。原始状态图(表)通常不是最简的,往往可以消去一些多余状态。消去多余状态的过程称为状态化简。

(3)状态分配,又称状态编码。

(4)选择触发器的类型。触发器的类型选得合适,可以简化电路结构。触发器的个数由公式 $2^{n-1}<N\leqslant2^{n}$ 确定,其中 N 为电路中包含的状态数。

(5)根据编码状态表以及所采用的触发器的逻辑功能,导出待设计电路的输出方程和激励方程。

(6)根据输出方程和激励方程画出逻辑图。

7.3.2 同步计数器的设计举例

由于同步计数器没有外部输入变量 X,因此设计过程比较简单。

【例 7-4】 设计一个同步模 5 加法计数器。

解 设计步骤如下。

(1)根据设计要求,设定状态,画出状态图。由于是模 5 加法计数器,所以应有五个不同的状态,分别用 $S_0,S_1,\cdots,S_4$ 表示。在计数脉冲 CLK 作用下,五个状态循环变化,在状态为 S_4 时,进位输出 $Y=1$。状态图如图 7-9 所示。

(2)状态化简。模 5 加法计数器应有五个状态,无须化简。

(3)状态分配,列状态转换编码表。由 $2^{n-1}<N\leqslant2^{n}$ 可知,应采用三位二进制代码。该计数器选用三位自然二进制加法计数编码,即 $S_0=000,S_1=001,\cdots,S_4=100$。由此可列出状态表,见表 7-4。

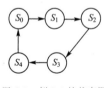

图 7-9 例 7-4 的状态图

表 7-4 例 7-4 的状态表

Q_2^n	Q_1^n	Q_0^n	Q_2^{n+1}	Q_1^{n+1}	Q_0^{n+1}	Y
0	0	0	0	0	1	0
0	0	1	0	1	0	0
0	1	0	0	1	1	0
0	1	1	1	0	0	0
1	0	0	0	0	0	1

(4)选择触发器。本例选用功能比较灵活的 JK 触发器。

(5)求各触发器的激励方程和进位输出方程。

列出 JK 触发器的激励表,见表 7-5。画出电路的次态卡诺图如图 7-10 所示,三个无效状态 101、110、111 做无关项处理。根据次态卡诺图和 JK 触发器的激励表可得各触发器的激励卡诺图,如图 7-11 所示。再画出输出卡诺图,如图 7-12 所示,可得电路的输出方程:$Y = Q_2^n$。

表 7-5　JK 触发器的激励表

Q^n	$\rightarrow$	Q^{n+1}	J	K
0		0	0	$\times$
0		1	1	$\times$
1		0	$\times$	1
1		1	$\times$	1

图 7-10　例 7-4 的次态卡诺图

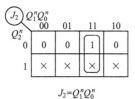

$J_2 = Q_1^n Q_0^n$

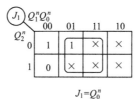

$J_1 = Q_0^n$

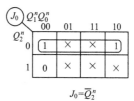

$J_0 = \overline{Q_2^n}$

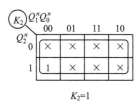

$K_2 = 1$

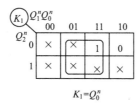

$K_1 = Q_0^n$

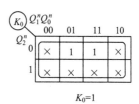

$K_0 = 1$

图 7-11　例 7-4 各触发器的激励卡诺图

将各激励方程与输出方程归纳如下:

$$J_0 = \overline{Q_2^n} \qquad K_0 = 1$$
$$J_1 = Q_0^n \qquad K_1 = Q_0^n$$
$$J_2 = Q_1^n Q_0^n \qquad K_2 = 1$$
$$Y = Q_2$$

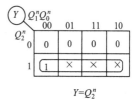

$Y = Q_2^n$

图 7-12　例 7-4 的输出卡诺图

(6)画逻辑图。根据激励方程和输出方程,画出同步模 5 加法计数器的逻辑图,如图 7-13 所示。

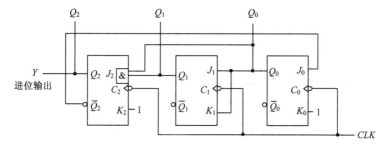

图 7-13　例 7-4 的逻辑图

【例 7-5】　用 Verilog HDL 描述同步模 5 加法计数器。

解　行为级描述的代码如下,与画状态图的方法相比,简洁了很多。

```
module counter5(clk, reset, out);
input clk, reset;
output reg [2:0] out;
always @(posedge clk)
    if (reset)   out <= 0;
    else begin
        if (out >= 4)   out <= 0;
```

```
        else  out <= out + 1;
      end
endmodule
```

【例 7-6】 设计一个串行数据检测器。该检测器有一个输入端 X,它的功能是对输入信号进行检测。当连续输入三个以及三个以上 1 时,该电路输出 $Y=1$,否则输出 $Y=0$。

解 (1)根据设计要求,设定状态,画出状态图。

S_0 为初始状态或没有收到 1 时的状态;

S_1 为收到一个 1 后的状态;

S_2 为连续收到两个 1 后的状态;

S_3 为连续收到三个以及三个以上 1 后的状态。

根据题意可画出如图 7-14 所示的原始状态图。

(2)状态化简。状态化简就是合并等效状态。所谓等效状态就是那些在相同的输入条件下,输出相同、次态也相同的状态。观察图 7-14 可知,S_2 和 S_3 是等效状态,所以将 S_2 和 S_3 合并,并用 S_2 表示,图 7-15 是经过化简之后的状态图。

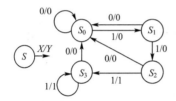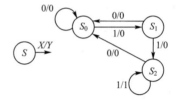

图 7-14　例 7-6 的原始状态图　　　　图 7-15　例 7-6 化简后的状态图

(3)状态分配,列状态转换编码表。本例取 $S_0=00$、$S_1=01$、$S_2=11$。图 7-16 是该例编码形式的状态图。

由图 7-16 可画出编码后的状态表,见表 7-6,表中列出了对应不同输入 X 及 Q_1^n、Q_0^n 情况下的次态及输出 $Q_1^{n+1}Q_0^{n+1}/Y$。

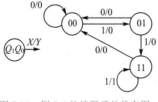

图 7-16　例 7-6 的编码后的状态图

表 7-6　　例 7-6 编码状态表

$Q_1^n Q_0^n$	$Q_1^{n+1}Q_0^{n+1}/Y$　　　X	0	1
0	0	00/0	01/0
0	1	00/0	11/0
1	1	00/0	11/1

(4)选择触发器,求出状态方程、激励方程和输出方程。

本例选用两个 D 触发器,列出 D 触发器的激励表,见表 7-7。画出电路的次态和输出卡诺图,如图 7-17 所示。由输出卡诺图可得电路的输出方程:$Y=XQ_1^n$。

表 7-7　D 触发器的激励表

Q^n	→	Q^{n+1}	D
0		0	0
0		1	1
1		0	0
1		1	1

$Y \quad Q_1^n Q_0^n$ / X	00	01	11	10
0	00/0	00/0	00/0	×
1	01/0	11/0	11/1	×

图 7-17　次态和输出卡诺图

根据次态卡诺图和 D 触发器的激励表可得各触发器的激励卡诺图如图 7-18 所示。由激励卡诺图可得电路的激励方程:

$$D_0 = X$$
$$D_1 = XQ_0^n$$

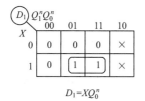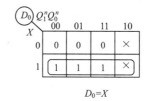

图 7-18 例 7-6 的激励卡诺图

（5）画逻辑图。根据激励方程和输出方程，画出该串行数据检测器的逻辑图，如图 7-19 所示。

【例 7-7】 用 Verilog HDL 描述例 7-6 的串行数据检测器。

解 需要先画出状态图，无须进行化简，化简和门级实现交给 EDA 综合软件完成，减少了很多人工劳动。以下是有限状态机 FSM 的典型 Verilog HDL 描述方式。

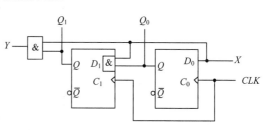

图 7-19 例 7-6 的逻辑图

```
module seqdet (X, Y, clk, reset);
input X, clk, reset;
output Y;
reg [1:0] state;//状态寄存器,编码定义
parameter S0 = 0, S1 = 1, S2 = 2, S3 = 3;
assign Y = (state == S3);//状态为 S3 时应输出 Y=1
always @ (posedge clk)
    if (reset)   state <= S0;
    else
    casex (state)
        S0: if (X==1)   state <= S1;
            else       state <= S0;
        S1: if (X==1)   state <= S2;
            else       state <= S0;
        S2: if (X==1)   state <= S3;
            else       state <= S0;
        S3: if (X==1)   state <= S3;
            else       state <= S0;
        default : state <= S0;
    endcase
endmodule
```

【例 7-8】 按照图 7-20 所示状态图设计同步时序逻辑电路。

解 （1）确定触发器数目。由状态图可看出，每个状态有两个变量 Q_2、Q_1，所以触发器的个数为 2。

（2）列状态表。已知外输入 X 和原状态 Q_2^n、Q_1^n，待求量是触发器的次态 Q_2^{n+1}、Q_1^{n+1} 和输出 Z，见表 7-8。

（3）触发器选型。将 Q_2^{n+1}、Q_1^{n+1} 填入卡诺图，如图 7-21 所示。

2号触发器类型及其输入方程应该从 Q_2^{n+1} 的卡诺图及表达式中确定,见图 7-21(a)。按照一般的化简方法,$Q_2^{n+1}=X\overline{Q_1^n}+\overline{X}Q_2^n$。可以看出,圈图 7-21(a)中的 1 需要三个圈,即 Q_2^{n+1} 是个两项的与或式,与 JK 触发器状态方程相似:$Q_2^{n+1}=J\overline{Q_2^n}+\overline{K}Q_2^n$。可见 2 号触发器用 JK 触发器合适,即用 JK 触发器可以不必在触发器外增加门(若用 D 触发器需在触发器外增加一个或门和两个与门)。现在看确定 JK 触发器输入 J_2、K_2 方程的方法:按 JK 触发器特征方程的框架结构式 $Q_2^{n+1}=?\ \overline{Q_2^n}+?\ Q_2^n$ 来圈图 7-21(a)中的 1(其中的"?"为待求项),就可得到 $\overline{Q_2^n}$ 前面的最简系数(J_2)和 Q_2^n 前的最简系数($\overline{K_2}$)。按这种方法得到:

$$Q_2^{n+1}=X\overline{Q_2^n}+(\overline{X}+\overline{Q_1^n})Q_2^n=X\overline{Q_2^n}+\overline{XQ_1^n}Q_2^n$$

所以

$$J_2=X,K_2=XQ_1^n$$

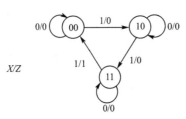

图 7-20　例 7-8 的状态图

表 7-8　　例 7-8 的状态表

X	Q_2^n	Q_1^n	Q_2^{n+1}	Q_1^{n+1}	Z
0	0	0	0	0	0
0	0	1	ϕ	ϕ	ϕ
0	1	0	1	0	0
0	1	1	1	1	0
1	0	0	1	0	0
1	0	1	ϕ	ϕ	ϕ
1	1	0	1	1	0
1	1	1	0	0	1

同理,1 号触发器也要用 JK 触发器,Q^{n+1} 的卡诺图如图 7-21(b)所示。

$$Q_1^{n+1}=?\overline{Q_1^n}+?\ Q_1^n,Q_1^{n+1}=XQ_2^n\overline{Q_1^n}+\overline{X}Q_1^n$$

所以

$$J_1=XQ_2^n,K_1=X$$

(4)求输出方程,化简卡诺图 Z 的卡诺图如图 7-21(c)所示,得到 $Z=XQ_1^n$。

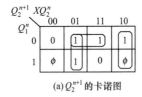
(a) Q_2^{n+1} 的卡诺图

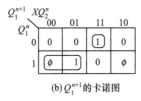
(b) Q_1^{n+1} 的卡诺图

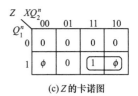
(c) Z 的卡诺图

图 7-21　例 7-8 的卡诺图

(5)画出逻辑图,如图 7-22 所示。

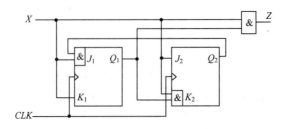

图 7-22　例 7-8 的逻辑图

7.4 计数器

同步4位二进制
计数器74LS161

上一节介绍了用触发器和门电路构成同步计数器的方法,这一节介绍中规模集成计数器。计数器是用于统计输入脉冲 CLK 个数的电路。按进制分类,计数器可分为二进制计数器和非二进制计数器,非二进制计数器中最典型的是十进制计数器;按数字的增减趋势分类,计数器可分为加法计数器、减法计数器和可逆计数器;按触发器翻转是否与计数脉冲同步分类,计数器可为同步计数器和异步计数器。

7.4.1 四位二进制同步集成计数器 74161

74161 是二进制同步模 16 加法计数器,它具有异步清 0 的功能。

图 7-23 是 74161 的逻辑图、管脚图、国际标准符号及惯用符号,表 7-9 为 74161 的功能表。

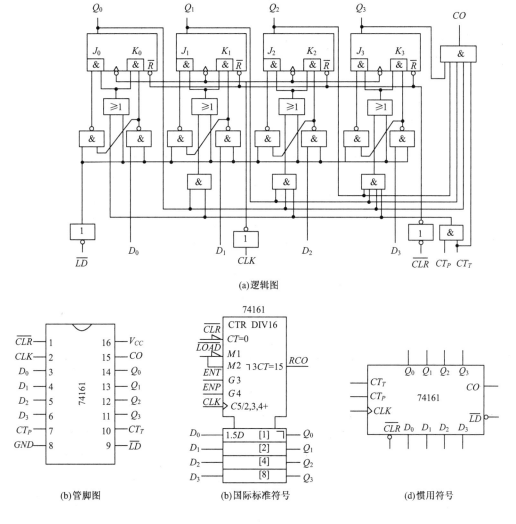

图 7-23 同步模 16 加法计数器 74161

141

表 7-9　　　　　　　　　　　　　　　74161 的功能表

清 0	预 置	使 能		时 钟	预置数据输入				输 出				工作模式
$\overline{CLR}$	$\overline{LOAD}$	ENP	ENT	CLK	D_3	D_2	D_1	D_0	Q_3	Q_2	Q_1	Q_0	
0	×	×	×	×	×	×	×	×	0	0	0	0	异步清 0
1	0	×	×	↑	d_3	d_2	d_1	d_0	d_3	d_2	d_1	d_0	同步置数
1	1	0	×	×	×	×	×	×	保		持		数据保持
1	1	×	0	×	×	×	×	×	保		持		数据保持
1	1	1	1	↑	×	×	×	×	计		数		加法计数

由表 7-9 可知,74161 具有以下功能:

(1)异步清 0。当 $\overline{CLR}=0$ 时,不管其他输入端的状态如何,不论有无时钟脉冲 CLK,计数器输出将被直接置 0($Q_3Q_2Q_1Q_0=0000$),称为异步清 0。

(2)同步置数。当 $\overline{CLR}=1$,$\overline{LOAD}=0$ 时,在输入时钟脉冲 CLK 上升沿的作用下,并行输入端的数据 $d_3d_2d_1d_0$ 被置入计数器的输出端,即 $Q_3Q_2Q_1Q_0=d_3d_2d_1d_0$。由于这个操作要与 CLK 上升沿同步,所以称为同步置数。

(3)加法计数。当 $\overline{CLR}=\overline{LOAD}=ENP=ENT=1$ 时,在 CLK 端输入计数脉冲,计数器进行二进制加法计数。

(4)数据保持。当 $\overline{CLR}=\overline{LOAD}=1$,且 $ENP \cdot ENT=0$,即两个使能控制端中有 0 时,则计数器保持原来的状态不变。其时序图如图 7-24 所示。

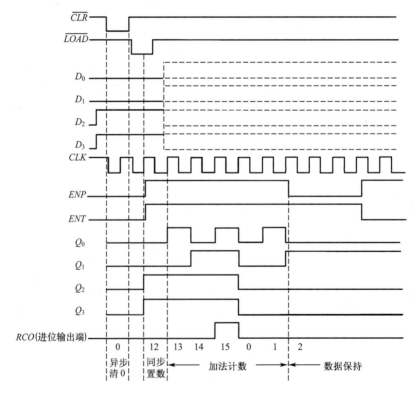

图 7-24　74161 的时序图

以下是四位二进制同步计数器基本逻辑功能的 Verilog HDL 行为级描述。

```
module counter4b(CLK，CLRn，LOADn，DATA，OUT)；
input CLK，CLRn，LOADn；
input [4:1] DATA；        //置数输入
output reg [4:1] OUT；      //计数输出
always @(posedge CLK or negedge CLRn)
if (! CLRn)           OUT <= 0；     //异步清 0
else begin
    if (! LOADn)  OUT <= DATA；      //同步置数
    else          OUT <= OUT + 1；      //加法计数
end
endmodule
```

【例 7-9】　试用 74LS161 分别用异步清 0 法和同步置数法实现模 12 加法计数器。

解　(1)异步清 0 法实现。将 Q_3Q_2 通过与非门连接到清 0 端 $\overline{CLR}$，当 $Q_3Q_2Q_1Q_0$ 为 1100 时，异步清 0，1100 状态瞬间被清 0，0000 为稳态，所以 1100 状态不是稳态，始态是 0000，终态是 1011，即 1100 的前一个状态，所以从 0000 到 1011 一共 12 个状态，为模 12，如图 7-25(a)所示。

(2)同步置数法实现。将 $Q_3Q_1Q_0$ 通过与非门连接到置数端 $\overline{LOAD}$，当 $Q_3Q_2Q_1Q_0$ 为 1011 时，同步置数，1011 状态为稳态，置数是 0000，所以始态是 0000，终态是 1011，从 0000 到 1011 一共 12 个状态，为模 12，如图 7-25(b)所示。

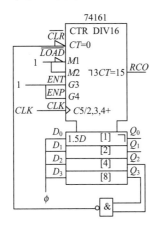

(a)异步清 0 法

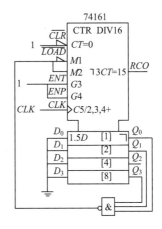

(b)同步置数法

图 7-25　74LS161 的模 12 连接图

7.4.2　8421BCD 码同步加法计数器 74160

74160 是二进制同步模 10 加法计数器。其功能表见表 7-10。图 7-26 为集成计数器 74160 的管脚图及符号图。其中进位输出端 RCO 的逻辑表达式为

$$RCO = ENT \cdot Q_3 \cdot Q_0$$

表 7-10   74160 的功能表

清 0	预置	使	能	时 钟	预置数据输入				输		出		工 作 模 式
$\overline{CLR}$	$\overline{LOAD}$	ENP	ENT	CLK	D_3	D_2	D_1	D_0	Q_3	Q_2	Q_1	Q_0	
0	×	×	×	×	×	×	×	×	0	0	0	0	异步清 0
1	0	×	×	↑	d_3	d_2	d_1	d_0	d_3	d_2	d_1	d_0	同步置数
1	1	0	×	×	×	×	×	×		保	持		数据保持
1	1	×	0	×	×	×	×	×		保	持		数据保持
1	1	1	1	↑	×	×	×	×		十进制计数			加法计数

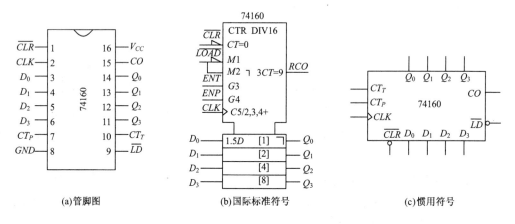

图 7-26   74160 的管脚图及符号图

以下是 8421BCD 码同步加法计数器基本逻辑功能的 Verilog HDL 行为级描述。

```
module counter160(CLK，CLRn，LOADn，DATA，OUT)；
input CLK，CLRn，LOADn；
input [4:1] DATA；          //置数输入
output reg [4:1] OUT；      //计数输出
always @ (posedge CLK or negedge CLRn)
if (! CLRn)          OUT <= 0；      //异步清 0
else begin
    if (! LOADn)  OUT <= DATA；      //同步置数
    else if (OUT >= 9)   OUT <= 0；      //模 10，计数 0～9
    else          OUT <= OUT + 1；      //加法计数
end
endmodule
```

【例 7-10】 试分析图 7-27 所示的计数器在 $M=1$ 和 $M=0$ 时各为几进制，74160 的功能表见表 7-10。

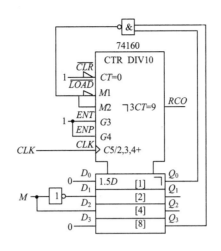

图 7-27 74160 连接图

解 由电路得:该计数器编程利用译码 $\overline{LOAD}=\overline{Q_3 \cdot Q_0}$,根据 74160 的功能表可得:$\overline{LOAD}$ 为同步置数,故当 $Q_3Q_0=1$ 时,$\overline{LOAD}=0$,当时钟有效沿到达,计数器将 $D_3D_2D_1D_0$ 并行置入 $Q_3Q_2Q_1Q_0$。从电路得:

当 $M=0$ 时,则电路始态为 0010(2),末态为 1001(9),电路为八进制计数器;

当 $M=1$ 时,则电路始态为 0100(4),末态为 1001(9),电路为六进制计数器。

7.4.3 同步二进制加法计数器 74163

74163 是二进制具有同步清 0 功能的模 16 加法计数器。图 7-28 给出 74163 的管脚图及符号图。与 74161 不同的是,在 $\overline{CLR}=0$ 的情况下,输入一个 CLK 脉冲后,计数器才清 0。

以下是同步二进制加法计数器基本逻辑功能的 Verilog HDL 行为级描述。

```
module counter4b(CLK, CLRn, LOADn, DATA, OUT);
input CLK, CLRn, LOADn;
input [4:1] DATA;        //置数输入
output reg [4:1] OUT;       //计数输出
always @(posedge CLK)
if (! CLRn)        OUT <= 0;    //同步清 0
else begin
    if (! LOADn)  OUT <= DATA;    //同步置数
    else          OUT <= OUT + 1;   //加法计数
end
endmodule
```

【例 7-11】 试分析图 7-29 所示的计数器 74LS163 的模值。

解 将 $Q_3Q_2Q_0$ 通过与非门连接到清 0 端 $\overline{CLR}$,当 $Q_3Q_2Q_1Q_0$ 为 1101 时,同步清 0,1101 状态为稳态,当下一个时钟到来时,同步清 0,所以始态是 0000,终态是 1101,从 0000 到 1101 一共 14 个状态,为模 14。

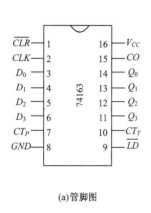 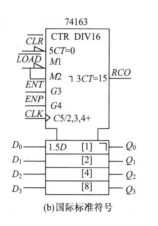 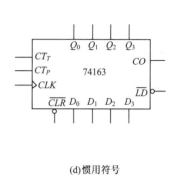

| (a)管脚图 | (b)国际标准符号 | (d)惯用符号 |

图 7-28　74163 的管脚图及符号图

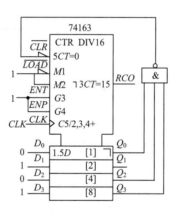

图 7-29　741LS63 的连接图

7.4.4　二-五-十进制异步加法计数器 74290

74290 的逻辑图如图 7-30(a)所示。它包含一个独立的一位模 2 加法计数器和一个独立的异步模 5 加法计数器。模 2 加法计数器的时钟输入端为 CKA，输出端为 Q_0；模 5 加法计数器的时钟输入端为 CKB，输出端为 Q_1、Q_2、Q_3。如果将 Q_0 与 CKB 相连，CKA 作为时钟脉冲输入端，$Q_0 \sim Q_3$ 作为输出端，则为 8421BCD 码模 10 加法计数器。表 7-11 是 74290 的功能表。

由表 7-11 可知，74290 具有以下功能：

(1)异步清 0。当复位输入端 $R_{0(1)} = R_{0(2)} = 1$，且置位输入端 $S_{9(1)} \cdot S_{9(2)} = 0$ 时，无论有无时钟脉冲 CLK，计数器输出将被直接置 0。

(2)异步置 9。当置位输入 $S_{9(1)} = S_{9(2)} = 1$ 时，无论其他输入端状态如何，计数器输出将被直接置 9($Q_3 Q_2 Q_1 Q_0 = 1001$)。

(3)加法计数。当 $R_{0(1)} \cdot R_{0(2)} = 0$，且 $S_{9(1)} \cdot S_{9(2)} = 0$ 时，在计数脉冲(下降沿)作用下，进行二-五-十进制加法计数。即在 CKA 端输入脉冲，则在 Q_0 端是模 2 计数；若在 CKB 端输入脉冲，则由 Q_3、Q_2、Q_1 构成的计数器实现模 5 计数。模 2 和模 5 可独立计数。

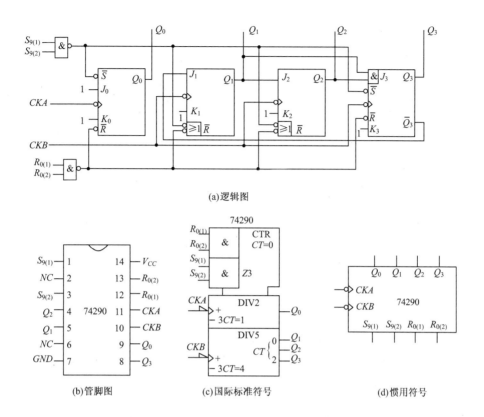

图 7-30 74290 的逻辑图、管脚图及符号图

表 7-11 74290 的功能表

复位输入		置位输入		时 钟	输 出				工作模式
$R_{0(1)}$	$R_{0(2)}$	$S_{9(1)}$	$S_{9(2)}$	CLK	Q_3	Q_2	Q_1	Q_0	
1	1	0	$\times$	$\times$	0	0	0	0	异步清0
1	1	$\times$	0	$\times$	0	0	0	0	异步清0
0	$\times$	1	1	$\times$	1	0	0	1	异步置9
$\times$	0	1	1	$\times$	1	0	0	1	异步置9
0	$\times$	0	$\times$	$\downarrow$		计	数		加法计数
0	$\times$	$\times$	0	$\downarrow$		计	数		加法计数
$\times$	0	0	$\times$	$\downarrow$		计	数		加法计数
$\times$	0	$\times$	0	$\downarrow$		计	数		加法计数

【例 7-12】 请用 74290 接成模 6 加法计数器。不用其他元件。

解 逻辑图如图 7-31(a)所示,首先,将 Q_0 接到 CKB 构成十进制计数器,将 Q_2、Q_0 分别连接到 $S_{9(2)}$、$S_{9(1)}$,当 $Q_3Q_2Q_1Q_0$ 为 0101 时,异步置 9,成为 1001,又因为异步置 9 的原因,0101 不存在,而它的前一个状态 0100 才是稳定状态,所以状态是从 0100 到 1001 循环,一共六个状态,为模 6 加法计数器。其状态图如图 7-31(b)所示。

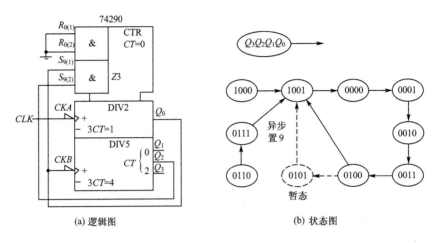

(a) 逻辑图   (b) 状态图

图 7-31 采用异步置 9 法构成模 6 加法计数器的逻辑图和状态图

7.4.5 集成计数器的应用

1. 组成任意进制计数器

市场上能买到的集成计数器一般为模 2 和 8421BCD 码模 10 加法计数器,如果需要其他进制的计数器,可用现有的模 2 或模 10 加法计数器,利用其清 0 端或预置数端,外加适当的门电路连接而成。

(1) 异步清 0 法

适用于具有异步清 0 端的集成计数器。图 7-32(a) 是用集成计数器 74161 和与非门组成的模 6 加法计数器的逻辑图,其状态图如图 7-32(b) 所示。

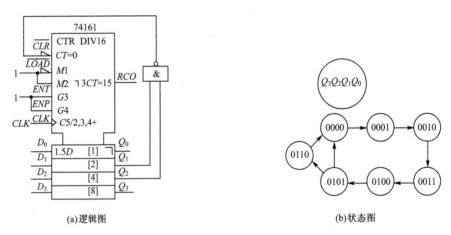

(a) 逻辑图   (b) 状态图

图 7-32 74161 和与非门组成的模 6 加法计数器

另外,对于 74290,利用"异步清 0"功能或 $S_{9(1)}$ 和 $S_{9(2)}$ 的"异步置 9"功能,可实现十进制以内任意进制计数。图 7-33(a) 为 74290 芯片构成模 10 加法计数器。利用异步清 0 端实现模 7 加法计数器的电路如图 7-33(b) 所示,将 Q_0 与 CKB 相连构成 8421 模 10 计数器,将 Q_2、Q_1、Q_0 相与后接 $R_{0(1)}$ 和 $R_{0(2)}$ 的连线端。从 0000 状态开始第 7 个 CLK 到来后,$Q_3Q_2Q_1Q_0 = 0111$,使 $R_{0(1)} = R_{0(2)}$,马上导致 $Q_3Q_2Q_1Q_0 = 0000$,主要的 7 个状态 0000~0110 为主循环状态,0111 出现后瞬间即逝。

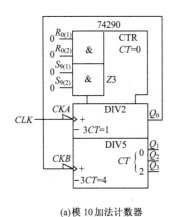

(a)模 10 加法计数器

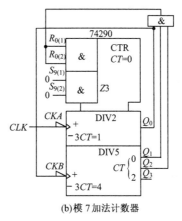

(b)模 7 加法计数器

图 7-33 74290 实现计数器

（2）同步清 0 法

适用于具有同步清 0 端的集成计数器。图 7-34(a)是用集成计数器 74163 和与非门组成的模 6 加法计数器的逻辑图,图 7-34(b)为其状态图。

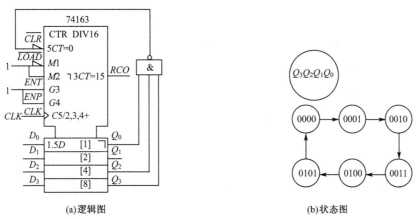

(a)逻辑图   (b)状态图

图 7-34 74163 和与非门组成的模 6 加法计数器

（3）异步置数法

适用于具有异步预置端的集成计数器。图 7-35(a)是用集成计数器 74191 和与非门组成的模 10 加法计数器的逻辑图,图 7-35(b)是该逻辑电路的状态图。该电路的有效状态是 0011～1100,共 10 个状态,为模 10 加法计数器。

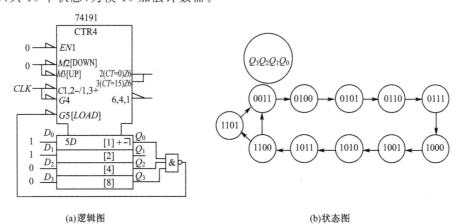

(a)逻辑图   (b)状态图

图 7-35 74191 和与非门组成的模 10 加法计数器

（4）同步置数法

适用于具有同步预置端的集成计数器。图 7-36（a）是用集成计数器 74160 和非门组成的模 7 加法计数器。图 7-36（b）为其状态图。

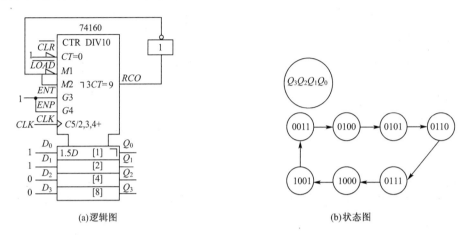

(a)逻辑图　　　　　　　　　　(b)状态图

图 7-36　74160 和非门组成的模 7 加法计数器

综上所述，改变集成计数器的模可用清 0 法，也可用置数法。清 0 法比较简单，但精确性差；置数法比较灵活。但不管用哪种方法，都应首先清楚所用集成组件的清 0 端或预置端是异步还是同步工作方式，根据不同的工作方式选择合适的清 0 信号或预置信号。

以下是任意 N 进制计数器基本逻辑功能的 Verilog HDL 行为级描述。

```
module counterN(CLK，CLRn，LOADn，DATA，OUT)；
input CLK，CLRn，LOADn；
input [4:1] DATA；        //置数输入,位宽>=log₂ N
output reg [4:1] OUT；     //计数输出,位宽>=log₂ N
parameter N = 16；        //计数器的模,暂定为16
//以下为异步清0,若去掉"or negedge CLRn"则为同步清0
always @(posedge CLK or negedge CLRn)
if (! CLRn)         OUT <= 0；
else begin
    if (! LOADn)  OUT <= DATA；      //同步置数
    else if (OUT >= N − 1)  OUT <= 0；    //模 N,计数 0 ～ N−1
    else          OUT <= OUT + 1；   //加法计数
end
endmodule
```

【例 7-13】　用 74161 实现模 11 加法计数器。

解　74161 有三种连接方法实现加法计数器。

（1）同步置数归 0 法。连接方法如图 7-37 所示。$D_3D_2D_1D_0=0000$，将计数器最大状态（1010）时输出为 1 的端接到与非门的输入端。这样在 0～9 状态时，$\overline{LOAD}=1$，满足计数条件。只有当模 11 的最大状态 10，即 $Q_3Q_2Q_1Q_0=1010$ 时，$\overline{LOAD}=0$，在下一个 CLK（第 11 个 CLK）上升沿到来后，执行预置数功能，将 $D_3D_2D_1D_0$ 置入 $Q_3Q_2Q_1Q_0$，使计数器复位为 0000，实现模 11 加法计数器。

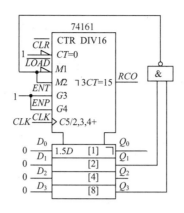

图 7-37　74161 同步置数归 0 法实现模 11 加法计数器

（2）预置补数法。连接方式如图 7-38 所示，其中（a）、（b）两电路功能相同。此电路的工作状态为 5～15。预置端 $D_3D_2D_1D_0 = 0101$，输出端 $Q_3Q_2Q_1Q_0 = 1111$（此时 $RCO = 1$）。这样，计数器从 5 开始计数，到 15 后回到 5，为模 11，预置补数方法一如图 7-38（a）所示。由于 74161 为十六进制，对模 N 计数器可利用预置（$16～N$）的方法实现。也可以利用 0～15 中任一段 11 个状态来实现模 11，如 2～12，4～14 等，预置补数方法二如图 7-38（b）所示，其状态为 2～12，模 11。

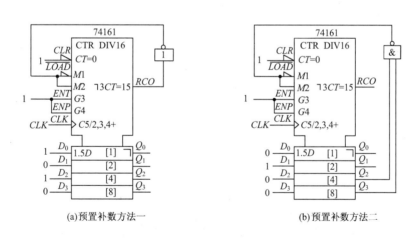

(a) 预置补数方法一　　　　　　　　　　　(b) 预置补数方法二

图 7-38　74161 预置补数法实现模 11 加法计数器

（3）反馈归 0 法。电路图如图 7-39（a）所示，用"异步清 0"端 $\overline{CLR}$ 实现模 11 加法计数器。初始状态为 0000，从清 0 状态开始，前 10 个 CLK，74161 正常计数，当计数器计到 11 时，与非门输出 0，$\overline{CLR}$ 为 0，$Q_3Q_2Q_1Q_0$ 被立即强制清 0，使计数器从 0 开始重新计数。1011 状态是很短暂的一瞬间，出现后很快消失，状态图如图 7-39（b）所示。这种接法的缺点是输出信号有毛刺，主循环波形图如图 7-39（c）所示。

2. 计数器的级联

两个模 N 计数器级联，可实现 $N \times N$ 的计数器。

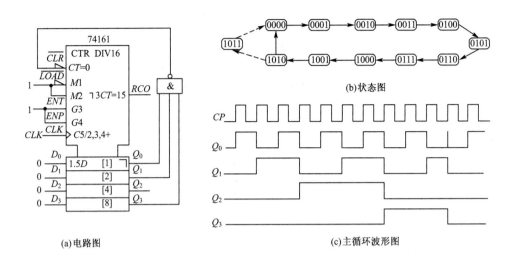

图 7-39 74161 反馈归 0 法实现模 11 加法计数器

(1)同步级联

其应用方法见例 7-14。

【例 7-14】 用 74161 构成模 166 加法计数器。

解 166 的最大状态为 165,二进制数为 10100101,需两片 74161,连接方法如图 7-40 所示。两片的 CLK 端接在一起,接成同步状态,片(I)的 RCO 端接片(II)的 ENT、ENP,保证片(I)$Q_3Q_2Q_1Q_0$ 由 1111 回到 0000 时,片(II)加 1。就是说,片(I)每个 CLK 脉冲进行加 1 计数,片(II)每第 16 个 CLK 脉冲进行加 1 计数。最后,在输出 10100101 时,由两片的 $\overline{LOAD}$ 端回到 0。

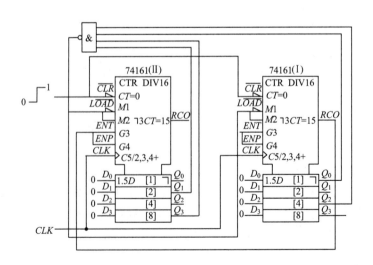

图 7-40 74161 同步级联组成模 166 加法计数器

(2)异步级联

有的集成计数器没有进位/借位输出端,这时可根据具体情况,用计数器的输出信号 Q_3、Q_2、Q_1、Q_0 产生一个进位/借位。

【例 7-15】 分别用两片异步和同步加法计数器实现模 48 加法计数器。

解法 1 用两片二-五-十进制异步加法计数器 74290 采用异步级联方式组成加法计数器,如图 7-41 所示,模为 48。

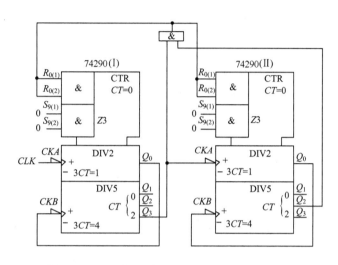

图 7-41 74290 采用异步级联方式组成模 48 加法计数器

解法 2 用 74160 组成模 48 进制加法计数器。因为 $N=48$,而 74160 为模 10 加法计数器,所以要用两片 74160 构成此加法计数器。先将两芯片采用同步级联方式连接成 100 进制计数器,然后再借助 74160 异步清 0 功能,在输入第 48 个计数脉冲后,计数器输出状态为 01001000 时,高位片(Ⅱ)的 Q_2 和低位片(Ⅰ)的 Q_3 同时为 1,与门输出 1,加到两芯片异步清 0 端上,计数器立即返回 00000000 状态,状态 01001000 仅在极短的瞬间出现,为过渡状态,这样,就组成了模 48 加法计数器,其逻辑图如图 7-42 所示。

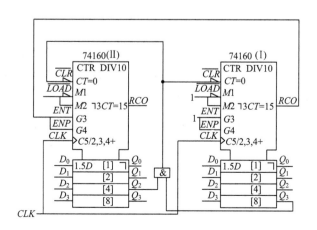

图 7-42 例 7-15 的逻辑图

3. 组成分频器

前面曾提到,模 N 加法计数器进位输出端输出脉冲的频率是输入脉冲频率的 $1/N$,因此可用模 N 加法计数器组成 N 分频器。

【例 7-16】 某石英晶体振荡器输出脉冲信号的频率为 32 768 Hz,用 74161 组成分频器,将其分频成频率为 1 Hz 的脉冲信号。

解 因为 $32\ 768 = 2^{15}$,经 15 级二分频,就可获得频率为 1 Hz 的脉冲信号。因此将 4 片 74161 级联,从高位片(Ⅳ)的 Q_2 输出即可,其逻辑图如图 7-43 所示。

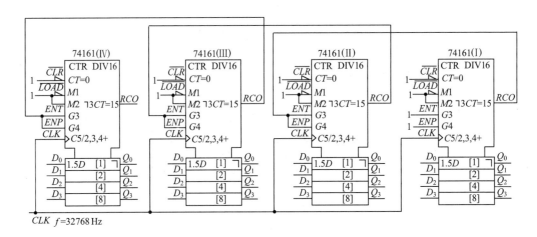

图 7-43 利用 74161 组成分频器的逻辑图

7.5 寄存器

数码寄存器是存储二进制数码的时序逻辑电路组件,它具有接收和寄存二进制数码的逻辑功能。数码寄存器的主要组成部分是触发器。由于一个触发器能存储一位二进制代码,所以存储 n 位二进制代码的寄存器应由 n 个触发器构成。

7.5.1 寄存器 74175

图 7-44(a)是由 D 触发器组成的四位集成寄存器 74175 的逻辑图,其管脚图如图 7-44(b)所示,其中 $\overline{R}$ 是异步清 0 控制端,$D_0 \sim D_3$ 是并行数据输入端,CLK 为时钟脉冲端,$Q_0 \sim Q_3$ 是并行数据输出端,$\overline{Q_0} \sim \overline{Q_3}$ 是反码数据输出端。

该电路的数码接收过程:将需要存储的四位二进制数码送到数据输入端 $D_0 \sim D_3$,在 CLK 端送一个时钟脉冲,脉冲上升沿作用后,四位数码并行地出现在四个触发器 Q 端。 $\overline{CLR} = 1$,不处于 CLK 上升沿,各触发器保持原状态。所以 74175 具有异步清 0、置入、保持、并行输出功能。74175 的功能表见表 7-12。

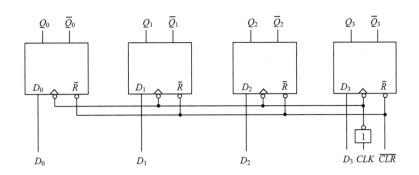

(a)逻辑图

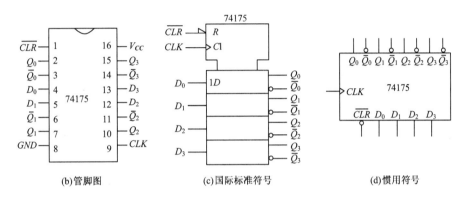

(b)管脚图　　　　　　(c)国际标准符号　　　　　　(d)惯用符号

图 7-44　四位集成寄存器 74175

表 7-12　　　　　　　　　74175 的功能表

清 0	时 钟	输 入				输 出				工 作 模 式
$\overline{CLR}$	CLK	D_0	D_1	D_2	D_3	Q_0	Q_1	Q_2	Q_3	
0	×	×	×	×	×	0	0	0	0	异步清0
1	↑	D_0	D_1	D_2	D_3	D_0	D_1	D_2	D_3	数码寄存
1	1	×	×	×	×	保		持		数据保持
1	0	×	×	×	×	保		持		数据保持

以下是 4 位寄存器的 Verilog HDL 行为级描述,位数可在定义输入、输出端口位宽时定义,相当于是 1 位 D 触发器的扩展。

```
module dff4bit(CLK，CLRn，D，Q，Qn)；
input CLK，CLRn；
input [3:0] D；
output reg [3:0] Q；
always @(posedge CLK or negedge CLRn)
if (! CLRn)    begin
    Q <= 0;    Qn <= 1;
end
else begin
    Q <= D;    Qn <= ~D;//非阻塞赋值
end
endmodule
```

7.5.2 移位寄存器

移位寄存器不但可以寄存数码,而且在移位脉冲作用下,寄存器中的数码可根据需要向左或向右移动一位。移位寄存器也是数字系统和计算机中应用很广泛的基本逻辑部件。

1. 四位右移寄存器

设移位寄存器的初始状态为 0000,串行输入数码 $D_I=1101$,从高位到低位依次输入。在四个移位脉冲作用后,输入的四位串行数码 1101 全部存入了寄存器中。四位右移寄存器状态表见表 7-13,D 触发器组成的四位右移寄存器如图 7-45 所示。

表 7-13　　　四位右移寄存器状态表

移位脉冲	输入数码	输 出			
CLK	D_I	Q_0	Q_1	Q_2	Q_3
0		0	0	0	0
1	1	1	0	0	0
2	1	1	1	0	0
3	0	0	1	1	0
4	1	1	0	1	1

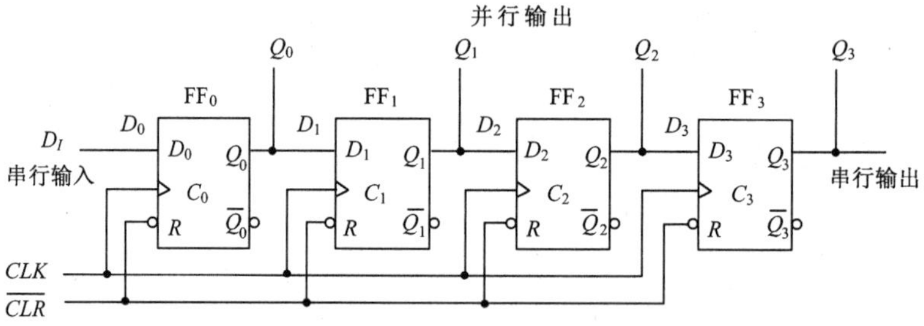

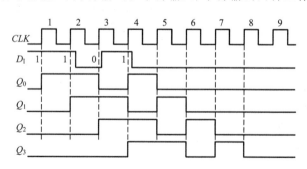

图 7-45　D 触发器组成的四位右移寄存器

移位寄存器中的数码可由 Q_3、Q_2、Q_1 和 Q_0 并行输出,也可从 Q_3 串行输出。串行输出时,要继续输入四个移位脉冲,才能将寄存器中存放的四位数码 1101 依次输出。图 7-46 中第 5~8 个 CLK 脉冲及所对应的 Q_3、Q_2、Q_1、Q_0 波形,也就是将四位数码 1101 串行输出的过程。所以,移位寄存器具有串行输入/并行输出和串行输入/串行输出两种工作方式。

图 7-46　四位右移寄存器电路的时序图

以下是四位右移寄存器的 Verilog HDL 行为级描述,移位方向通过连接运算符"{ }"的位拼接顺序实现。

```
`define WIDTH  4        //位数定义
module shifterR(CLK，CLRn，Din，Q);
```

```
input CLK，CLRn，Din；        //Din 移位串入
output reg ['WIDTH−1：0] Q；      //Q 移位并出
always @(posedge CLK or negedge CLRn)
if (! CLRn)   Q <= 0;
else        Q <= {Din, Q['WIDTH−1：1]};   //Q 原最低位移出，新数据从最高位移入
endmodule
```

以下是四位右移寄存器的 Verilog HDL 行为级描述，移位方向通过连接运算符"{ }"的位拼接顺序实现，移出的 1 位可以串行输出，对比上段代码。

```
'define WIDTH  4            //位数定义
module shifterR(CLK, CLRn, Din, Q, Dout)；
input CLK，CLRn，Din；        //Din 移位串入
output reg ['WIDTH−1：0] Q；      //Q 移位并出
output reg Dout；             //Dout 移位串出
always @(posedge CLK or negedge CLRn)
if (! CLRn)   Q <= 0;
else
    {Q, Dout} <= {Din, Q};       //Q 原最低位移入 Dout，新数据从最高位移入 Q
endmodule
```

2. 四位左移寄存器

D 触发器组成的四位左移寄存器电路如图 7-47 所示。清 0 以后，所有的并行输出都是 0，右面的 D_I 输入一个值，第 1 个时钟脉冲来了以后，Q_3 输出 D_I 输入的值，同时作为输入进入 D_2；第 2 个时钟脉冲来了以后，D_2 输出到 Q_2，同时作为输入进入 D_1；第 3 个时钟脉冲来了以后，D_1 输出到 Q_1，同时作为输入进入 D_0；第 4 个时钟脉冲来了以后，D_0 输出到 Q_0，从串行输出端输出，至此，四个脉冲经过以后，从 D_I 输入的值依次从 $Q_3Q_2Q_1Q_0$ 移位，实现四位左移功能。

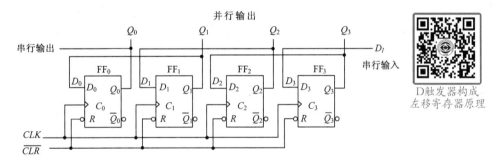

图 7-47 D 触发器组成的四位左移寄存器电路

以下是四位左移寄存器的 Verilog HDL 行为级描述，移位方向通过连接运算符"{ }"的位拼接顺序实现。

```
'define WIDTH  4
module shifterL(CLK, CLRn, Din, Q)；
input CLK，CLRn，Din；        //Din 移位串入
output reg ['WIDTH−1：0] Q；      //Q 移位并出
always @(posedge CLK or negedge CLRn)
if (! CLRn)   Q <= 0;
else        Q <= {Q['WIDTH−2：0], Din}；       //Q 原最高位移出，新数据从最低位移入
```

endmodule

以下是四位左移寄存器的 Verilog HDL 行为级描述,移位方向通过连接运算符"{ }"的位拼接顺序实现,移出的 1 位可以串行输出,对比上段代码。

```
`define WIDTH   4
module shifterL(CLK,CLRn,Din,Q,Dout);
input CLK,CLRn,Din;        //Din 移位串入
output reg [`WIDTH-1:0] Q;     //Q 移位并出
output reg Dout;           //Dout 移位串出
always @(posedge CLK or negedge CLRn)
if (! CLRn)  Q <= 0;
else
    {Dout,Q} <= {Q,Din};    //Q 原最高位移入 Dout,新数据从最低位移入 Q
endmodule
```

7.5.3 集成移位寄存器 74194

74194 是由四个触发器组成的功能很强的四位移位寄存器,D_{SL} 和 D_{SR} 分别是左移和右移串行输入。D_0、D_1、D_2 和 D_3 是并行输入端。Q_0 和 Q_3 分别是左移和右移时的串行输出端,Q_0、Q_1、Q_2 和 Q_3 为并行输出端。集成移位寄存器 74194 如图 7-48 所示,其功能表见表 7-14。

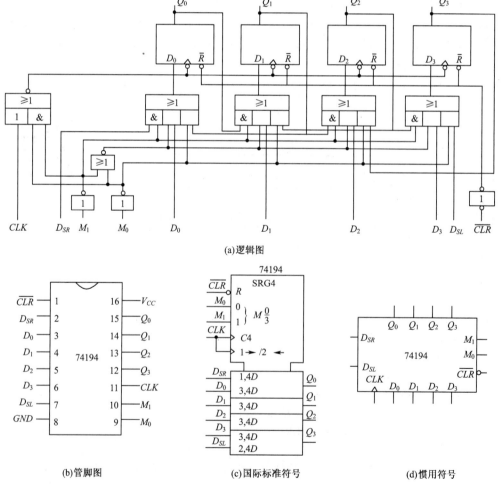

(a)逻辑图

(b)管脚图   (c)国际标准符号   (d)惯用符号

图 7-48   集成移位寄存器 74194

表 7-14　　　　　　　　　　　　　　74194 的功能表

清0	控制输入		串行输入		时钟	并行输入				输　出				工作模式
$\overline{CLR}$	M_1	M_0	D_{SL}	D_{SR}	CLK	D_0	D_1	D_2	D_3	Q_0	Q_1	Q_2	Q_3	
0	×	×	×	×	×	×	×	×	×	0	0	0	0	异步清0
1	0	0	×	×	×	×	×	×	×	Q_0^n	Q_1^n	Q_2^n	Q_3^n	保　持
1	0	1	×	1	↑	×	×	×	×	1	Q_0^n	Q_1^n	Q_2^n	右移,D_{SR} 为串行输入
1	0	1	×	0	↑	×	×	×	×	0	Q_0^n	Q_1^n	Q_2^n	Q_3 为串行输出
1	1	0	1	×	↑	×	×	×	×	Q_1^n	Q_2^n	Q_3^n	1	左移,D_{SL} 为串行输入
1	1	0	0	×	↑	×	×	×	×	Q_1^n	Q_2^n	Q_3^n	0	Q_0 为串行输出
1	1	1	×	×	↑	D_0	D_1	D_2	D_3	D_0	D_1	D_2	D_3	并行置数

由表 7-14 可以看出,74194 具有如下功能。

(1)异步清 0。当 $\overline{CLR}=0$ 时,即刻清 0,与其他输入状态及 CLK 无关。

(2)M_1、M_0 是控制输入。当 $\overline{CLR}=1$ 时,74194 有如下四种工作方式。

①当 $M_1M_0=00$ 时,不论有无 CLK 到来,各触发器状态不变,为保持工作状态。

②当 $M_1M_0=01$ 时,在 CLK 的上升沿作用下,实现右移(上移)操作,流向是 $D_{SR} \to Q_0 \to Q_1 \to Q_2 \to Q_3$。

③当 $M_1M_0=10$ 时,在 CLK 的上升沿作用下,实现左移(下移)操作,流向是 $D_{SL} \to Q_3 \to Q_2 \to Q_1 \to Q_0$。

④当 $M_1M_0=11$ 时,在 CLK 的上升沿作用下,实现置数操作:$D_0 \to Q_0$,$D_1 \to Q_1$,$D_2 \to Q_2$,$D_3 \to Q_3$。

图 7-49(a)、图 7-49(b)和图 7-49(c)分别给出了 74194 实现左移、右移和并入置数的电路连接方法。

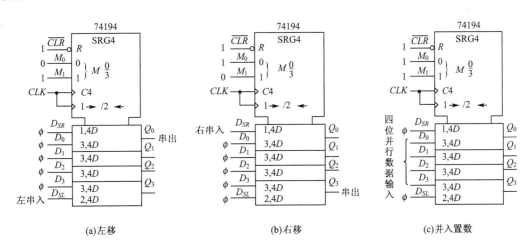

图 7-49　74194 的左移、右移和并入电路

以下是可控制移位方向的移位寄存器的行为级描述,DIR 控制移位方向,为 1 时右移,为 0 时左移,是前面左移、右移寄存器的结合。

```
`define WIDTH   4
module shifterR(CLK，CLRn，DIR，Din，Q，Dout)；
input CLK，CLRn，DIR，Din；        //Din 移位串入；DIR 移位方向，＝1 右移，＝0 左移
output reg [`WIDTH－1：0] Q；    //Q 移位并出
output reg Dout；                //Dout 移位串出
always @(posedge CLK or negedge CLRn)
if (! CLRn)   Q <= 0；
else begin
    if (DIR)
        {Q，Dout} <= {Din，Q}；//Q 原最低位移入 Dout，新数据从最高位移入
    else
        {Dout，Q} <= {Q，Din}；//Q 原最高位移入 Dout，新数据从最低位移入
end
endmodule
```

7.5.4　移位寄存器构成的移位型计数器

1.环形计数器

寄存器 74194 接成环形或扭环形电路，可以用于计数器。按照图 7-50(a)所示的连接方式，74194 构成左移环形计数器。将 Q_0 接 D_{SL}，$\overline{CLR}=1$，取 $Q_0Q_1Q_2Q_3$ 中只有一个 1 的循环为主循环，即 $D_0D_1D_2D_3=0001$。取 $M_1=1$，M_0 先为 1，实现并入功能：$Q_0Q_1Q_2Q_3=D_0D_1D_2D_3=0001$，然后令 $M_0=0$，则随着 CLK 脉冲的输入，电路开始左移环形移位操作，其主循环状态图和波形图分别如图 7-50(b)和图 7-50(c)所示。

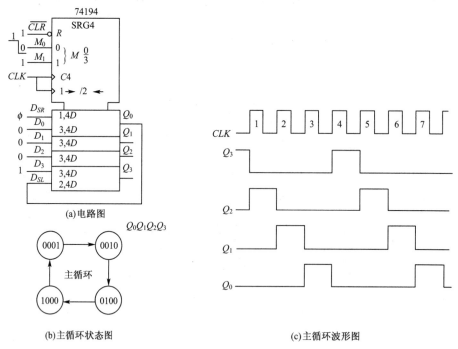

(a)电路图

(b)主循环状态图

(c)主循环波形图

图 7-50　74194 构成左移环形计数器

2. 扭环形计数器

扭环形计数器的电路十分简单，N 位移位寄存器可以计 N 个数，实现模 N 计数器，且状态为 1 的输出端的序号即代表收到的计数脉冲的个数，通常不需要任何译码电路。

74194 构成右移扭环形计数器的电路如图 7-51(a)所示，是把 Q_3 接非门后再接右移串入端 D_{SR}，这样，每个时钟到来的时候，Q_3 取反，输入到 D_0，下一个时钟到来的时候，D_0 直接输出到 Q_0，实现右移。右移扭环形计数器初值 $Q_0Q_1Q_2Q_3$ 分别为 0000 的状态图，见图 7-51(b)上，右移扭环形计数器初值 $Q_0Q_1Q_2Q_3$ 分别为 0010 的状态图，见图 7-51(b)下。从状态图可以看出，4 个触发器构成扭环形计数器时，主循环有 8 个状态，即 n 个触发器时，扭环形计数器为模 $2n$。在触发器个数相同时，扭环形计数器的模数比环形计数器的模数多一倍。

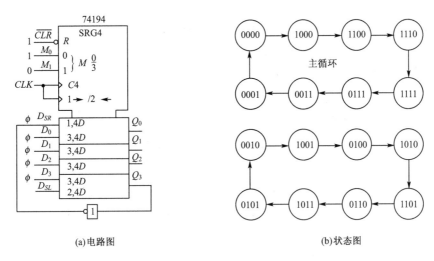

(a)电路图   (b)状态图

图 7-51   74194 构成右移扭环形计数器

以下是左移环形计数器的 Verilog HDL 行为级描述代码，与画真值表的表示方法相比，HDL 描述显然十分简洁易懂。

```
module counterN(CLK，CLRn，OUT);
input CLK，CLRn;
output reg [16：1] OUT;//计数输出，16bit 宽
always @(posedge CLK or negedge CLRn)          //异步清 0
if(!CLRn)
    OUT <= 16'b1;
else begin
    if(OUT == 16'b1000_0000_0000_0000)
        OUT <= 16'b1;
    else
        OUT <= OUT << 1;        //左移
end
endmodule
```

以下是右移环形计数器的 Verilog HDL 行为级描述代码，显然用 HDL 描述的方式，改变移位方向十分方便。

```
module counterN(CLK，CLRn，OUT);
input CLK，CLRn;
output reg [16：1] OUT;        //计数输出，16bit 宽
always @(posedge CLK)    //同步清 0
```

```
if (! CLRn)
    OUT <= 16′b1000_0000_0000_0000;
else begin
    if ( OUT == 16′b1)
        OUT <= 16′b1000_0000_0000_0000;
    else
        OUT <= OUT >> 1;        //右移
end
endmodule
```

【例 7-17】 用寄存器 74194 构成模 12 右移扭环形计数器并画出状态图(初态为 0000)。

解 需用六个触发器即两片 74194,其电路图如图 7-52 所示,右面的 74194 对应的 Q_0Q_1 是总序列 $Q_0Q_1Q_2Q_3Q_4Q_5$ 的 Q_4Q_5,左面的 74194 的 Q_3 直接右移到右面 74194 的 Q_0,而右面的 74194 的 Q_1 经过取反以后右移到的左面 74194 的 Q_0,周而复始,形成一个模 12 的循环,其状态图如图 7-53 所示。

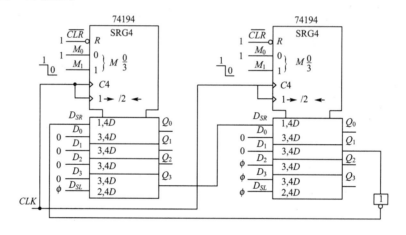

图 7-52　用 74194 构成模 12 右移扭环形计数器电路图

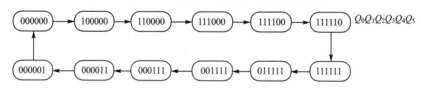

图 7-53　74194 构成模 12 右移扭环形计数器状态图

7.6　计数型序列信号发生器

在数字系统中,有时需要用到一组特定的循环数字信号,称这种循环数字信号为序列信号。序列信号发生器就是能够循环产生一组序列信号的时序逻辑电路,它可以由计数器或移位寄存器构成。

用计数器辅以数据选择器,可以方便地构成各种序列信号发生器,构成的方法如下:第一步,构成一个模 P 加法计数器;第二步,选择适当的数据选择器,把欲产生的序列按规定的顺序加在数据选择器的数据输入端,把地址输入端与计数器的输出端适当地连接在一起。

在用计数器产生序列信号时,触发器的数目 n 一定要符合 $2^{n-1} < M \le 2^n$ 的关系,不过,用

计数器构成的序列信号发生器的结构一般比用移位寄存器构成的序列信号发生器复杂。

计数型序列信号发生器由计数器和组合网络两部分组成。例如需要产生一个七位序列信号 0010111（时间顺序自左向右），可用一个模 7 加法计数器和一个八选一数据选择器组成，计数型序列信号发生器如图 7-54 所示。

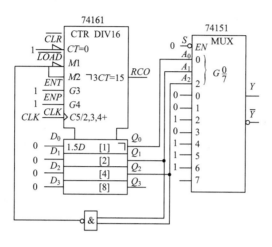

图 7-54　计数型序列信号发生器

当 CLK 脉冲连续作用到计数器 74161 上时，输出 $Q_2Q_1Q_0$（八选一数据选择器 74151 的地址 $A_2A_1A_0$）从 000 到 110 不断依次循环，状态表见表 7-15。在 Y 端就可以得到七位循环序列脉冲信号 0010111。

表 7-15　图 7-54 电路状态表

CLK 顺序	Q_2 (A_2	Q_1 A_1	Q_0 A_0)	Y	
0	0	0	0	D_0	0
1	0	0	1	D_1	0
2	0	1	0	D_2	1
3	0	1	1	D_3	0
4	1	0	0	D_4	1
5	1	0	1	D_5	1
6	1	1	0	D_6	1
7	0	0	0	D_0	0

7.7　时序逻辑电路应用实例——简易秒表

7.7.1　计时器介绍

简易秒表模块可以通过时钟信号进行计时，并通过输出信号显示秒、分钟和小时的计数值。同时，它支持复位、开始和停止功能。

简易秒表的模块的输入包括时钟信号 clk 和复位信号 rst_n，两个输入控制信号启动 start 和停止 stop，三个输出端口 hours、minutes、seconds，分别代表小时、分钟、秒计数值。输出端口 seconds 从 0~59 循环计数，每当 seconds 计数到 59 时，输出端口 minutes 加 1，一直到 59，输出端口 hours 加 1，一直到 23。简易秒表模块的输入、输出接口如图 7-55 所示。

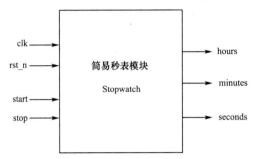

图 7-55　简易秒表模块的输入、输出接口

7.7.2　简易器模块实例代码

简易秒表模块使用寄存器（sec_reg、min_reg、hour_reg 和 count）来存储秒、分钟、小时和计数器的当前值。在时钟上升沿触发时，根据输入信号的状态进行计数和更新。

代码如下：

```verilog
module Stopwatch(
  input wire clk,
  input wire rst_n,
  input wire start,
  input wire stop,
  output wire [3:0] seconds,
  output wire [2:0] minutes,
  output wire [1:0] hours
);
  reg [3:0] sec_reg;
  reg [2:0] min_reg;
  reg [1:0] hour_reg;
  reg [3:0] count;
  always @(posedge clk or negedge rst_n) begin
    if (! rst_n)
      begin
        sec_reg <= 4'b0000;
        min_reg <= 3'b000;
        hour_reg <= 2'b00;
        count <= 4'b0000;
      end
    else if (start && ! stop)
      begin
        count <= count + 1;

        if (count == 10) begin
          count <= 0;
          sec_reg <= sec_reg + 1;

          if (sec_reg == 59) begin
```

```
            sec_reg <= 0;
            min_reg <= min_reg + 1;

            if (min_reg == 59) begin
              min_reg <= 0;
              hour_reg <= hour_reg + 1;

              if (hour_reg == 23) begin
                hour_reg <= 0;
              end
            end
          end
        end
      end
    end
  assign seconds = sec_reg;
  assign minutes = min_reg;
  assign hours = hour_reg;
endmodule
```

习题 7

7-1 分析题图 7-1 所示的同步时序逻辑电路,画出状态图。

7-2 分析题图 7-2 所示的同步时序逻辑电路,画出状态图。

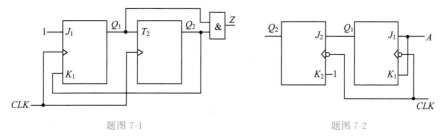

题图 7-1   题图 7-2

7-3 分析题图 7-3 所示的同步时序逻辑电路,画出状态图和时序图。

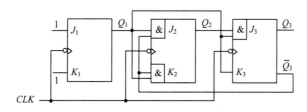

题图 7-3

7-4 在题图 7-4 所示的电路中,已知寄存器的初始状态 $Q_1Q_2Q_3 = 111$。试问下一个 CLK 脉冲作用后,寄存器所处的状态是什么? 说明经过多少个 CLK 脉冲作用后数据循环一次,并列出状态表。

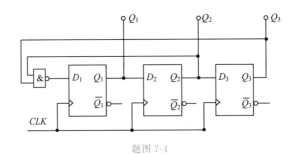

题图 7-4

7-5 画出题图 7-5 所示的时序逻辑电路的状态表、状态图和时序图,并分析。

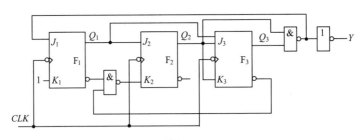

题图 7-5

7-6 分析如题图 7-6 所示的计数器逻辑图,

(1)判断是何种类型计数器;

(2)画出此计数器初值 $Q_0Q_1Q_2Q_3$ 分别为 0000 和 1010 时的状态图。

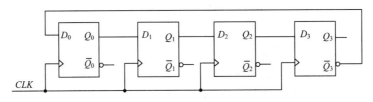

题图 7-6

7-7 如题图 7-7 所示电路为循环移位寄存器,设电路的初始状态为 $Q_0Q_1Q_2Q_3=0001$。列出该电路的状态表,并画出 Q_0、Q_1、Q_2 和 Q_3 的波形。

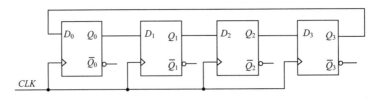

题图 7-7

7-8 设计一个模 7 加法计数器,规则是逢七进一,并产生一个进位。

7-9 设计一个串行数据检测电路,当连续输入三个或三个以上 1 时,电路的输出为 1,其他情况下输出为 0。例如:输入 X 为 1011001110111110,输出 Y 为 0000000010000110。

7-10 设计一个串行数码检测电路。当电路连续输入两个或两个以上 1 后,再输入 0 时,电路输出为高电平,否则为 0。使用 JK 触发器实现此电路。

7-11 用 T 触发器设计一个可变进制同步计数器。当 $X=0$ 时,该计数器为模 3 加法计数器;当 $X=1$ 时,该计数器为模 4 加法计数器。要求写出完整的设计过程。

7-12　试用 74LS161 和 74LS152 等器件设计一个数字序列信号产生器,它可以周期地产生如下序列信号:01101110110。

7-13　请列出如题图 7-13 所示的状态迁移关系,并写出输出 Z 的序列。

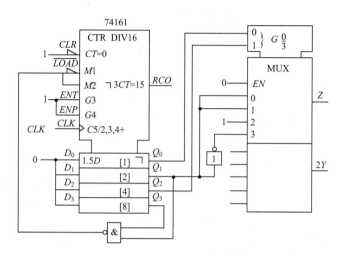

题图 7-13

7-14　分析如题图 7-14 所示的各芯片功能,分别画出状态图。

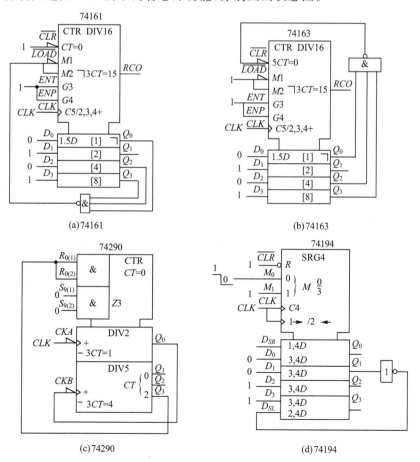

题图 7-14

7-15 请用 74290 接成模 6 和模 9 加法计数器,不用其他元件。

7-16 分别用 74290 异步清 0 功能、74161 置数归 0 功能、74163 的同步清 0 功能和 74160 置数归 0 功能方法设计模 83 加法计数器。

7-17 请指出题图 7-17 所示电路图的模值为多少?

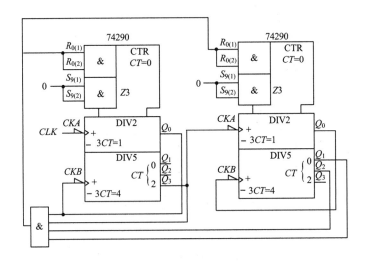

题图 7-17

7-18 用 74290 分别设计模 88 和模 60 加法计数器。

7-19 请画出如题图 7-19 所示的状态图,并说明其功能。

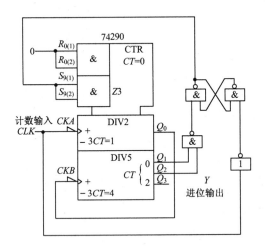

题图 7-19

7-20 设计一个灯光控制逻辑电路,要求红、绿、黄三种颜色的灯在时钟信号下按题表 7-16 规定的顺序转换状态。表中的 1 表示亮,0 表示灭。要求电路能够自启动,并尽可能采用中规模集成电路芯片。

表 7-16 题 7-20 表

CP 顺序	红	黄	绿
0	0	0	0
1	1	0	0
2	0	1	0
3	0	0	1
4	1	1	1
5	0	0	1
6	0	1	0
7	1	0	0
8	0	0	0

7-21 同步时序逻辑电路有一个输入、一个输出,输入是随机二进制序列,要求在检测到输入是 1101 时,输出为 1,然后重新开始检测。在其他状态下,输出都为 0。画出此时序逻辑电路的状态表,并化简。

7-22 74194 电路如题图 7-22 所示,请列出状态迁移关系。

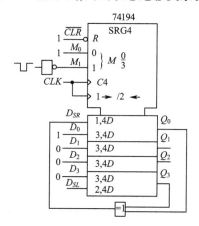

题图 7-22

7-23 用 74194 设计一个"00011101"周期序列产生器。

杰出人物

卓越成就

第 8 章
脉冲波形的产生与变换

本 章 提 要

　　数字电路与系统中,有时需要一些脉冲信号,如时钟脉冲等。本章主要介绍几种脉冲波形的产生和变换电路,包括施密特触发器、单稳态触发器和多谐振荡器。

　　本章的学习要求:

　　(1)掌握施密特触发器、单稳态触发器和多谐振荡器三种典型脉冲电路的基本特点及参数计算;

　　(2)掌握555定时器的电路结构、工作原理以及用它组成施密特触发器、单稳态触发器和多谐振荡器的方法和外接电阻、电容参数的计算;

　　(3)掌握集成单稳态触发器74121的工作原理、工作模式及参数计算;

　　(4)掌握石英晶体振荡器的原理及优点。

　　本章重点:

　　(1)施密特触发器、单稳态触发器和多谐振荡器的工作原理;

　　(2)三种电路的输出波形;

　　(3)555定时器构成的单稳态触发器和集成单稳态触发器的触发方式。

8.1　脉冲波形

　　脉冲(Pulse)有脉动、冲动、突变的意思。电脉冲是指短时间内出现的电压或电流的突然变化。脉冲波形由脉冲电路产生和变换。脉冲波形的种类很多,常见的脉冲波形包括方波、矩形波、尖脉冲波、梯形波、锯齿波、钟形波、三角波、阶梯波等,如图8-1所示。

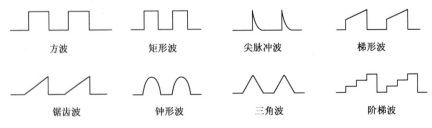

图 8-1　常见的脉冲波形

矩形波是常用的脉冲波形。下面以矩形脉冲为例介绍描述脉冲波形的主要参数（图 8-2）。

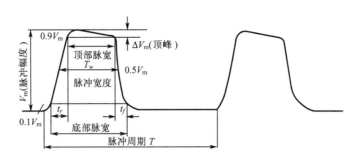

图 8-2　矩形脉冲的波形参数

脉冲幅度 V_m：脉冲电压（或电流）从一个稳定状态变化到另一个稳定状态的最大变化幅度。变化后的数值增大，称为正脉冲；反之，称为负脉冲。

脉冲宽度 T_w：矩形脉冲起始和终了时刻之间的时间间隔。一般是指幅度为 $0.5V_m$ 处的脉冲宽度（平均脉宽）。图 8-2 中还标出了顶部脉宽和底部脉宽。

脉冲周期 T：相邻两个脉冲重复出现的时间间隔。重复周期的倒数称为重复频率 $f=1/T$。

脉冲占空比 q：平均脉宽 T_w 与脉冲周期 T 的比值，$q=T_w/T$。

上升时间 t_r：脉冲上升沿从 $0.1V_m$ 上升到 $0.9V_m$ 所需的时间。

下降时间 t_f：脉冲下降沿从 $0.9V_m$ 下降到 $0.1V_m$ 所需的时间。

脉冲的一个典型应用为通用的商品条形码，如图 8-3 所示。图中最左边和最右边的三条（黑-白-黑）为保护条组，中间的五条（白-黑-白-黑-白）也是保护条组。在三组保护条组中间的两部分数字按照某种规则编码。商品条形码的黑白条纹由读写机识别转换成电信号。例如，可以将白色对应低电平（逻辑 0），黑色对应高电平（逻辑 1）。宽度为单位条宽倍数的不同黑白条纹就转换成不同的矩形脉冲信号。

图 8-3　通用的商品条形码

8.2　555 定时器

555定时器工作原理

555 定时器应用极为广泛，是一种模拟、数字混合式中规模集成电路。该电路使用灵活方便，只要在 555 定时器芯片外部某些引脚处加上适当的电阻电容定时元件，就可方便地构成施密特触发器、单稳态触发器、多谐振荡器等电路，从而方便地形成脉冲波形的产生与变换电路。该器件的电压范围为 3～18 V，常用型号为 NE555、C7555 或 5G555，可提供与 TTL、CMOS 电路兼容的逻辑电平。

图 8-4 给出了 555 定时器的芯片内部电路图、管脚图及符号图。图 8-4(a) 中，三个阻值皆为 5 kΩ 的电阻 R 组成对电源 V_{CC} 的分压器，形成 $2V_{CC}/3$、$V_{CC}/3$ 参考电压。C_1、C_2 是两个比较器，触发器是具有异步清 0 功能的、由两个与非门组成的基本 RS 触发器。晶体管 T 为放电管，G 为缓冲器。在不使用控制电压输入端 V_{co}（⑤脚，V_{co} 悬空或通过电容接地）时，V_{CC} 在

三个 R 上分压，C_1 的比较电平为 $2V_{CC}/3$，⑥脚是阈值输入端（TH），C_2 的比较电平为 $V_{CC}/3$，②脚是触发输入端（$\overline{TR}$）。

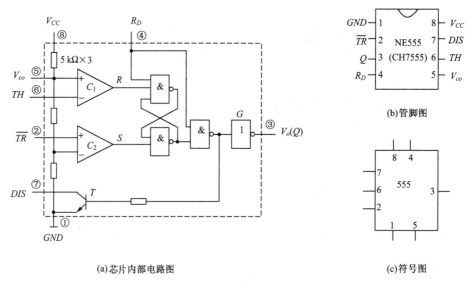

图 8-4　555 定时器

由图可知，当阈值端电压 $V_6 < 2V_{CC}/3$，触发端电压 $V_2 < V_{CC}/3$ 时，比较器 $C_1 = 1$，比较器 $C_2 = 0$，触发器置 1，T 截止；当 $V_6 < 2V_{CC}/3$，$V_2 > V_{CC}/3$ 时，$C_1 = 1$，$C_2 = 1$，触发器保持原状态；当 $V_6 > 2V_{CC}/3$，$V_2 > V_{CC}/3$ 时，$C_1 = 0$，$C_2 = 1$，触发器置 0，T 饱和导通。由此得到 555 定时器的功能表见表 8-1。

表 8-1　　　　　　　　　　555 定时器的功能表

复位 R_D	输　入		输　出	
	阈值输入（V_6）	触发输入（V_2）	输出（V_o）	放电管（T）
0	X	X	0	导通
1	$< \dfrac{2}{3}V_{CC}$	$< \dfrac{1}{3}V_{CC}$	1	截止
1	$< \dfrac{2}{3}V_{CC}$	$> \dfrac{1}{3}V_{CC}$	保持	保持
1	$> \dfrac{2}{3}V_{CC}$	$> \dfrac{1}{3}V_{CC}$	0	导通

如果使用控制电压输入端 V_{co}，则比较器 C_1 和 C_2 的比较电平分别为 V_{co} 和 $V_{co}/2$。

8.3　施密特触发器

555定时器实现施密特触发器工作原理

施密特触发器（Schmitt Trigger）是脉冲波形变换中经常使用的一种电路，它具有以下几个特点：

（1）具有两个稳定状态。

（2）具有回差电压 ΔV。当输入信号增加和减少时，电路有不同的阈值电压，其电压传输特性和逻辑符号如图 8-5 所示。

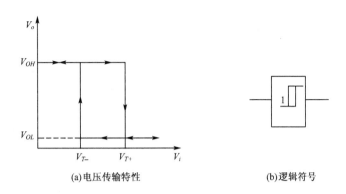

(a)电压传输特性　　　　　(b)逻辑符号

图 8-5　施密特触发器传输特性和逻辑符号

8.3.1　555 定时器构成的施密特触发器

将 555 定时器的阈值输入端（6 脚）和触发输入端（2 脚）接在一起并作为电路输入端，放电端（7 脚）通过上拉电阻 R_L 接到电源 V_{DD}，V_{co}（5 脚）悬空，即可构成如图 8-6(a) 所示的施密特触发器。当输入 V_i 加入如图 8-6(b) 所示的三角波时，555 输出端 V_o 就会得到整形后的矩形脉冲波形。

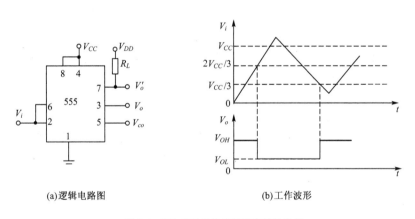

(a)逻辑电路图　　　　　(b)工作波形

图 8-6　555 定时器构成的施密特触发器

下面分析电路的工作过程。当 $0<V_i<V_{cc}/3$ 时，有 $V_2<V_{cc}/3$，$V_6<2V_{cc}/3$，此时 $V_o=1$；当 $V_{cc}/3<V_i<2V_{cc}/3$ 时，有 $V_2>V_{cc}/3$，$V_6<2V_{cc}/3$，V_o 保持 1 不变；当 $V_i>2V_{cc}/3$ 时，有 $V_2>V_{cc}/3$，$V_6>2V_{cc}/3$，此时 $V_o=0$。若 V_i 从三角波顶端下降，当 $V_{cc}/3<V_i<2V_{cc}/3$ 时，有 $V_2>V_{cc}/3$，$V_6<2V_{cc}/3$，V_o 保持 0 不变；当 $V_i<V_{cc}/3$ 时，有 $V_2<V_{cc}/3$，$V_6<2V_{cc}/3$，此时 $V_o=1$。

从以上分析可知，555 定时器构成的施密特触发器上限阈值电压 $V_{T+}=2V_{cc}/3$，下限阈值电压 $V_{T-}=V_{cc}/3$，该电路的回差电压为

$$\Delta V=V_{T+}-V_{T-}=\frac{2}{3}V_{cc}-\frac{1}{3}V_{cc}=\frac{1}{3}V_{cc} \tag{8-1}$$

若使用控制输入端 V_{co},则

$$V_{T+}=V_{co}, \quad V_{T-}=\frac{1}{2}V_{co} \tag{8-2}$$

8.3.2 集成施密特触发器

TTL 集成施密特触发器 74LS132 是一种典型的集成施密特触发器,其内部包括四个相互独立的两输入施密特触发器与非门。图 8-7 为 TTL 集成施密特触发器 74LS132 的芯片管脚图、逻辑符号图和一个施密特与非门电路图。电路由输入级、中间级(施密特电路)和输出级三部分组成。输入级是两输入的二极管与门电路;中间级是具有回差特性的施密特触发器;输出级具有逻辑非的功能。

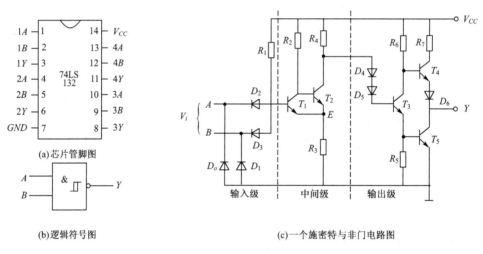

(a)芯片管脚图

(b)逻辑符号图

(c)一个施密特与非门电路图

图 8-7 TTL 集成施密特触发器 74LS132

电路的逻辑功能为 $Y=\overline{AB}$。输入的 A、B 电平中只要有一个低于施密特触发器的下限阈值电压 V_{T-} 时,$Y=1$;只有 A、B 电平皆高于上限阈值电压 V_{T+} 时,$Y=0$。该电路的上限阈值电压 $V_{T+}=1.5\sim2.0$ V,下限阈值电压 $V_{T-}=0.6\sim1.1$ V,典型的回差电压 ΔV 为 0.8 V。

8.3.3 施密特触发器的应用

利用施密特触发器的回差特性,可进行脉冲波形整形、变换及幅度鉴别。

1.脉冲波形整形

脉冲波形在传输过程中经常发生畸变,例如,会在上升沿或下降沿产生振荡而使上升沿、下降沿发生畸变。利用施密特触发器,可对畸变了的波形进行整形,得到有理想上升沿、下降沿的矩形波。图 8-8 为用施密特触发器对畸变的矩形波进行整形的效果。

2.脉冲波形变换

利用施密特触发器的回差特性,可将正弦波等缓慢变化的波形变换成矩形波,施密特触发器进行波形变换如图 8-9 所示。

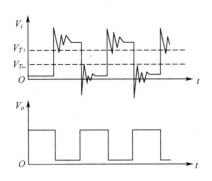

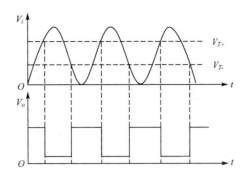

图 8-8　施密特触发器对畸变的矩形波进行整形　　　　图 8-9　施密特触发器进行波形变换

3.脉冲波形幅度鉴别

幅度鉴别是从一连串幅度不等的波形中,利用施密特触发器的回差特性,鉴别出幅度较大的波形来。图 8-10 所示的输入波形 V_i 为一串视频信号,视频信号在传输中,会有干扰信号(一般幅度较小)叠加在视频信号上,如图 8-10 中虚线部分所示。可适当选择施密特触发器的 V_{T-} 大于干扰信号幅度,V_{T+} 小于视频信号幅度,当视频信号通过施密特触发器后,即可得到矩形波形输出 V_o。

【例 8-1】　在 555 定时器构成的施密特触发器中,电源电压 $V_{CC}=12$ V,控制端 V_{co} 悬空,输入 V_i 加入如图 8-11 所示的幅度为 16 V 的梯形波。试求:

(1)V_{T+}、V_{T-} 及 ΔV;

(2)对应 V_i 画出 V_o 波形,并标明 V_i、V_o 波形各处电压值;

(3)当控制端 $V_{co}=10$ V 时,V_{T+}、V_{T-} 及 ΔV 的值。

解　(1)$V_{T+}=\dfrac{2}{3}V_{CC}=\dfrac{2}{3}\times 12$ V$=8$ V

$$V_{T-}=\dfrac{1}{3}V_{CC}=\dfrac{1}{3}\times 12 \text{ V}=4 \text{ V}$$

$$\Delta V=V_{T+}-V_{T-}=8 \text{ V}-4 \text{ V}=4 \text{ V}$$

(2)$V_o(Q)$ 的波形如图 8-11 所示。

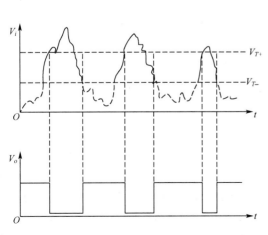

图 8-10　施密特触发器用于幅度鉴别

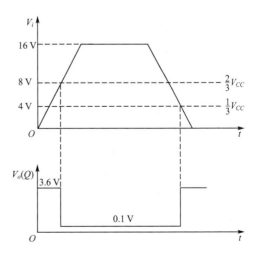

图 8-11　例 8-1 波形

$(3) V_{co} = 10 \text{ V}, V_{T+} = V_{co} = 10 \text{ V}, V_{T-} = \dfrac{1}{2} V_{co} = 5 \text{ V}$

$\Delta V = V_{T+} - V_{T-} = 10 \text{ V} - 5 \text{ V} = 5 \text{ V}$

【例 8-2】 555 定时器构成的施密特触发器用作光控路灯开关。图 8-12 示出了 555 定时器构成的施密特触发器用作光控路灯开关的电路,图中 R_T 为 2 MΩ 的可变电阻,R_i 为光敏电阻,白天有光照时,其阻值约为几十千欧,晚上无光照时,其阻值约为几十兆欧。H 为继电器,D 为续流二极管,H 中有电流,K 吸合,灯 L 亮,否则灯 L 不亮。

解 有光照时,$R_i < R_T$,$V_i > 2V_{CC}/3$,$Q = 0$,H 中无电流,K 不吸合,灯 L 不亮;无光照时,$R_i > R_T$,$V_i < V_{CC}/3$,$Q = 1$,H 中有电流,K 吸合,灯 L 亮。施密特触发器起到了光控路灯开关的作用。

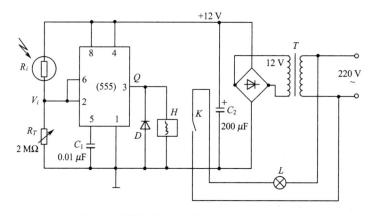

图 8-12 施密特触发器用作光控路灯开关的电路

8.4 单稳态触发器

单稳态触发器的特点:

(1)两个工作状态中,一个是稳态,一个是暂稳态;

(2)没有外加触发信号时,电路处于稳定状态,在外加触发信号作用下,单稳态触发器由稳态翻转到暂稳态;

(3)暂稳态持续一定时间 T_w 后自动回到稳态,持续时间由定时元件决定。

8.4.1 TTL 与非门组成的微分型单稳态触发器

图 8-13 示出了由 TTL 与非门及定时元件 R、C 构成的微分型单稳态触发器的电路及工作波形。

1. 工作原理

适当选取 R 的阻值,使稳态时,$V_R = 0.5 \text{ V}$,小于非门 G_2 的阈值电压 $V_T = 1.4 \text{ V}$,$V_o = 1$,输入信号 V_i 未触发前($0 \sim t_1$)为高电平 1,故 $V_{o1} = 0$。即 $V_o = 1$,$V_{o1} = 0$ 为电路的稳定状态。$t = t_1$ 时,触发信号 V_i 由 1 到 0,由于电容上的电压不能跃变,V_d 随 V_i 由 1 到 0,G_1 门关闭,V_{o1} 由 0 到 1(由 0.1 V 到 3.6 V)。电容 C 上电压不能跃变,V_R 增加 3.5 V,即由 0.5 V 增到 4 V,而 V_o 由 1 到 0,暂稳态开始。此时 G_1 门的高电平将向电容

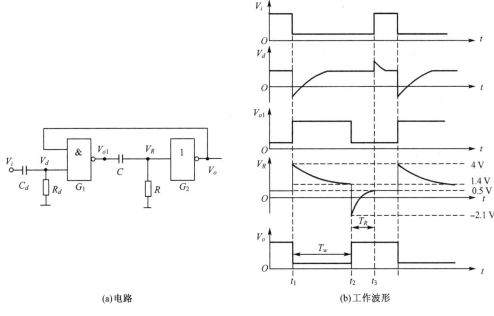

(a)电路　　　　　　　　　(b)工作波形

图 8-13　TTL 与非门组成的微分型单稳态触发器

充电,充电路径为 $V_{o1} \rightarrow C \rightarrow R \rightarrow$ 地。V_c 上升,V_R 下降,当 V_R 电压下降至 G_2 门的输入阈值电压 $V_T = 1.4$ V 时($t = t_2$),V_o 由 0 到 1。注意,在 t_2 之前 V_d 已经回到高电平 1,故 V_{o1} 由 1 到 0 暂稳态持续 $T_w = (t_2 - t_1)$ 时间后,又回到稳态 $V_o = 1$,$V_{o1} = 0$。V_{o1} 由 1 到 0 下降 3.5 V(由 3.6 V 到 0.1 V),电容 C 上电压不能跃变,V_R 就会由 1.4 V 下降 3.5 V,即 $t = t_2$ 时,$V_R = 1.4$ V $- 3.5$ V $= -2.1$ V。此后,电容开始放电,V_R 上升,到 $t = t_3$ 时,V_R 由 -2.1 V 恢复到稳态时的 0.5 V,电路回到稳态值。这段时间称为恢复时间 T_R。

2.参数计算

(1)暂稳态时间:

$$T_w = RC \ln \frac{V_R(\infty) - V_R(0^+)}{V_R(\infty) - V_R(T_w)} = RC \ln \frac{0-4}{0-1.4} \approx 1.1 RC \qquad (8\text{-}3)$$

(2)恢复时间:

$$T_R = (3 \sim 5) RC \qquad (8\text{-}4)$$

单稳态触发器的暂稳态时间 T_w 和恢复时间 T_R 之和是保证单稳态触发器正常工作的最小触发时间间隔,称为分辨时间 $T_{\min}$:

$$T_{\min} = T_w + T_R \qquad (8\text{-}5)$$

(3)输入信号 V_i 的最高工作频率为

$$f_{i,\max} = \frac{1}{T_{\min}} \qquad (8\text{-}6)$$

【例 8-3】　试计算图 8-14 微分型单稳态触发器的最高工作频率。

解　$T_w = 1.1 RC = 1.1 \times 510 \times 0.1 \times 10^{-6} = 56.1$ μs

$T_R = (3 \sim 5) RC = (3 \sim 5) \times 510 \times 0.1 \times 10^{-6}$

$\qquad = 153 \sim 255$ μs

$T_{\min} = T_w + T_R = 209.1 \sim 311.1$ μs

图 8-14　例 8-3 图

所以
$$f_{\max}=4.78\sim3.22\ \text{kHz}$$

3.增大可调范围的微分型单稳态触发器

从以上分析可知，$T_w\approx1.1RC$，暂稳态时间 T_w 只取决于定时元件 R、C。实际应用中，往往要求 T_w 可调，一般选取电容 C 粗调，用电位器代替定时电阻 R 细调。稳态时，G_2 门关闭，$V_o=1$，$V_R<1.4$ V，限制了 R 的可调范围。为了扩大 R 的可调范围，可在 G_2 与 R 之间加一级射极跟随器，增大可调范围的微分型单稳态触发器电路如图 8-15 所示。此电路中，R 的可调范围达几百欧到几十千欧，大大提高了 T_w 的可调范围。

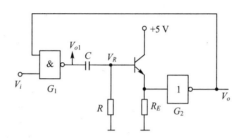

图 8-15　增大可调范围的微分型单稳态触发器电路

8.4.2　积分型单稳态触发器

图 8-16 示出了由 TTL 与非门及定时元件 R、C 构成的积分型单稳态触发器电路及工作波形。

稳态时，$V_i=1$，G_1、G_2 均导通。$V_{o1}=0$，$V_A=0$，$V_{o2}=0$。当 V_i 从负跳变到 0 时，G_1 截止，V_{o1} 随之跳变到 1。由于电容电压不能跃变，V_A 仍为 0，故门 G_2 截止，V_{o2} 跳变到 1。在门 G_1、G_2 截止时，C 通过 R 和 G_1 的导通管放电，V_A 逐渐上升。当 V_A 上升到管子的开启电压 V_T 时，如果 V_i 仍为低电平，G_2 导通，V_{o2} 变为 0。当 V_i 回到高电平后，G_1 导通，C 又通过 R 和 G_1 的导通管充电，电路恢复到稳定状态。

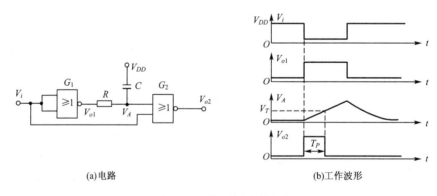

(a)电路　　　　　　　　　　(b)工作波形

图 8-16　积分型单稳态触发器

8.4.3　555 定时器构成的单稳态触发器

1.电路结构及工作原理

图 8-17(a)和图 8-17(b)分别给出 555 定时器构成的单稳态触发器电路和工作波形。

555定时器实现单稳态触发器工作原理

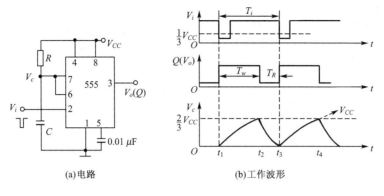

图 8-17　555 定时器构成的单稳态触发器

首先找出该单稳态触发器的稳态：未触发前，输入信号 $V_i > V_{CC}/3$。假定电路稳态 $Q(V_o)=1$，则 $\overline{Q}=0$，555 定时器的放电管 T 截止，7 脚悬空，此时 V_{CC} 向电容充电，充电路径：$V_{CC} \rightarrow R \rightarrow C \rightarrow$ 地，电容的电压 V_c 上升。当 $V_c > 2V_{CC}/3$ 时，555 定时器 $Q=0$，$\overline{Q}=1$，T 饱和，7 脚接地，此时 C 放电；当 $V_c < 2V_{CC}/3$ 时，因这时 $V_i > V_{CC}/3$，故 Q 保持不变。可见，555 定时器构成的单稳态触发器电路的稳态为 $Q=0$，即 $V_o=0$。在 $t=t_1$ 时，输入信号为下降沿 $(1 \rightarrow 0)$，$V_i < V_{CC}/3$，此时 $V_c=0$，故 Q 由 $0 \rightarrow 1$，进入暂稳态，T 截止，7 脚悬空，电容被充电，当 $V_c > 2V_{CC}/3$ 时 $(t=t_2)$，V_i 已于 t_2 之前回到高电平，即 $V_i > V_{CC}/3$，故 Q 由 $1 \rightarrow 0$，暂稳态结束，重新回到稳态。之后，电容 C 通过导通的 T 管内阻 R_{on} 放电，$V_c=0$，这段时间称为恢复时间 T_R。

2. 参数计算

(1) 暂稳态时间：

$$T_w = (t_2 - t_1) = RC\ln \frac{V_c(\infty) - V_c(0^+)}{V_c(\infty) - V_c(T_w)} = RC\ln \frac{V_{CC} - 0}{V_{CC} - \frac{2}{3}V_{CC}} \approx 1.1RC \tag{8-7}$$

(2) 恢复时间：

$$T_R = (3 \sim 5)R_{on}C \tag{8-8}$$

(3) 分辨时间：

$$T_{\min} = T_w + T_R \tag{8-9}$$

$$T_i \geqslant T_{\min}$$

(4) 输入信号 V_i 的最高工作频率：

$$f_{i,\max} = \frac{1}{T_{\min}} = \frac{1}{T_w + T_R} \tag{8-10}$$

【例 8-4】　用 555 定时器设计一个输入 V_i 和输出 V_o 对应波形如图 8-18 所示的电路(设定时电阻 $R=500\ \Omega$)。

解　根据图 8-18 所示波形可知：

$$T_w = 0.5\ \text{s} = 1.1 \times 500\ C$$

$$C = 0.5/1.1 \times 500 = 909\ \mu\text{F}$$

所设计电路如图 8-19 所示。

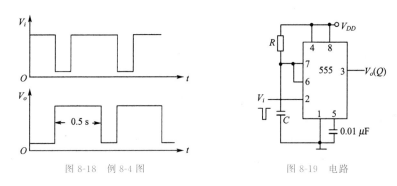

图 8-18 例 8-4 图   图 8-19 电路

8.4.4 集成单稳态触发器

根据电路的工作状态,集成单稳态触发器可分为非重复触发和可重复触发两种。

1. 非重复触发单稳态触发器 74121

非重复触发单稳态触发器,是指单稳态触发器在触发信号作用下进入暂稳态后,不再受新的触发信号的影响。74121 是一个具有施密特触发器输入的单稳态触发器,具有很强的抗干扰能力,对触发信号的沿要求不高。

图 8-20 示出了非重复触发单稳态触发器 74121 的国际标准符号、管脚图和惯用符号,图 8-21 为 74121 的工作波形图,74121 的功能表见表 8-2。

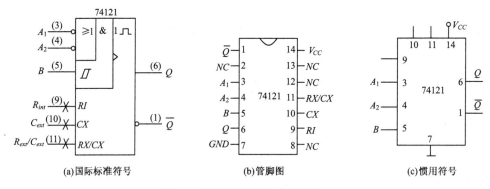

(a)国际标准符号   (b)管脚图   (c)惯用符号

图 8-20 非重复触发单稳态触发器 74121

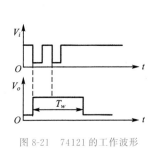

图 8-21 74121 的工作波形

表 8-2   74121 的功能表

输　入			输　出	
A_1	A_2	B	Q	$\overline{Q}$
0	×	1	0	1
×	0	1	0	1
×	×	0	0	1
1	1	×	0	1
1	↓	1	⊓	⊔
↓	1	1	⊓	⊔
↓	↓	1	⊓	⊔
0	×	↑	⊓	⊔
×	0	↑	⊓	⊔

从表 8-2 可看出,电路的稳态为 $Q=0$,$\overline{Q}=1$。被触发后 Q 由 0 到 1,进入暂稳态,持续

T_w 时间重新回到稳态。触发方式有两种:

(1)A_1、A_2 中至少有一个低电平 0,B 由 0 到 1 正跳变;

(2)$B=1$,A_1、A_2 中至少有一个由 1 到 0 的负跳变,另一端为高电平 1。

74121 暂稳态持续时间取决于定时元件 R、C,定时电阻 R 既可外接,又可利用其内阻 R_{int},外接电阻 R 应接在芯片的 11 脚(RX/CX)和 14 脚(V_{CC})之间,将 9 脚悬空,R 的阻值可在 $1.4\sim40\ \mathrm{k\Omega}$ 之间选择。若利用内部定时电阻 R_{int}($2\ \mathrm{k\Omega}$),需将芯片的 9 脚接至 14 脚。定时电容 C(无论用外接电阻 R 还是用内定时电阻 R_{int})应接在 10 脚和 11 脚之间。电容 C 的值可在 $10\sim10\ \mu\mathrm{F}$ 之间选择。如需要较宽的脉冲,电容 C 应该用电解电容,其正极接在 10 脚,负极接在 11 脚上。

74121 的输出暂稳态脉冲宽度为

$$T_w \approx 0.7RC \tag{8-11}$$

2. 可重复触发单稳态触发器 74122

可重复触发单稳态触发器,是指单稳态在触发信号作用下进入暂稳态后,仍能受到新的触发信号的影响,重新开始暂稳态。图 8-22 给出了可重复触发单稳态触发器 74122 的国际标准符号、管脚图和惯用符号。图 8-23 为 74122 的工作波形,表 8-3 为 74122 的功能表。

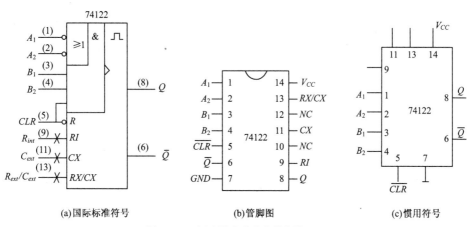

(a)国际标准符号　　　　　(b)管脚图　　　　　(c)惯用符号

图 8-22　可重复触发单稳态触发器 74122

表 8-3　　　　　74122 的功能表

	输　　入				输　　出	
$\overline{CLR}$	A_1	A_2	B_1	B_2	Q	$\overline{Q}$
0	×	×	×	×	0	1
×	1	1	×	×	0	1
×	×	×	0	×	0	1
×	×	×	×	0	0	1
1	0	×	↑	1	⊓	⊔
1	×	0	1	↑	⊓	⊔
1	×	0	↑	1	⊓	⊔
1	×	0	1	↑	⊓	⊔
1	1	↓	1	1	⊓	⊔
1	↓	↓	1	1	⊓	⊔
↑	0	×	1	1	⊓	⊔
↑	×	0	1	1	⊓	⊔

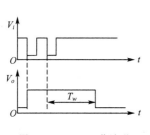

图 8-23　74122 工作波形

由表 8-3 可知，$\overline{CLR}=0$ 时，不论其他输入端如何，$Q=0$，$\overline{Q}=1$。

若 $\overline{CLR}=1$，74122 在下列情况下不接收触发信号，保持稳态 $Q=0$，$\overline{Q}=1$ 不变：

（1）A_1 和 A_2 均是高电平 1；

（2）B_1 和 B_2 中至少有一个是低电平 0。

在下述情况下，74122 接收触发信号，由稳态进入暂稳态 $Q=1$，$\overline{Q}=0$：

（1）$\overline{CLR}=1$，A_1、A_2 中至少有一个为低电平 0，B_1、B_2 中有一个接正跳变，另一个接高电平 1；

（2）$\overline{CLR}=1$，B_1、B_2 均为高电平 1，A_1、A_2 原来都接高电平 1，其中至少有一个产生由 1 到 0 的负跳变；

（3）B_1、B_2 均为高电平 1，A_1、A_2 中至少有一个低电平 0，$\overline{CLR}$ 接正跳变。

74122 暂稳态持续时间同样仅取决于定时元件 R、C，持续时间为

$$T_w \approx 0.7RC \tag{8-12}$$

定时电阻 R 既可外接，也可利用片内定时内阻 R_{int}，接法与 74121 相同。与 74121 不同的是，在暂稳态期间，若又有触发信号到来，那么从新的触发时刻起暂稳态时间将再延续 T_w 时间。在暂稳态持续期间，通过复位端 $\overline{R_D}=0$ 可将暂稳态随时终止，回到 $Q=0$，$\overline{Q}=1$ 的稳定状态。

图 8-24（a）和图 8-24（b）分别为非重复触发单稳态触发器和可重复触发单稳态触发器的逻辑符号。非重复触发单稳态触发器包括 74121、74221、74LS221 等，可重复触发单稳态触发器有 74122、74LS122、74123、74LS123 等。

(a)非重复触发　　　　(b)可重复触发

图 8-24　单稳态触发器的逻辑符号

8.4.5　单稳态触发器的应用

利用单稳态触发器被触发后由稳态进入暂稳态，暂稳态持续 T_w 时间后自动回到稳态的特性，单稳态触发器在脉冲整形、定时或延时方面得到了广泛应用。

1. 脉冲整形及变换

利用单稳态触发器可以将脉冲波形展宽，如图 8-25（a）所示；也可以将脉冲波形变窄，如图 8-25（b）所示；还可以将不规则波形整形，如图 8-25（c）所示。

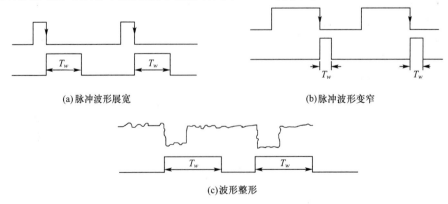

(a)脉冲波形展宽　　　　　　　　　　(b)脉冲波形变窄

(c)波形整形

图 8-25　单稳态触发器波形整形作用

2. 定时

利用单稳态触发器可以产生一个宽度为 T_w 的矩形脉冲来实现定时作用。图 8-26 为一个单稳态触发器的定时应用电路及工作波形,若单稳态电路处于稳态,$V_o=0$,则不允许与门的另一信号 A 通过与门。当触发信号 V_i 由 $1 \to 0$,$V_o=1$,与门开启,A 通过与门,$Q=A$。若 Q 端接一加法计数器,即可计算出在 T_w 时间内输出的脉冲个数,即输入 A 的脉冲信号频率。

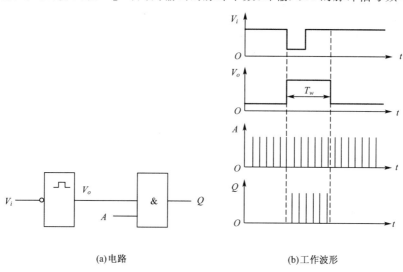

(a)电路   (b)工作波形

图 8-26 单稳态触发器的定时应用

3. 延时

单稳态触发器还可以实现脉冲的延时作用,将输入脉冲延迟 T_w 后输出。两个 74121 单稳态触发器构成的延时电路及波形图如图 8-27 所示。

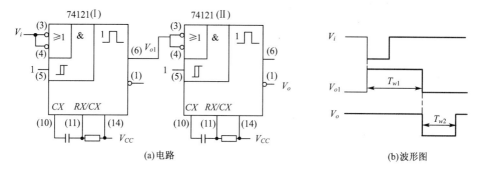

(a)电路   (b)波形图

图 8-27 单稳态触发器的延时电路及波形图

以下是单次触发(恢复稳态前再次触发不响应)的单稳态触发器的 Verilog HDL 行为级描述,单稳态电路在 TRIG 的上升沿发生翻转。代码的功能分为两块:触发信号 TRIG 的边沿检测逻辑和单稳态逻辑。边沿检测的原理是,用系统时钟 CLK 对 TRIG 信号进行采样,并记入 trig_dly 变量里,将 TRIG 信号当前值与上次存储在 trig_dly 里的旧值进行比较,如果旧值为 0、当前值为 1,表示上升沿发生,置 re 标志为 1;否则置 re 标志为 0。单稳态逻辑实现的方式则是检测到 re 为 1,则置标志位 trigged、输出 OUT 为 1,表示已触发,并启动一个计数器,计数代表脉冲宽度的数值后,清零 trigged 标志以及输出 OUT,结束本次触发输出。在本次输出结束前再检测到 re 为 1,因为 trigged 尚未清零,不启动重新计数。

```
module monostable_single(CLK，CLRn，TRIG，OUT)；
input TRIG，CLK，CLRn；
output reg OUT = 0；
reg [31:0] counter = 0；
reg trig_dly = 0；
reg re；
reg trigged；
parameter pulsewidth = 5；       //以 CLK 个数计 OUT 的单稳态脉冲宽度
always @(posedge CLK or negedge CLRn)
begin
    if (! CLRn) begin
        trig_dly <= 0；
        re <= 0；
    end
    else begin
        trig_dly <= TRIG；
        if ( ! trig_dly && TRIG)
            re <= 1；
        else
            re <= 0；
    end
end
always @(posedge CLK or negedge CLRn)
begin
    if (! CLRn) begin
        trigged <= 0；
        counter <= 0；
        OUT <= 0；
    end
    else begin
        if (re && (! trigged)) begin
            trigged <= 1；
            OUT <= 1；
            counter <= pulsewidth；
        end
        else begin
            if (counter <= 1) begin
                OUT <= 0；
                trigged <= 0；
            end
            else
                counter <= counter - 1；
        end
    end
```

```
    end
endmodule
```

以下是可重复触发的单稳态触发器的 Verilog HDL 行为级描述,重复触发时,从触发时刻开始重新计时。边沿检测和单稳态计数逻辑均与上例代码相同,但本例中不检测 trigged 标志,每次检测到上升沿,均重新启动计数,输出脉冲宽度得以延续。

```
module monostable_repeat(CLK, CLRn, TRIG, OUT);
input TRIG, CLK, CLRn;
output reg OUT = 0;
reg [31:0] counter = 0;
reg trig_dly = 0;
reg re;
//reg trigged;
parameter pulsewidth = 5;    //以 CLK 个数计 OUT 的脉冲宽度
always @(posedge CLK or negedge CLRn)
begin
    if (! CLRn) begin
        trig_dly <= 0;
        re <= 0;
    end
    else begin
        trig_dly <= TRIG;
        if (! trig_dly && TRIG)
            re <= 1;
        else
            re <= 0;
    end
end
always @(posedge CLK or negedge CLRn)
begin
    if (! CLRn) begin
        //trigged <= 0;
        counter <= 0;
        OUT <= 0;
    end
    else begin
        if (re ) begin   //&& (! trigged)
            //trigged <= 1;
            OUT <= 1;
            counter <= pulsewidth;
        end
        else begin
            if (counter <= 1) begin
                OUT <= 0;
                //trigged <= 0;
```

```
            end
        else
            counter <= counter - 1;
    end
  end
end
endmodule
```

【例 8-5】 利用 74121 设计脉冲电路，要求输入、输出波形的对应关系如图 8-28 所示，画出所设计的电路，计算器件参数。设 $C_1 = 5\,000$ pF，$C_2 = 2\,000$ pF。

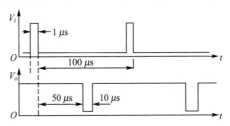

图 8-28 例 8-5 图

解 画出 Q_1、Q_2 波形如图 8-29(a)所示。

器件值计算如下：

$T_{w1} = 50$ μs $= 0.7R_1C_1$，取 $C_1 = 0.005$ μF，

$$R_1 = \frac{50 \times 10^{-6}}{0.7 \times 0.005 \times 10^{-6}} = 14.28 \times 10^3 \ \Omega$$

$T_{w2} = 10$ μs $= 0.7R_2C_2$，取 $C_2 = 0.002$ μF，

$$R_2 = \frac{10 \times 10^{-6}}{0.7 \times 0.002 \times 10^{-6}} = 7.14 \times 10^2 \ \Omega$$

所设计的电路如图 8-29(b)所示。

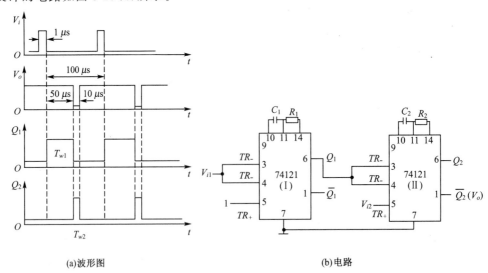

(a)波形图   (b)电路

图 8-29 例 8-5 波形及电路

【例 8-6】 555 定时器构成的单稳态触发器组成的楼梯照明灯控制电路如图 8-30 所示。

稳态时,输入信号 $V_i=1$,输出 $Q=0$,$\overline{Q}=1$,$V_e=0$,晶闸管 TH 不吸合,灯不亮;人上楼时,在楼下按开关 K 准备上楼,V_i 由 1 变到 0,电容充电:$V_{CC} \rightarrow R_1 \rightarrow C \rightarrow$地,暂稳态开始,$V_c$ 上升,$Q=1$,T 饱和,TH 吸合,灯亮;V_c 上升至 $2V_{CC}/3$ 时,V_i 已提前回到高电平 1,即 $V_i>V_{CC}/3$,Q 由 1 变到 0,暂稳态结束,T 截止,TH 不吸合,灯灭。$Q=1$,灯亮的时间 $T_w=1.1R_1C$,以人走过楼梯的时间来确定 R_1 和 C。

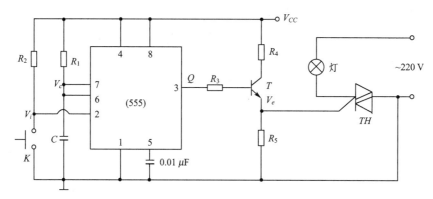

图 8-30 例 8-6 电路

【例 8-7】 图 8-31 为由两个集成单稳态触发器 74121 组成的脉冲波形变换电路,外接电阻 $R_1=22\ \text{k}\Omega$,$R_2=11\ \text{k}\Omega$,电容 $C_1=C_2=0.13\ \mu\text{F}$,试根据图中给定的 V_i 波形,对应画出 Q_1、Q_2 的工作波形,并计算输出脉冲宽度 T_{w1} 和 T_{w2}。

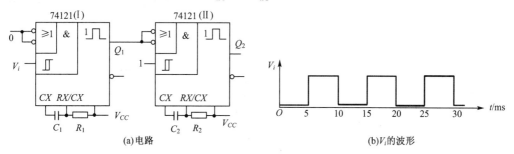

图 8-31 例 8-7 电路及输入 V_i 的波形

解
$$T_{w1}=0.7R_1C_1=0.7 \times 22 \times 10^3 \times 0.13 \times 10^{-6}\ \text{s}=2\ \text{ms}$$
$$T_{w2}=0.7R_2C_2=0.7 \times 11 \times 10^3 \times 0.13 \times 10^{-6}\ \text{s}=1\ \text{ms}$$

Q_1、Q_2 对应 V_i 的工作波形图如图 8-32 所示。

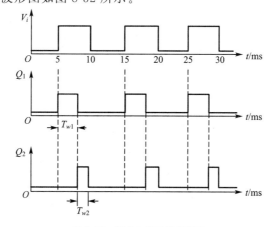

图 8-32 例 8-7 的工作波形图

8.5 多谐振荡器

多谐振荡器是一种自激振荡电路，其特点：

(1)多谐振荡器没有稳态，只有两个暂稳态；

(2)多谐振荡器不需外加触发信号，接通电源后就能产生一定频率和幅值的矩形脉冲输出。

本节介绍555定时器构成的多谐振荡器、TTL与非门构成的环形振荡器、石英晶体振荡器以及用施密特触发器构成的多谐振荡器。多谐振荡器的符号图如图8-33所示。

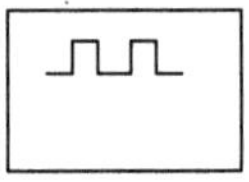

图8-33 多谐振荡器的符号图

8.5.1 555定时器构成的多谐振荡器

1. 工作原理

555定时器构成的多谐振荡器电路及工作波形图分别如图8-34(a)和图8-34(b)所示。

(a)电路　　(b)工作波形图

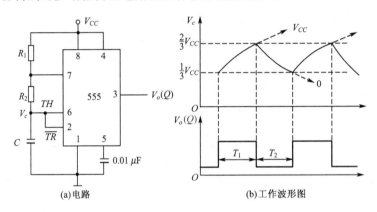

图8-34 555定时器构成的多谐振荡器

555定时器阈值端(6脚)和触发端(2脚)接在一起，外接电阻R_1、R_2及电容C。接通电源后，电容C被充电，充电回路为$V_{CC}\to R_1\to R_2\to C\to$地，充电时间常数为$\tau_{充}=(R_1+R_2)C$。随着充电的进行，电容上的电压$V_c$上升，当$V_c>2V_{CC}/3$时，$Q=0$，$\overline{Q}=1$，放电管$T$导通，$C$开始放电，放电回路为$C\to R_2\to$地，放电时间常数：$\tau_{放}=R_2C$，$V_c$下降。当$V_c<V_{CC}/3$时，$Q=1$，$\overline{Q}=0$，电源又重新开始对电容$C$充电。如此循环下去，就得到了如图8-34(b)所示的矩形脉冲输出。

SD35-555定时器实现多谐振荡器工作原理

2. 参数计算

(1)高电平宽度：

$$
\begin{aligned}
T_1&=(R_1+R_2)C\ln\frac{V_c(\infty)-V_c(0^+)}{V_c(\infty)-V_c(T_1)}\\
&=(R_1+R_2)C\ln\frac{V_{CC}-V_{CC}/3}{V_{CC}-2V_{CC}/3}\\
&=0.7(R_1+R_2)C
\end{aligned}
\tag{8-13}
$$

(2)低电平宽度：

$$T_2 = R_2 C \ln \frac{V_c(\infty) - V_c(0^+)}{V_c(\infty) - V_c(T_2)}$$

$$= R_2 C \ln \frac{0 - 2V_{cc}/3}{0 - V_{cc}/3}$$

$$= 0.7 R_2 C \qquad (8\text{-}14)$$

(3)振荡周期：

$$T = T_1 + T_2 = 0.7(R_1 + 2R_2)C \qquad (8\text{-}15)$$

(4)振荡频率：

$$f = 1/T \qquad (8\text{-}16)$$

(5)占空比：

$$q = \frac{T_1}{T} = \frac{R_1 + R_2}{R_1 + 2R_2} \qquad (8\text{-}17)$$

由此可见，定时元件 R_1、R_2、C 决定了以上各参数值。调整定时元件，可改变 T、f、q 的大小。

【例 8-8】 若需要使用振荡周期为 5 s，占空比为 3/4 的 CLK 脉冲，设定电容 $C = 10\ \mu F$，试用 555 定时器设计满足需要的多谐振荡器。

解 所设计的电路如图 8-34(a)所示，需要确定定时电阻 R_1、R_2 的值，因为占空比为 3/4，即

$$q = \frac{R_1 + R_2}{R_1 + 2R_2} = \frac{3}{4}$$

得

$$R_1 = 2R_2$$

$$T = 0.7(R_1 + 2R_2)C$$

$$= 0.7 \times 4R_2 \times 10 \times 10^{-6}\ \text{s} = 5\ \text{s}$$

所以

$$R_2 = 179\ \text{k}\Omega, R_1 = 2R_2 = 358\ \text{k}\Omega$$

3. 占空比可调的多谐振荡器

占空比可调的多谐振荡器如图 8-35 所示。与图 8-34 的电路相比，多了一个电位器和两个二极管。移动电位器触头，可调整 R_1、R_2 的电阻值。利用两个二极管的单向导电特性，使电容的充电过程分开，构成占空比可调的多谐振荡器。

图 8-35 电路中 C 充电回路为 $V_{CC} \rightarrow R_1 \rightarrow D_1 \rightarrow C \rightarrow$ 地，时间常数为 $\tau_充 = R_1 C$；放电回路为 $C \rightarrow R_2 \rightarrow D_2 \rightarrow$ 地，时间常数为 $\tau_放 = R_2 C$。随着电容 C 充放电的交替进行，两个暂稳态 $Q=1$ 和 $Q=0$ 交替出现，输出端 $V_o(Q)$ 就得到占空比可调的矩形脉冲。

高电平宽度：

$$T_1 = 0.7 R_1 C \qquad (8\text{-}18)$$

低电平宽度：

$$T_2 = 0.7 R_2 C \qquad (8\text{-}19)$$

振荡周期：

$$T = T_1 + T_2 = 0.7(R_1 + R_2)C \qquad (8\text{-}20)$$

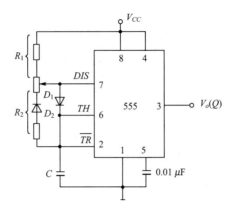

图 8-35　占空比可调的多谐振荡器

振荡频率：

$$f = 1/T \tag{8-21}$$

占空比：

$$q = \frac{T_1}{T} = \frac{R_1}{R_1 + R_2} \tag{8-22}$$

当移动电位器触头使 $R_1 = R_2$ 时，$q = 1/2$，即 $T_1 = T_2$（方波）。

8.5.2　TTL 与非门构成的多谐振荡器

TTL 与非门构成的多谐振荡器如图 8-36 所示，也称为对称式多谐振荡器。

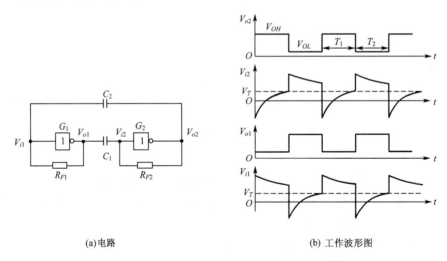

(a) 电路　　　　　　　　　　　　(b) 工作波形图

图 8-36　TTL 与非门构成的多谐振荡器

下面结合 TTL 与非门构成的多谐振荡器的电压波形分析电路的工作原理：选取反馈电阻 R_{F1} 阻值为 1 kΩ 左右，使逻辑门工作在电压传输特性的转折点。接通电源后，假定由于某种原因使 V_{i1} 有一个很小的正跳变，就会引起下列正反馈过程：

$$V_{i1}\uparrow \longrightarrow V_{o1}\downarrow \longrightarrow V_{i2}\downarrow \longrightarrow V_{o2}\uparrow$$

G_1 饱和导通，$V_{o1} = 0$，G_2 截止，$V_{o2} = 1$，电路进入第一个暂稳态。这时电容 C_1 开始充电，而电容 C_2 开始放电。C_2 放电回路如图 8-37（a）所示。放电时间常数近似为 $\tau_2 = R_{F1}C_2$。随着放电的进行,V_{i1} 下降。

同时,电容 C_1 经 G_2 的 R_1 和 R_{F2} 两条支路充电,C_1 充电回路如图 8-37(b)所示。充电时间常数近似为 $\tau_1 = (R_1//R_{F2}) \cdot C_1$。随着充电的进行,$V_{i2}$ 上升。

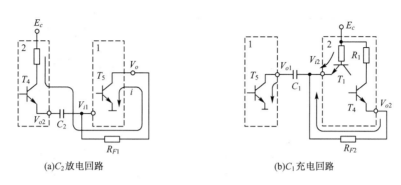

(a)C_2 放电回路　　　　　　　　　　(b)C_1 充电回路

图 8-37　图 8-36 电路中电容的充、放电回路

由于 C_1 同时由两条支路充电,充电速度较快,经过时间 T_1,V_{i2} 首先上升到 G_2 的阈值电压,引起下列正反馈过程:

$$V_{i2} \uparrow \longrightarrow V_{o2} \downarrow \longrightarrow V_{i1} \downarrow \longrightarrow V_{o1} \uparrow$$

从而使 G_2 饱和导通,$V_{o1}=1$,G_1 截止,$V_{o2}=0$,电路进入第二个暂稳态。同时电容 C_2 开始充电而 C_1 开始放电。由于电路的对称性,这一过程与前面 C_1 充电、C_2 放电的过程完全对应。当 V_{i1} 上升到阈值电压时,电路迅速回到第一个暂稳态。电路中各点的电压波形如图 8-36(b)所示。

一般情况下,取 $C_1=C_2=C$,$R_{F1}=R_{F2}=R_F$,振荡器输出方波,振荡周期近似为

$$T \approx 1.3 R_F C \tag{8-23}$$

8.5.3　石英晶体振荡器

在许多实际应用中,对多谐振荡器的振荡频率稳定性都有严格的要求。例如把多谐振荡器作为计数器的脉冲源使用时,它的频率稳定性直接影响着计数器的准确性。在这种情况下,前面所述的几种多谐振荡器电路难以满足要求。因为在这些多谐振荡器中,振荡频率主要取决于门电路输入电压在充、放电过程中达到转换电平所需的时间,所以频率稳定性不可能很高。一般振荡器存在下列问题:一是这些振荡器中门电路的阈值电平 V_T 本身就不够稳定,容易受电源电压和温度变化的影响;二是这些电路的工作方式容易受干扰,造成电路状态转换时间的提前或滞后;三是在电路状态临近转换时电容的充、放电已经比较缓慢,在这种情况下阈值电平微小的变化或轻微的干扰都会严重影响振荡周期。因此,在对频率稳定性有较高要求时,必须采取稳频措施。

目前普遍采用的一种稳频方法是在多谐振荡器电路中接入石英晶体,组成石英晶体振荡器。图 8-38(a)和图 8-38(b)分别示出了石英晶体的符号和电抗频率特性。把石英晶体与对称式多谐振荡器的耦合电容串接起来,就组成了如图 8-39 所示的石英晶体振荡器电路。

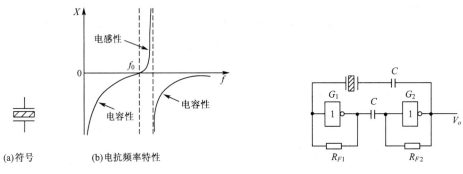

(a)符号　　　(b)电抗频率特性

图 8-38　石英晶体　　　　　　　　　　图 8-39　石英晶体振荡器电路

从石英晶体的电抗频率特性得知,当外加电压的频率为 f_0 时,它的阻抗最小,所以把它接入多谐振荡器的正反馈环路中以后,频率为 f_0 的电压信号最容易通过它,并在电路中形成正反馈,而其他频率信号经过石英晶体时要衰减。因此,振荡器的工作频率一定等于石英晶体的固有谐振频率 f_0。由此可见,石英晶体多谐振荡器的振荡频率取决于石英晶体的固有谐振频率 f_0,而与外接电阻、电容无关。石英晶体的固有谐振频率由石英晶体的结晶方向和外形尺寸决定,具有极高的频率稳定性。它的频率稳定度($\Delta f_0 / f_0$)可达 $10^{-11} \sim 10^{-10}$,足以满足大多数数字系统对频率稳定度的要求。具有各种多谐振荡频率的石英晶体已被制成标准化和系列化的产品出售。

在图 8-39 所示电路中,若取 TTL 电路 7404 用作两个反相器 G_1 和 G_2,$R = 1\ \text{k}\Omega$,$C = 0.05\ \mu\text{F}$,则其工作频率可达几十兆赫兹。

8.5.4　施密特触发器构成的多谐振荡器

施密特触发器最突出的特点是它的电压传输特性具有回差电压。由此我们想到,倘若能使触发器的输入电压在 V_{T+} 与 V_{T-} 之间往复变化,那么在输出端就可以得到矩形脉冲。

实现上述设想的方法很简单,只要将施密特触发器的反相输出端经 RC 积分电路接回输入端即可,电路图如图 8-40(a)所示。

当接通电源以后,因为电容上的初始电压为 0,所以输出为高电平,并开始经电阻 R 向电容 C 充电。当充到输入电压 $V_i = V_{T+}$ 时,输出 V_o 跳变为低电平,电容 C 又经过电阻 R 开始放电。当放电至 $V_i = V_{T-}$ 时,输出 V_o 又跳变成高电平,电容 C 重新开始充电。如此,周而复始,电路便不停地振荡。多谐振荡器的工作波形图如图 8-40(b)所示。

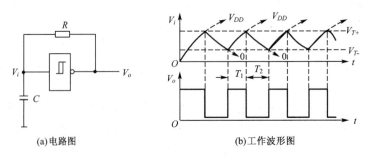

(a)电路图　　　　　　　　　(b)工作波形图

图 8-40　用施密特触发器构成的多谐振荡器

电路输出波形中高电平宽度 T_1 和低电平宽度 T_2 分别为

$$T_1 = RC \ln \frac{V_{OH} - V_{T-}}{V_{OH} - V_{T+}} \tag{8-24}$$

$$T_2 = RC \ln \frac{V_{OL} - V_{T+}}{V_{OL} - V_{T-}} \tag{8-25}$$

若使用的是 CMOS 施密特触发器，而且 $V_{OH} \approx V_{DD}$、$V_{OL} \approx 0$，则依据图 8-40(b) 的电压波形得到振荡周期 T：

$$T = T_1 + T_2 = RC \ln \frac{V_{DD} - V_{T-}}{V_{DD} - V_{T+}} + RC \ln \frac{V_{T+}}{V_{T-}} = RC \ln \left(\frac{V_{DD} - V_{T-}}{V_{DD} - V_{T+}} \cdot \frac{V_{T+}}{V_{T-}} \right) \tag{8-26}$$

通过调节 R 和 C 的大小，即可改变振荡周期。此外，在这个电路的基础上稍加修改，就能实现对输出脉冲占空比的调节，电路的接法如图 8-41 所示。在这个电路中，因为电容的充电和放电分别经过两个电阻 R_1 和 R_2，所以只要改变 R_1 和 R_2 的比值，就可以改变占空比。该电路的高电平宽度 T_1、低电平宽度 T_2、周期 T 及占空比 q 分别为

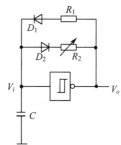

图 8-41 施密特触发器组成的占空比可调的多谐振荡器

$$T_1 = R_1 C \ln \frac{V_{DD} - V_{T-}}{V_{DD} - V_{T+}}$$

$$= R_1 C \ln \frac{V_{DD} - V_{DD}/3}{V_{DD} - 2V_{DD}/3} = 0.7 R_1 C \tag{8-27}$$

$$T_2 = R_2 C \ln \frac{V_{T+}}{V_{T-}} = R_2 C \ln \frac{2V_{DD}/3}{V_{DD}/3} = 0.7 R_2 C \tag{8-28}$$

$$T = T_1 + T_2 = 0.7(R_1 + R_2)C \tag{8-29}$$

$$q = T_1/T = R_1/R_1 + R_2 \tag{8-30}$$

如果使用 TTL 施密特触发器构成多谐振荡器，在计算振荡周期时应考虑到施密特触发器输入电路对电容充、放电的影响，因此得到的计算公式要比 CMOS 电路的计算公式稍微复杂一些。

【例 8-9】 已知图 8-40(a) 电路中的施密特触发器为 CMOS 电路 CC40106，$V_{DD} = 12$ V，$R = 20$ kΩ，$C = 0.01$ μF，试求该电路的振荡周期。

解 从集成电路手册可查到 CC40106 的电压传输特性：$V_{T+} = 6.3$ V，$V_{T-} = 2.7$ V。将 V_{T+}、V_{T-} 及给定的 V_{DD}、R、C 数值代入周期 T 的公式后得到：

$$T = RC \ln \left(\frac{V_{DD} - V_{T-}}{V_{DD} - V_{T+}} \cdot \frac{V_{T+}}{V_{T-}} \right)$$

$$= 20 \times 10^3 \times 10^{-8} \times \ln \left(\frac{12 - 2.7}{12 - 6.3} \times \frac{6.3}{2.7} \right) \text{ s}$$

$$= 0.267 \text{ ms} = 267 \text{ μs}$$

8.5.5 多谐振荡器的应用

【例 8-10】 多谐振荡器可以为数字系统提供时钟信号，图 8-42 为一个两相时钟产生电路及工作波形。

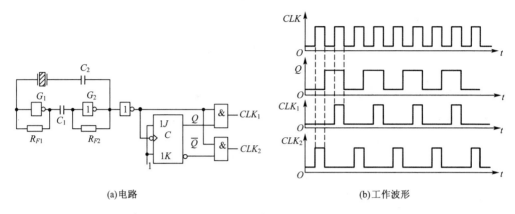

(a)电路   (b)工作波形

图 8-42   两相时钟产生电路及工作波形

【例 8-11】 图 8-43 给出了两个多谐振荡器构成的警笛信号发生器。选择 R_1、R_2、C_1 和 R_3、R_4、C_2，使两振荡器处于满足警笛要求的频率。由于(Ⅰ)片振荡器的输出端接在(Ⅱ)片振荡器的控制端 V_{co}(5 脚)上，故(Ⅱ)片受控于(Ⅰ)片。当(Ⅰ)片的 $Q_1=1(3.6\ \text{V})$ 时，(Ⅱ)片的 $V_{T+}=3.6\ \text{V}$，$V_{T-}=1.8\ \text{V}$，C_2 充、放电时间长，周期长，频率低；当(Ⅰ)片的 $Q_1=0(0.3\ \text{V})$ 时，Ⅱ片的 $V_{T+}=0.3\ \text{V}$，$V_{T-}=0.15\ \text{V}$，C_2 充、放电时间短，周期小，频率高，这样，就产生了频率时大时小的振荡信号，喇叭就发出高、低不同的警笛声。

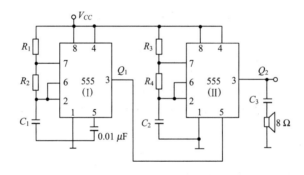

图 8-43   例 8-11 电路

8.6   脉冲波形应用实例——PWM 信号发生器

8.6.1   PWM 介绍

脉宽调制(Pulse Width Modulation,PWM)，是一种常用的信号调制技术。它通过改变一个周期内信号的脉冲宽度来控制信号的平均功率或能量。通过控制每个脉冲的宽度和周期时间,PWM 可以产生不同占空比的信号输出,不同占空比的 PWM 和等效输出值如图 8-44 所示。

占空比(Duty Cycle)表示脉冲的高电平时间与整个周期时间的比例。例如,一个 50% 的占空比表示脉冲的高电平时间占据了整个周期时间的一半,占空比的定义如图 8-45 所示。

PWM 常用于控制电子设备和系统,特别是需要精确控制输出功率或模拟信号的情况。

一些常见应用：(1)电机控制。PWM 可以用来控制直流电机和步进电机的转速和方向,通过改变占空比,可以调整电机的平均功率,从而控制其转速和扭矩。(2)LED 调光。PWM 广泛应用于 LED 照明系统中的调光功能,可以通过快速的开关操作实现平滑的亮度调整,改变 LED 的亮度级别。(3)电源管理。PWM 在开关电源中被广泛使用,以提供稳定的输出电压,通过控制开关的占空比,可以调整输出电压的平均值,实现高效的电源转换。

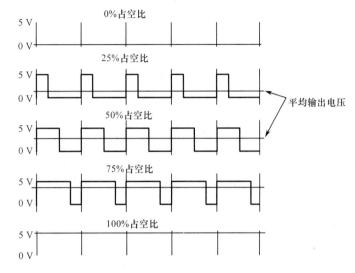

图 8-44 不同占空比的 PWM 和等效输出值

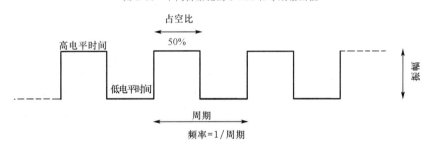

图 8-45 占空比的定义

8.6.2 PWM 信号发生器模块实例代码

PWM 信号发生模块有两个输入,周期(period)和占空比(duty),它有一个输出,即 pwm,连接到需要输出 PWM 的引脚。它使用一个计数器来产生周期性的计数序列,然后根据占空比值决定输出信号的高低电平。代码如下：

```
module pwm_generator(
input clk,
input rst_n,
input[31:0] period,
input[31:0] duty,
output pwm
);
//
reg[31:0] cnt;
```

```
always @(posedge clk or negedge rst_n)
    if(! rst_n)
        cnt<=32'd0;
    else if(cnt==period)
        cnt<=32'd0;
    else
        cnt<=cnt+1'b1;
//
assign pwm = (cnt <= duty);
endmodule
```

习题 8

8-1 在 555 定时器构成的施密特触发器电路中,当控制输入 V_{co} 悬空,$V_{CC}=15$ V 时,V_{T+}、V_{T-}、ΔV 分别等于多少? 当 $V_{co}=6$ V 时,V_{T+}、V_{T-}、ΔV 分别等于多少?

8-2 555 定时器构成的施密特触发器输入波形 V_i 如题图 8-2 所示,试对应 V_i 画出 Q 端波形。

8-3 已知 CMOS 反相器构成的施密特触发器的输入波形如题图 8-3(b)所示,试对应画出触发器的输出波形。

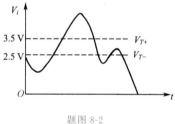

题图 8-2

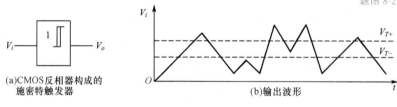

题图 8-3

8-4 试计算题图 8-4 微分型单稳态触发器的最高工作频率。

8-5 在题图 8-5 给出的微分型单稳态触发器电路中,已知 $R=51$ kΩ,$C=0.01$ μF,电源电压 $V_{DD}=10$ V,求在触发信号作用下输出脉冲的宽度和幅度。G_1 和 G_2 均为 CMOS 门电路。

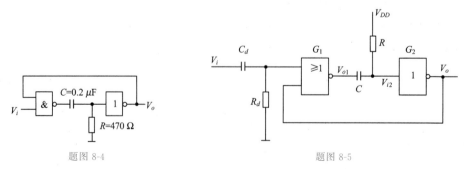

题图 8-4   题图 8-5

8-6 用 555 定时器组成的单稳态触发器对输入信号 V_i 的负脉冲宽度有何要求? 为什么? 若 V_i 的负脉冲宽度过大,应采取什么措施?

8-7　题图 8-7 是 555 定时器构成的单稳态触发器及输入 V_i 的波形,已知:$V_{CC}=10$ V,$R=33$ kΩ,$C=0.1$ μF,求:

(1)输出电压 V_o 的脉冲宽度 T_w;

(2)对应 V_i 画出 V_c、V_o 的波形,并标明波形幅度。

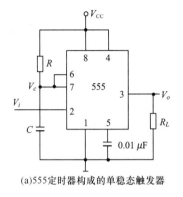
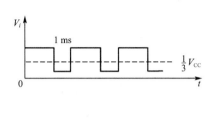

(a)555定时器构成的单稳态触发器　　　　　　(b)输入 V_i 的波形

题图 8-7

8-8　用 555 定时器设计一个单稳态触发器,要求输出脉冲宽度在 $1\sim10$ s 范围内连续可调(取定时电容 $C=8$ μF)。

8-9　利用 74121 设计脉冲电路,要求输入、输出波形的对应关系如题图 8-9 所示,画出所设计的电路,计算器件参数。设 $C_1=5\,000$ pF,$C_2=2\,000$ pF。

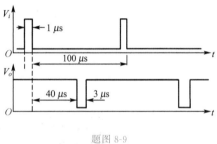

题图 8-9

8-10　电路及输入波形 V_i 如题图 8-10 所示,对应 V_i 画出 Q_1、Q_2 波形,并计算 T_w。

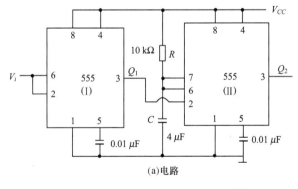

(a)电路　　　　　　　　　　(b)输入波形 V_i

题图 8-10

8-11　若需要使用振荡周期为 3 s,占空比为 2/3 的 CLK 脉冲,试用 555 定时器设计满足需要的多谐振荡器。

8-12　用 555 定时器设计一脉冲电路,该电路振荡 0.2 s 停 0.1 s,如此循环下去,电路输出脉冲的振荡周期 $T=8$ ms,占空比 $q=1/2$,两级电容均取 $C=1$ μF,画出电路并计算电路各元件参数。

8-13　555 定时器组成的占空比可调的多谐振荡器如题图 8-13 所示,电位器 R' 滑动触点位于中心点时,$R_1 = R_2 = 500\ \Omega$,求此时振荡输出波形的频率 f 以及占空比 q;当电位器 $R' = 400\ \Omega$ 的滑动触点从上滑到下时,占空比 q 的变化范围是多少?

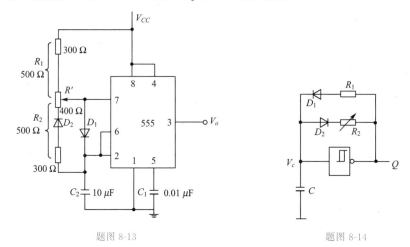

题图 8-13   题图 8-14

8-14 题图 8-14 示出了由施密特触发器组成的占空比可调的振荡器。已知:$R_1 = 10\ \text{k}\Omega$, $R_2 = 6\ \text{k}\Omega$,$C = 10\ \text{pF}$,$V_{T+} = 6\ \text{V}$,$V_{T-} = 3\ \text{V}$,画出 V_c 和 Q 的对应波形,并计算振荡周期 T。

8-15 说明图 8-36 所示多谐振荡器电路的振荡频率 f 与哪些参量有关?

8-16 说明图 8-39 所示石英晶体振荡器电路的振荡频率 f 与哪些参量有关?电路的特点是什么?

卓越成就   卓越成就   卓越成就

第9章
数模与模数转换

本 章 提 要

本章介绍数模转换和模数转换基本原理,常见的典型转换电路、集成芯片以及转换电路的主要技术指标。要求掌握:

(1)模数转换和数模转换的基本原理;

(2)权电阻网络、R-2R 梯形和倒梯形电阻网络及电流激励等模数转换电路的转换公式;

(3)集成模数转换芯片 AD7533 接收双极性码的原理及应用;

(4)并行比较型、并/串型、逐次逼近型和双积分型数模转换电路的原理及计算公式。

本章重点:

(1)模数转换电路中权电阻网络 DAC 电路,R-2R 梯形和倒梯形电阻网络 DAC 电路的工作原理;

(2)数模转换电路;并行比较 ADC 电路(有舍有入转换和只舍不入转换阶梯表达式)的计算,并/串型 ADC 电路的计算步骤,逐次逼近型 ADC 电路的原理及计算方法,双积分型 ADC 电路的工作原理。

数字信号比模拟信号具有更强的抗干扰能力,存储和处理也更方便。因此,随着数字技术,特别是计算机技术的飞速发展与普及,在现代控制、通信及检测领域中,为提高系统的性能指标,对信号的处理无不广泛地采用了数字计算技术。由于系统的实际对象往往都是一些模拟信号(如温度、湿度、压力、高度、位移、图像等),要使计算机或数字仪表能识别、处理这些信号,必须首先将这些模拟信号转换成数字信号;而经计算机分析、处理后输出的数字信号也往往需要将其转换为相应的模拟信号才能被执行机构接收。这样,就需要一种能在模拟信号与数字信号之间起接口作用的电路——数模转换电路(Digital to Analog Converter,DAC,D/A)和模数转换电路(Analog to Digital Converter,ADC,A/D)。D/A 和 A/D 已经成为现代数字仪表和自动控制技术中不可缺少的部分。

9.1 数模转换电路

9.1.1 数模转换关系

三位 DAC 转换关系如图 9-1 所示，其输出、输入之间为正比例的对应关系。DAC 将输入数字量转换为相应的离散的模拟值。任何 D/A 转换器的使用都是与其数字编码形式密切相关的。图 9-1 中采用的是自然加权二进制码，是一种单极性码。在 DAC 转换器应用中，通常将每个数字量表示为满刻度模拟值的一个分数值，称为归一化表示法。例如图 9-1 中，数字"111"经 DAC 转换为 $7FSR/8$，其中 FSR 为"Full Scale Range"（满刻度值）的缩写，数字"001"转换为 $FSR/8$。数字的最低有效位（Least Significant Bit，LSB），其对应的模拟输出值为 $FSR/2^n$，n 是数字量的位数。

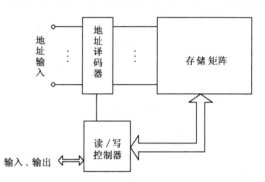

图 9-1 三位 DAC 转换关系

转换器还常用双极性码。双极性码可表示模拟信号的幅值和极性，适于具有正负极性的模拟信号的转换。常用的双极性码有偏移码、补码和原码。偏移码因带符号的二进制码偏移一定量而得名。偏移码的构成是将补码的符号位取反，在转换器应用中，偏移码是最易实现的一种双极性码。表 9-1 给出常用的双极性码以及对应的模拟输出。使用双极性码时，其满刻度值是单极性码满刻度值的二分之一。

表 9-1　　　　　　常用的双极性码以及对应的模拟输出

原码	补码	偏移码	对应的十进制数	输出模拟电压	FSR
0 1 1	0 1 1	1 1 1	+3	$+3V_{ref}/8$	
0 1 0	0 1 0	1 1 0	+2	$+2V_{ref}/8$	
0 0 1	0 0 1	1 0 1	+1	$+1V_{ref}/8$	$+\frac{1}{2}FSR$
0 0 0	1 0 0	1 0 0	+0	0	
1 0 0	(0 0 0)	(0 0 0)	−0	0	
1 0 1	1 1 1	0 1 1	−1	$-1V_{ref}/8$	
1 1 0	1 1 0	0 1 0	−2	$-2V_{ref}/8$	$-\frac{1}{2}FSR$
1 1 1	1 0 1	0 0 1	−3	$-3V_{ref}/8$	
	1 0 0	0 0 0	−4	$-4V_{ref}/8$	

在目前常见的 DAC 中有：权电阻网络 DAC，梯形、倒梯形电阻网络 DAC，电流激励 DAC 等。

9.1.2 权电阻网络 DAC

三位二进制权电阻网络 DAC 电路如图 9-2 所示，图中 MSB（Maximum Significant Bit）为最高有效位。这是一种最简单、最直接的并行转换电路，V_{ref} 为参考电压，从高位到低位的数字量 X_1、X_2、X_3 分别控制模拟开关 S_1、S_2、S_3。数字量为 1 时，模拟开关接到"1"位置；数字量为 0 时,模拟开关接到"0"位置。X_1 单独作用时,$i_1 = X_1 V_{ref}/R$;X_2 单独作用时,$i_2 = X_2 V_{ref}/2R$;X_3 单独作用时,$i_3 = X_3 V_{ref}/4R$。总电流为

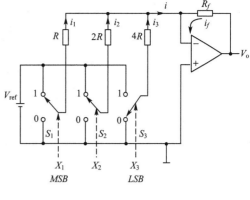

$$i = i_1 + i_2 + i_3 = \frac{2}{R} V_{ref}(X_1 2^{-1} + X_2 2^{-2} + X_3 2^{-3})$$

(9-1)

模拟输出电压 V_o 的表达式为

$$V_o = -iR_f = -\frac{2R_f}{R} V_{ref} \cdot \frac{(X_1 2^2 + X_2 2^1 + X_3 2^0)}{2^3}$$

(9-2)

图 9-2 三位二进制权电阻网络 DAC 电路

式中的负号表示倒相,$2R_f V_{ref}/R$ 为满刻度值 FSR,2^3 中的"3"为转换位数,分子括号中是输入的二进制数字按权展开的十进制数。

【**例 9-1**】 如图 9-2 所示的三位二进制权电阻网络 DAC 电路中,已知 $V_{ref} = 8$ V,$R_f = R = 2$ kΩ。求:

(1)电路的满刻度值 FSR;

(2)当输入的数字量 $X_1 X_2 X_3$ 分别为 011 和 110 时,相应的 V_o 值;

(3)电路的分辨率 $|V_{o,min}|$;

(4)电路的最大输出 $V_{o,max}$。

解 (1)$FSR = \dfrac{2V_{ref}}{R} R_f = \dfrac{2 \times 8 \times 2 \times 10^3}{2 \times 10^3} = 16$ V

(2)当 $X_1 X_2 X_3 = 011$ 时,$V_o = -FSR \dfrac{3}{2^3} = -16 \times \dfrac{3}{8} = -6$ V

当 $X_1 X_2 X_3 = 110$ 时,$V_o = -FSR \dfrac{6}{2^3} = -16 \times \dfrac{6}{8} = -12$ V

(3)$|V_{o,min}| = \left| -FSR \dfrac{1}{2^3} \right| = \left| -16 \times \dfrac{1}{8} \right| = 2$ V

(4)$V_{o,max} = -FSR \dfrac{2^3 - 1}{2^3} = -16 \times \dfrac{7}{8} = -14$ V

9.1.3 R-2R 梯形电阻网络 DAC

三位 R-2R 梯形电阻网络 DAC 电路如图 9-3 所示,输入数字量为 $X_1 X_2 X_3$,输出模拟值 V_o。此电路克服了三位二进制权电路网络 DAC 中电阻取值范围过大的缺点,仅用 R、$2R$ 两种阻值。在图 9-3 电路中,各连接点(A、B、C)对地的等效电阻均为 R。

为了便于分析,我们利用戴维南定理,把各位数字量单独作用在 A 点的等效电路推导出来,然后叠加,即可得到输出电压 V_o 的表达式,三位数字量单独作用时的等效电路如图 9-4(a)~(d)所示。

三位 R-2R 梯形电阻网络 DAC 电路的模拟输出电压为

$$V_o = -\frac{R_f}{R} V_{ref} \cdot \frac{(X_1 2^2 + X_2 2^1 + X_3 2^0)}{2^3}$$

(9-3)

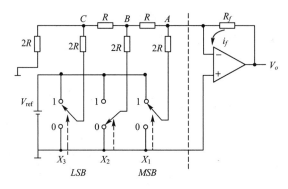

图 9-3　三位 R-2R 梯形电阻网络 DAC 电路

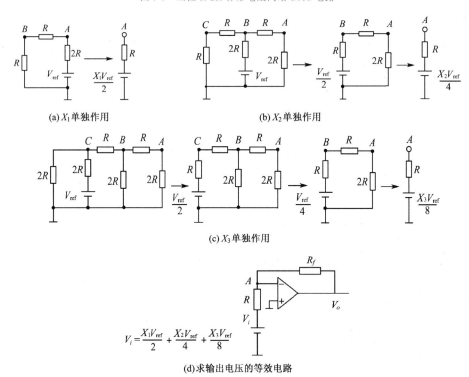

(a) X_1 单独作用　　　　　　　　(b) X_2 单独作用

(c) X_3 单独作用

$$V_i = \frac{X_1 V_{ref}}{2} + \frac{X_2 V_{ref}}{4} + \frac{X_3 V_{ref}}{8}$$

(d)求输出电压的等效电路

图 9-4　三位数字量单独作用时的等效电路

式中的负号表示倒相，$R_f V_{ref}/R$ 为满刻度值 FSR，2^3 中的"3"为转换位数，分子括号中是输入的二进制数字按权展开的十进制数。

【例 9-2】　五位梯形电阻网络 DAC 电路中，$V_{ref}=20$ V，$R=R_f=2$ kΩ，当数字量 $X_1 X_2 X_3 X_4 X_5 =10101$ 时，求输出电压 V_o 和满刻度值 FSR。

解
$$FSR = \frac{V_{ref}}{R} R_f = \frac{20 \times 20 \times 10^3}{20 \times 10^3} = 20 \text{ V}$$

当 $X_1 X_2 X_3 X_4 X_5 =10101$ 时，$V_o = -FSR \frac{21}{2^5} = -20 \times \frac{21}{32} = -13.125$ V

9.1.4　R-2R 倒梯形电阻网络 DAC

将图 9-3 中的参考电压同输出电压部分的电路交换位置，就可得到如图 9-5 所示的 R-2R 倒梯形电阻网络 DAC 电路。

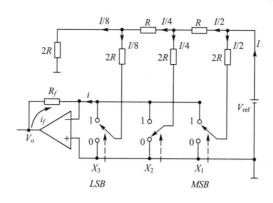

图 9-5　R-2R 倒梯形电阻网络 DAC 电路

用与上小节同样的办法可推导出 R-2R 倒梯形电阻网络 DAC 电路输出电压 V_o 表达式:

$$V_o = -\frac{R_f}{R}V_{\text{ref}} \cdot \frac{(X_1 2^2 + X_2 2^1 + X_3 2^0)}{2^3} \tag{9-4}$$

可以看出其与 R-2R 梯形电阻网络 DAC 电路的模拟电压输出相同。

与 R-2R 梯形电阻网络 DAC 电路相比,R-2R 倒梯形电阻网络 DAC 电路的优点在于:无论输入信号如何变化,流过基准电压源、模拟开关以及各电阻支路的电流均保持恒定,电路中各节点的电压也保持不变,DAC 的转换速率得到提高。

【例 9-3】　在十位 R-2R 倒梯形电阻网络 DAC 电路中,若参考电压 $V_{\text{ref}} = 18$ V,$R_f = 1$ kΩ,$R = 2$ kΩ。求:

(1)输出电压 V_o 的变化范围;

(2)当十位数字量 $X_1 X_2 X_3 X_4 X_5 \ X_6 X_7 X_8 X_9 X_{10} = 0001011010$ 时,V_o 等于多少?

解　(1)输出电压 V_o 的变化范围为 $V_{o,\min} \sim V_{o,\max}$

$$V_o = -\frac{R_f}{R}V_{\text{ref}} \cdot \frac{(X_1 2^9 + X_2 2^8 + \cdots + X_{10} 2^0)}{2^{10}}$$

$$V_{o,\min} = -\frac{18 \times 1 \times 10^3}{2 \times 10^3} \times \frac{1}{2^{10}} = -0.009 \text{ V}$$

$$V_{o,\max} = -\frac{18 \times 1 \times 10^3}{2 \times 10^3} \times \frac{2^{10} - 1}{2^{10}} = -8.991 \text{ V} \approx -9 \text{ V}$$

所以输出电压的变化范围为 -0.009 V ~ -9 V。

(2)当 $X_1 X_2 X_3 X_4 X_5 \ X_6 X_7 X_8 X_9 X_{10} = 0001011010$ 时,有

$$V_o = -\frac{18 \times 1 \times 10^3}{2 \times 10^3} \times \frac{90}{2^{10}} = -0.791 \text{ V}$$

9.1.5　电流激励 DAC

上面几种电阻网络 DAC 电路中,模拟开关都串接在电路中,不可避免地产生开关压降,引起转换误差,降低转换精度。为了克服这一缺点,引入了电流激励 DAC,电流激励 DAC 电路如图 9-6 所示。

由于用与三位二进制数 $X_1 X_2 X_3$ 成正比“权”关系的恒流源取代了电阻网络,所以该电路也称为权电流 DAC。由于采用恒流源,模拟开关的导通将对转换精度无影响。根据图 9-6,可得到输出电压 V_o 的表达式为

$$V_o = -IR_f \cdot \frac{(X_1 2^2 + X_2 2^1 + X_3 2^0)}{2^3} \qquad (9\text{-}5)$$

式中的负号表示倒相，$IR_f = V_{\text{ref}}$ 为满刻度值 FSR，2^3 中的"3"为转换位数，分子括号中是输入的二进制数字按权展开的十进制数。

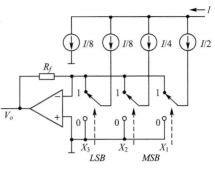

图 9-6 电流激励 DAC 电路

从上面几种 DAC 电路看到，模拟输出电压 V_o 和 n 位输入数字量 $X_1 \sim X_n$ 成正比关系，即 DAC 转换是正比例转换。若不考虑倒相作用的话，转换关系可以统一写为

$$V_o = FSR \cdot \frac{X_1 2^{n-1} + X_2 2^{n-2} + \cdots + X_{n-1} 2^1 + X_n 2^0}{2^n} \qquad (9\text{-}6)$$

【例 9-4】 在如图 9-6 所示的电流激励 DAC 电路中，若 $I = 24$ mA，$R_f = 1$ kΩ，求：

(1) 输出电压 V_o 的有效值变化范围；

(2) 满刻度值 FSR；

(3) n 位电流激励 DAC 的输出模拟电压 V_o 及最大值 $V_{o,\max}$ 的表达式。

解 (1) V_o 的有效值变化范围是 $V_{o,\min} \sim V_{o,\max}$

$$V_o = -IR_f \cdot \frac{(X_1 2^2 + X_2 2^1 + X_3 2^0)}{2^3}$$

$$V_{o,\min} = -IR_f \times \frac{1}{2^3} = -\frac{24 \times 10^{-3} \times 1 \times 10^3 \times 1}{2^3} = -3 \text{ V}$$

$$V_{o,\max} = -IR_f \times \frac{7}{2^3} = -\frac{24 \times 10^{-3} \times 1 \times 10^3 \times 7}{2^3} = -21 \text{ V}$$

所以，输出电压的变化范围为 $-3 \sim -21$ V。

(2) 满刻度值

$$FSR = IR_f = 24 \times 10^{-3} \times 1 \times 10^3 = 24 \text{ V}$$

(3) 对于 n 位电流激励 DAC 系统：

$$V_o = -IR_f \cdot \frac{(X_1 2^{n-1} + X_2 2^{n-2} + \cdots + X_n 2^0)}{2^n}$$

$$V_{o,\max} = -IR_f \cdot \frac{2^n - 1}{2^n}$$

9.2 集成数模转换电路

随着半导体技术的发展，国内外市场上出现了各种形式的集成 DAC 芯片，转换方式种类繁多，性能指标各异，并在转换精度、转换速度、稳定性等方面与用电阻和开关组成的 DAC 相比有不同程度的改善。下面介绍几种集成 DAC 芯片。

9.2.1 十位 CMOS 集成 DAC——AD7533

集成 DAC 芯片 AD7533 是和 AD7530 及 AD7520 完全兼容的集成电流输出的 DAC 芯片，它由 10 个分支的、高稳定性能的 R-2R 倒梯形电阻网络及 10 个 CMOS 模拟开关组成，这 10 个模拟开关受控于 10 位数字量 $X_1 \sim X_{10}$。图 9-7(a) 和图 9-7(b) 分别为集成 DAC 芯片 AD7533 的电路结构和管脚图。

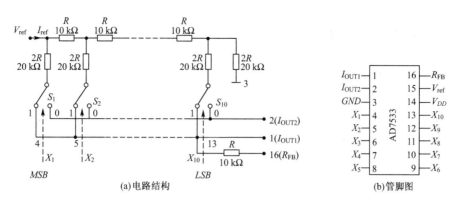

图 9-7　集成 DAC 芯片 AD7533

AD7533 具有两个互补的电流输出端 I_{OUT1} 和 I_{OUT2}，电流方向均由片内流出。当输入数字量 $X_i=1$ 时，位电流切换 I_{OUT1} 端，否则切换到 I_{OUT2} 端。由此，输出电流表达式为

$$I_{OUT1}=I_{ref}(X_1 2^{-1}+X_2 2^{-2}+\cdots+X_9 2^{-9}+X_{10} 2^{-10}) \tag{9-7}$$

$$I_{OUT2}=I_{ref}(\overline{X_1} 2^{-1}+\overline{X_2} 2^{-2}+\cdots+\overline{X_9} 2^{-9}+\overline{X_{10}} 2^{-10}) \tag{9-8}$$

$$I_{OUT1}+I_{OUT2}=\frac{1\,023}{1\,024}I_{ref} \tag{9-9}$$

AD7533 使用时需要外接参考电压 V_{ref} 和运算放大器，把电流输出转换为电压输出。CMOS 开关对输入信号无论是 TTL 还是 CMOS 逻辑电平都是兼容的。AD7533 是最简单的 DAC，在应用上也有较大的灵活性。

1. AD7533 的单极性使用

AD7533 芯片只提供两个互补的模拟输出电流 I_{OUT1} 和 I_{OUT2}，使用时需在脚 15 接参考电压 V_{ref}。若想求得模拟输出电压，还必须加运算放大器，I_{OUT1}（1 脚）接运算放大器的反相端，不用的另一电流输出端 I_{OUT2}（2 脚）接地。运算放大器的反馈电阻可利用 AD7533 内部 1 脚到 16 脚之间的内阻 $R_f=R=10\ k\Omega$，它与 R-2R 网络有良好的温度跟踪，可保证增益误差有较小的温度系数。AD7533 接收自然加权二进制码电路如图 9-8 所示。十位数字量 $X_1 \sim X_{10}$ 为单极性码（自然加权码），从高位到低位接至 AD7533 的 4～13 脚。

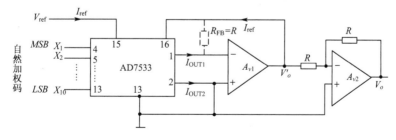

图 9-8　AD7533 接收自然加权二进制码电路

从图 9-8 电路可得出输出模拟电压 V_o 的表达式为

$$V_o'=I_{ref}R=-I_{OUT1}R$$

$$V_o=-V_o'=I_{OUT1}R=I_{ref}R\,\frac{(X_1 2^9+X_2 2^8+\cdots+X_{10} 2^0)}{2^{10}}$$

$$=V_{\text{ref}}\frac{(X_1 2^9 + X_2 2^8 + \cdots + X_{10} 2^0)}{2^{10}} \tag{9-10}$$

式中 $V_{\text{ref}} = I_{\text{ref}} R$ 为满刻度值 FSR。

【例 9-5】 AD7533 接收十位二进制码电路,$V_{\text{ref}} = 10$ V。求:

(1)当十位数字量分别为 1111111111、1000000000、0000000000 及 0000010001 时,相应输出 V_o 值;

(2)电路的最大输出 $V_{o,\max}$ 和最小输出 $V_{o,\min}$。

解 (1)当 $X_1 X_2 X_3 X_4 X_5 X_6 X_7 X_8 X_9 X_{10} = 1111111111$ 时,有

$$V_o = 10 \times \frac{2^{10}-1}{2^{10}} = \frac{10 \times 1\ 023}{1\ 024} = 9.990 \text{ V}$$

当 $X_1 X_2 X_3 X_4 X_5 X_6 X_7 X_8 X_9 X_{10} = 1000000000$ 时,有

$$V_o = 10 \times \frac{2^9}{2^{10}} = 10 \times \frac{1}{2} = 5.000 \text{ V}$$

当 $X_1 X_2 X_3 X_4 X_5 X_6 X_7 X_8 X_9 X_{10} = 0000000000$ 时,有

$$V_o = 10 \times \frac{0}{2^{10}} = 0 \text{ V}$$

当 $X_1 X_2 X_3 X_4 X_5 X_6 X_7 X_8 X_9 X_{10} = 0000010001$ 时,有

$$V_o = 10 \times \frac{17}{2^{10}} = 0.166 \text{ V}$$

(2)

$$V_{o,\max} = 10 \times \frac{2^{10}-1}{2^{10}} = 10 \times \frac{1\ 023}{1\ 024} = 9.990 \text{ V}$$

$$V_{o,\min} = 10 \times \frac{1}{2^{10}} = \frac{10 \times 1}{1\ 024} = 0.010 \text{ V}$$

2. AD7533 的双极性码应用

双极性码包括原码、反码、补码、偏移码等,双极性码的最高位为符号位,符号位后面才是数值位,不论使用哪种编码,只有原码的数值部分代表数字量的大小,因此,D/A 转换后的模拟输出电压也一定是原码的数值部分转换得到的。下面举例说明。

【例 9-6】 四位 DAC 的满刻度输出(FSR)为 8 V,当四位数字量 $X_1 X_2 X_3 X_4 = 1011$ 时,使用下列几种编码:①自然加权码;②补码;③偏移码。它们的归一化表示法的模拟输出电压 V_o 分别为多少?

解 n 位数字输入 $X_1 \sim X_n$ 与模拟输出电压 V_o 的关系为式(9-6)

$$V_o = FSR \cdot \frac{X_1 2^{n-1} + X_2 2^{n-2} + \cdots + X_{n-1} 2^1 + X_n 2^0}{2^n}$$

①当 $X_1 X_2 X_3 X_4 = 1011$ 是自然加权码时,该数为 11,则

$$V_o = FSR \cdot \frac{X_1 2^3 + X_2 2^2 + X_3 2^1 + X_4 2^0}{2^4} = 8 \times \frac{11}{2^4} = 5.5 \text{ V}$$

②当 $X_1 X_2 X_3 X_4 = 1011$ 是补码时,该数为 -5,则

$$V_o = \frac{1}{2} FSR \cdot \frac{-5}{2^3} = 4 \times \frac{-5}{2^3} = -2.5 \text{ V}$$

③当 $X_1 X_2 X_3 X_4 = 1011$ 是偏移码时,该数为 $+3$,则

$$V_o = \frac{1}{2}FSR \cdot \frac{3}{2^3} = 4 \times \frac{3}{2^3} = 1.5 \text{ V}$$

注意,双极性码的满刻度值是单极性码满刻度值的二分之一(表 9-1)。

在用集成 DAC 芯片 AD7533 使用双极性码时,符号位及数值等问题都从电路设计的角度得以解决。因此在用 AD7533 使用双极性码时,只需在数字输入端直接输入双极性码即可。

(1)AD7533 接收偏移码

在图 9-8 电路中增加一偏移电路,可使 AD7533 接收偏移码,产生正、负双极性的模拟电压输出,AD7533 接收偏移码的电路如图 9-9 所示。

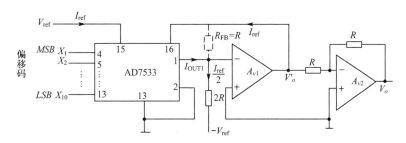

图 9-9　AD7533 接收偏移码的电路

偏移电路中负参考电压源$-V_{ref}$ 和电阻 $2R = 20$ kΩ 形成与最高位权电流大小相等、方向相反的电流 $I_{ref}/2$,送入运算放大器求和点,于是,运算放大器 A_{vi} 产生的模拟输出电压为

$$V_o' = \left(\frac{1}{2}I_{ref} - I_{OUT1}\right)R = -\left(I_{OUT1} - \frac{1}{2}I_{ref}\right)R$$

$$V_o = -V_o' = V_{ref} \cdot \frac{(X_1 2^9 + X_2 2^8 + \cdots + X_{10} 2^0) - 2^9}{2^{10}} \tag{9-11}$$

式中 $V_{ref} = I_{ref}R$ 为满刻度值 FSR。

【例 9-7】　AD7533 接收偏移码的电路如图 9-9 所示,$V_{ref} = 10$ V,当十位数字量 $X_1 X_2 X_3 X_4 X_5 X_6 X_7 X_8 X_9 X_{10}$ 为下列二进制数值时:① 1111111111;② 0111111111;③1000000000;④0000000000;⑤0000010111。它们的模拟输出电压 V_o 分别为多少?

解　$V_o = V_{ref} \cdot \dfrac{(X_1 2^9 + X_2 2^8 + \cdots + X_{10} 2^0) - 2^9}{2^{10}}$

①十位数字量为 1111111111 时,$V_o = 10 \times \dfrac{(2^{10} - 1) - 2^9}{2^{10}} = \dfrac{5\ 110}{1\ 024} = 4.99$ V

②十位数字量为 0111111111 时,$V_o = 10 \times \dfrac{(2^9 - 1) - 2^9}{2^{10}} = \dfrac{-10}{1\ 024} = -0.01$ V

③十位数字量为 1000000000 时,$V_o = 10 \times \dfrac{2^9 - 2^9}{2^{10}} = \dfrac{0}{1\ 024} = 0$ V

④十位数字量为 0000000000 时,$V_o = 10 \times \dfrac{0 - 2^9}{2^{10}} = 10 \times \dfrac{-2^9}{2^{10}} = -5.00$ V

⑤十位数字量为 0000010111 时,$V_o = 10 \times \dfrac{23 - 2^9}{2^{10}} = 10 \times \dfrac{-489}{2^{10}} = -4.78$ V

(2)AD7533 接收补码

因为偏移码的符号位取反即可得到补码,因此,只需把图 9-9 接收偏移码的电路中符号位

X_1 通过一个非门再接到 AD7533 的 4 脚,就变成了 AD7533 接收补码的电路,如图 9-10 所示。

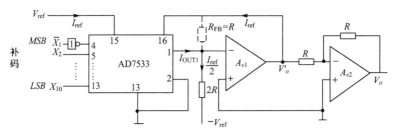

图 9-10　AD7533 接收补码的电路

电路的输出电压 V_o 为

$$V_o = V_{ref} \cdot \frac{\overline{X_1} 2^9 + X_2 2^8 + \cdots + X_{10} 2^0 - 2^9}{2^{10}} \tag{9-12}$$

【例 9-8】　AD7533 接收补码电路如图 9-10 所示,$V_{ref} = 10$ V,当十位数字量 $X_1 X_2 X_3 X_4 X_5 X_6 X_7 X_8 X_9 X_{10}$ 为下列二进制数值时:① 1111111111;② 0111111111;③1000000000;④0000000000;⑤0000010111。它们的模拟输出电压 V_o 分别为多少?

解
$$V_o = V_{ref} \cdot \frac{\overline{X_1} 2^9 + X_2 2^8 + \cdots + X_{10} 2^0 - 2^9}{2^{10}}$$

①十位数字量为 1111111111 时,$V_o = 10 \times \dfrac{2^9 - 1 - 2^9}{2^{10}} = -0.01$ V

②十位数字量为 0111111111 时,$V_o = 10 \times \dfrac{(2^{10} - 1) - 2^9}{2^{10}} = \dfrac{5\ 110}{1\ 024} = -4.99$ V

③十位数字量为 1000000000 时,$V_o = 10 \times \dfrac{0 - 2^9}{2^{10}} = 10 \times \dfrac{-2^9}{1\ 024} = -5.00$ V

④十位数字量为 0000000000 时,$V_o = 10 \times \dfrac{2^9 - 2^9}{2^{10}} = 10 \times \dfrac{0}{2^{10}} = 0$ V

⑤十位数字量为 0000010111 时,$V_o = 10 \times \dfrac{2^9 + 23 - 2^9}{2^{10}} = 10 \times \dfrac{23}{2^{10}} = 0.22$ V

9.2.2　八位 CMOS 集成 DAC——DAC0832

DAC0832 是芯片内部带有数据输入寄存器的八位 CMOS 集成 DAC,其结构框图及管脚图如图 9-11 所示。由图可见,DAC0832 有二级锁存器——第一级输入寄存器和第二级 DAC 寄存器,并由相关控制信号控制寄存数据。八位 DAC 采用 T 型解码网络,电路结构除输入数字为八位外,其他同 AD7533 完全一样,输出电流 I_{OUT1} 和 I_{OUT2} 与输入数字量的关系分别为

$$I_{OUT1} = \frac{V_{ref}}{R} \cdot \frac{X_1 2^7 + X_2 2^6 + \cdots + X_8 2^0}{2^8} \tag{9-13}$$

$$I_{OUT2} = \frac{V_{ref}}{R} \cdot \frac{\overline{X_1} 2^7 + \overline{X_2} 2^6 + \cdots + \overline{X_8} 2^0}{2^8} \tag{9-14}$$

式中,V_{ref} 为外接参考电压,R 为内部反馈电阻,$X_1 \sim X_8$ 为从高位到低位的八位输入数字量。

DAC0832 的管脚说明及工作过程:

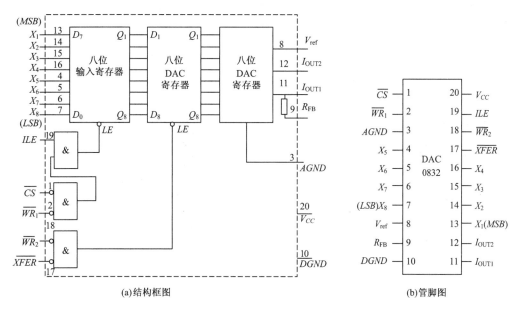

图 9-11　DAC0832

$\overline{CS}$——片选信号,与 ILE、$\overline{WR}_1$ 共同控制输入寄存器的数据寄存,低电平有效。

ILE——允许锁存信号,高电平有效。

$\overline{WR}_1$——写控制信号 1,低电平有效。当 $ILE=1$,$\overline{CS}=0$,$\overline{WR}_1=0$ 时,输入数字量 $X_1\sim X_8$ 存入寄存器中。

$\overline{WR}_2$——写控制信号 2,低电平有效。

$\overline{XFER}$——传送控制信号,低电平有效。当 $\overline{WR}_2=0$,$\overline{XFER}=0$ 时,输入寄存器数据存入 DAC 寄存器中,而 DAC 寄存器数据送到 DAC(电阻解码网络),输出模拟信号。

$X_1\sim X_8$——八位数据输入端,X_1 为最高有效位,X_8 为最低位。

I_{OUT1}——模拟电流输出端。一般该端接运算放大器反相输入端,转变为模拟电压输出。

I_{OUT2}——模拟电流输出端。一般该端接地。

R_{FB}——反馈电阻引出端。

V_{ref}——参考电压输入端。取值范围为 $-10\sim+10$ V。

V_{CC}——电源电压,范围为 $5\sim15$ V,取 15 V 工作状态最佳。

$AGND$——模拟地。

$DGND$——数字地。

电平与 TTL 兼容。电流建立时间为 $1\ \mu s$。

【例 9-9】　给出 DAC0832 的两种典型应用方式。

解　DAC0832 是八位微机兼容 D/A 转换器,内有八位输入寄存器、八位 DAC 寄存器,因此可进行二次缓存操作,可直接与微机总线相连而无须附加逻辑部件,所以 DAC0832 有两种典型应用方式:两级缓存型和一级缓存型,如图 9-12 所示。

当输入锁存信号 ILE、片选信号 $\overline{CS}$ 和写控制信号 $\overline{WR}_1$ 同时有效时,数据总线上的数字信号被写入输入寄存器中,对输入数据进行第一次缓冲锁存;当传送控制信号 $\overline{XFER}$ 和写控制信号 $\overline{WR}_2$ 同时有效时,输入寄存器中的数据被送入 DAC 寄存器中,进行第二次缓冲锁存,同时开始 D/A 转换,这就是两级缓存型应用方式,如图 9-12(a)所示。这种方式有利于多路同步 D/A 转换。如果 $\overline{XFER}$ 和 $\overline{WR_2}$ 输入端始终有效(始终接地),则只有一级缓存,电路如图 9-12(b)所示。

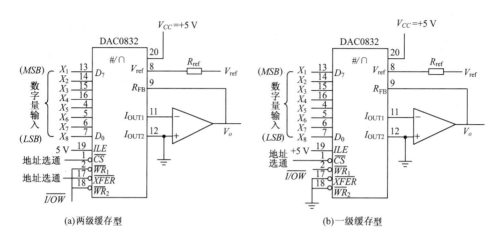

(a)两级缓存型　　　　　　　　(b)一级缓存型

图 9-12　DAC0832 的两种典型应用方式

9.3　数模转换的主要技术指标

DAC 的性能主要用转换精度和转换速度两个参数来表征。

1.转换精度

DAC 的转换精度是指输出模拟电压的实际值与理想值之差,即最大静态转换误差。主要包括分辨率、转换误差、线性误差以及温度系数等。

(1)分辨率

分辨率 S 有几种表示方法,一是最低有效位;二是最低有效位与最大输出之比,即

$$S = \left| \frac{V_{o,\min}}{V_{o,\max}} \right| = \frac{1}{2^n - 1} \tag{9-15}$$

例如十位 DAC 的分辨率为

$$S = \frac{1}{2^{10} - 1} = \frac{1}{1\,023} \approx 0.1\%$$

三是直接用位数 n 表示分辨率,例如 AD7533 的分辨率是十位。

(2)转换误差

转换误差有绝对误差和相对误差两种表达方法。

对于某个输入数字,实测输出值与理论输出值之差称为绝对误差。因为输出电压值随着基准电压 V_{ref} 的不同而不同,所以绝对误差常用 LSB 的倍数表示,例如 $LSB/2$、$2LSB$ 等。如果绝对误差为 $1LSB$,表示对于该输入数字,DAC 产生的绝对误差相当于输入数字最低位变化一个字所引起的理论输出值(输入为 $00\cdots01$ 时的输出电压值)。

对于某个输入数字,实测输出值与理论输出值之差同满刻度值之比称为相对误差,也称相对精度。例如 AD559K 的满刻度相对误差为 $\pm 0.19\%$。

(3)线性误差

理论上,DAC 的输出与输入数字量成严格的线性关系,但实际上并非如此。手册上

常用 LSB 的倍数表示线性误差,例如用 $\pm LSB/2$ 表示。有时也用满刻度的百分数表示,如 $0.05\%FSR$ 等。

（4）温度系数

DAC 电路在输入不变的情况下,输出模拟电压随温度变化产生变化量。一般用满刻度输出条件下温度每升高 $1℃$,输出电压变化的百分数作为转换器温度系数。

DAC 的转换误差,主要由基准电压 V_{ref} 的精度和不稳定度、运算放大器的零点漂移、模拟开关的导通电阻差异、电阻网络电阻值偏差等引起。

2.转换速度

DAC 的转换速度也称转换时间或建立时间,主要由 DAC 转换网络的延迟时间和运算放大器的电压变化速率 $S_R(V/\mu s)$ 来决定。

DAC 芯片的建立（转换）时间定义如下:从输入数字量发生变化开始,到输出进入稳态值（$\pm LSB/2$）范围之内所需的时间称为建立时间,常用 t_{set} 表示。手册上给出的通常是全 0 跳变到全 1 所需的时间。一般而言,不含运算放大器的集成 DAC 芯片（如 DAC0808/0832、MC1408/3408L、AD7520/7533 等）的 $t_{set}\leq 100$ ns,包含运算放大器的芯片（如 DAC1200/1210 等）的 $t_{set}\leq 1.5\ \mu s$。

【例 9-10】　用 DAC0808 设计一个双极性 DAC,要求电压输出范围为 $-5\sim +5$ V。

解　电路如图 9-13 所示。DAC0808 是权电流 DAC,所以基准电源 V_{ref} 回路中必须串接电阻 R_{ref},同时外接运算放大器 A_1。图中 V_s 和 R_s 用于设置偏移,以获得双极性输出（调节 V_s 或 R_s,使输入为 10000000 时,V_o 等于 0 V）。

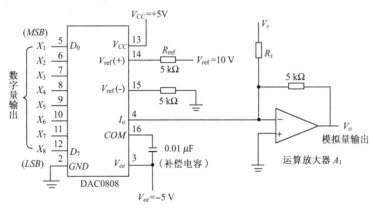

图 9-13　DAC0808 组成的双极性 DAC 电路

注意:去掉 V_s 和 R_s,可获得 $0\sim 10$ V 的单极性输出;图中 DAC0808 可用 MC1048 或 3408L 替换,只需将图中电阻由 5 kΩ 改为 1 kΩ,补偿电容改为 15 pF 即可。

9.4　模数转换电路

为将时间连续、幅值也连续的模拟量转换为时间离散、幅值也离散的数字信号,A/D 转换一般要经过取样、保持、量化及编码四个过程。在实际电路中,这些过程有的是合并进行的,例如,取样与保持、量化与编码往往都是在转换过程中同时实现的。

9.4.1　ADC 的工作过程

1. 取样与保持

取样是将随时间连续变化的模拟量转换为时间离散的模拟量的过程。取样过程如图 9-14 所示。图 9-14(a)中,传输门受取样信号 $X(t)$ 控制。在 $X(t)$ 的脉宽 τ 期间,传输门导通,输出信号 $V_o(t)$ 等于输入信号 $V_i(t)$,而在 $(T_x - \tau)$ 期间,传输门关闭,输出信号 $V_o(t) = 0$。电路中各信号的取样波形如图 9-14 (b)所示。

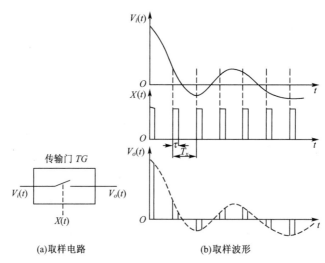

(a)取样电路   (b)取样波形

图 9-14　取样过程

通过分析可以看出,取样信号 $X(t)$ 的频率越高,所取得的信号经低通滤波器后越能真实地复现输入信号。合理的取样频率由取样定理确定。

取样定理:设取样信号 $X(t)$ 的频率为 f_x,输入模拟信号 $V_i(t)$ 的最高频率分量的频率为 f_{max},则 f_x 与 f_{max} 必须满足关系:

$$T_x \leqslant \frac{1}{2} T_{i,max} \text{ 或 } f_x \geqslant 2f_{max} \tag{9-16}$$

一般取 $f_x > 2f_{max}$。

将取样电路每次取得的模拟信号转换为数字信号都需要一定时间,为了给后续的量化编码过程一个稳定值,每次取得的模拟信号必须通过保持电路保持一段时间。

取样与保持过程往往是通过取样-保持电路同时完成的。取样-保持电路的原理图及输出波形图如图 9-15 所示。

一般来说,常见的取样-保持电路都包括存储输入信息的电容 C、取样开关 T 和缓冲放大器 A 几个主要部分。图 9-15(a)中场效应管 T 为取样开关,在取样脉冲 $X(t)$ 作用期间,即脉宽 τ 期间,T 接通,输入信号 $V_i(t)$ 通过 T 向 C 充电。假定 C 的充电时间常数远小于 τ,则电容 C 上的电压 $V_c(t)$ 在时间 τ 内能完全跟上 $V_i(t)$ 的变化,因此放大器的输出 $V_o(t)$ 也能跟踪 $V_i(t)$ 的变化。当取样脉冲 $X(t)$ 结束时,场效应管 T 截止,则电容上的电压 $V_c(t)$ 也将保持取样脉冲结束前 $V_i(t)$ 的数值。如果电容的漏电小,放大器的输入阻抗及场效应管的截止阻抗均足够大,这个电容上的电压能保持到下一个采样脉冲到来之前。当第二个脉冲到来时,T 重新导通,$V_c(t)$ 又能及时跟踪此时的 $V_i(t)$,更新原来的取样数据。图 9-15(b)给出了其波形。

2. 量化与编码

数字信号不仅在时间上是离散的,在幅值上也是不连续的。任何一个数字量的大小只能

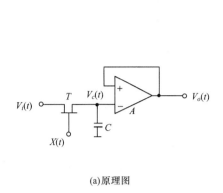

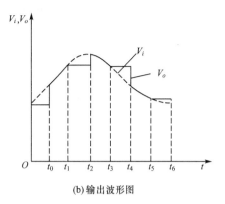

(a)原理图　　　　　　　　　　　　　　　(b)输出波形图

图 9-15　取样-保持电路

是某个规定的最小数量单位的整数倍。为将模拟信号转换为数字量,在 A/D 转换过程中,还必须将取样-保持电路的输出电压,按某种近似方式归化到与之相应的离散电平上,这一转化过程称为数值量化,简称量化。量化后的数值最后还需通过编码过程,用一个代码表示出来。编码后得到的代码就是 ADC 输出的数字量。

量化过程中所取的最小数量单位称为量化单位,也称量化阶梯,用 s 表示,它是数字信号最低位为 1 时所对应的模拟量,即 $1LSB$。

在量化过程中,由于取样电压不一定能被 s 整除,所以量化前后不可避免地存在误差,此误差称为量化误差,用 ε 表示。量化误差属于原理误差,它是无法消除的。ADC 的位数越多,各离散电平之间的差值越小,量化误差越小。

量化过程常采用两种近似量化方式:只舍不入量化方式和四舍五入量化方式。以三位 ADC 为例,设输入信号 V_i 的变化范围为 $0 \sim 8$ V,采用只舍不入量化方式时,取量化单位 $s = 1$ V,量化中把不足量化单位部分舍弃,如数值在 $0\sim1$ V 之间的模拟电压都当作 $0s$,用二进制数 000 表示;数值在 $1 \sim 2$ V 之间的模拟电压都当作 $1s$,用二进制数 001 表示,等等。这种量化方式的最大误差为 $1s$。如果采用四舍五入量化方式,则取量化单位 $s = \dfrac{1}{7}$ V,量化过程将不足半个量化单位的部分舍弃,而将等于或大于半个量化单位的部分按一个量化单位处理。它将数值在 $0\sim\dfrac{1}{14}$ V 之间的模拟电压都当作 $0s$ 对待,用二进制数 000 表示;数值在 $\dfrac{1}{14}\sim\dfrac{3}{14}$ V 之间的模拟电压均当作 $1s$,用二进制数 001 表示,等等。不难看出,采用前一种只舍不入量化方式时的最大量化误差为 $|\varepsilon_{max}| = 1LSB$,而采用后一种四舍五入量化方式的最大量化误差为 $|\varepsilon_{max}| = LSB/2$,后者量化误差比前者小,因此被大多数 ADC 所采用。

ADC 的种类很多,按其工作原理不同分为直接 ADC 和间接 ADC 两类。直接 ADC 可将模拟信号直接转换为数字信号,这类 ADC 具有较快的转换速度,其典型电路有并行比较型 ADC 和逐步比较型 ADC。间接 ADC 则是先将模拟信号转换成某一中间变量(时间或频率),然后再将中间变量转换为数字信号输出。此类 ADC 的速度较慢,典型电路是双积分型 ADC 和电压频率转换型 ADC。下面介绍其中几种 ADC 的电路结构及工作原理。

9.4.2　并行比较型 ADC

1.有舍有入并行比较型 ADC

图 9-16 给出了理想的三位有舍有入并行比较型 ADC 转换关系。图中的 $0s\sim7s$ 为量化阶

梯，$FSR/7 \sim 7FSR/7$ 为相应量化阶梯的模拟输入值。从图中可以看出模数转换的特点：一是不一一对应，一段连续的模拟输入量对应一个分立的数字输出值。二是模数转换具有固有误差（转换误差）。在有舍有入并行比较型 ADC 中，为了使满刻度值 FSR 与最大数字输出 111 对应，取分母（2^3-1）=7。图中两个量化阶梯中间的点为比较电平。例如模拟输入值在 $FSR/14$ $\sim 3FSR/14$ 时，被量化到 $1s$ 阶梯上，编码为 001。

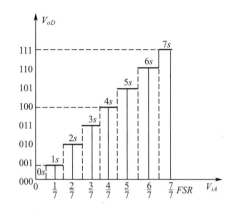

图 9-16　三位有舍有入并行比较型 ADC 转换关系

n 位有舍有入并行比较型 ADC 转换的阶梯 s 表示为

$$s = \frac{1}{2^n-1} FSR \qquad (9-17)$$

图 9-17 给出了有舍有入三位并行比较型 ADC 的电路。图中，参考电压 V_{ref} 被 8 个电阻分压（其中上、下两个电阻为 $2/R$，中间 6 个电阻为 R），这些分压值称为量化刻度。两个量化刻度之间的间隔为一个量化阶梯 $1s$（一个量化单位）。把各电阻端点的量化刻度值（如 $V_{ref}/14$、$13V_{ref}/14$）分别送到 $C_1 \sim C_7$ 比较器中，与被转换的模拟输入电压 V_{in} 进行比较，从而确定 V_{in} 的量化高度，再经过 D 触发器、异或门、或门产生三位数字量输出 $X_1 X_2 X_3$，就实现了 A/D 转换。有舍有入三位并行比较型 ADC 转换真值表见表 9-2。

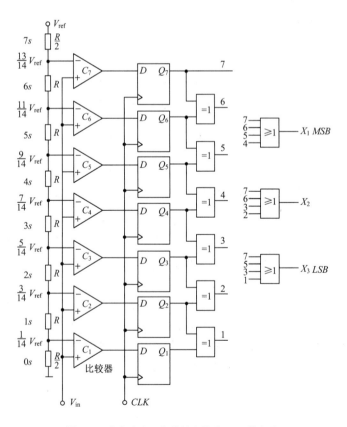

图 9-17　有舍有入三位并行比较型 ADC 的电路

表 9-2　　　　　　　　　　有舍有入三位并行比较型 ADC 转换真值表

输入模拟电压 V_{in}	阶梯	等效模拟输入 $\bar{V}_{in}$	比较器输出							输出为1的异或门	输出			量化误差
			C_7	C_6	C_5	C_4	C_3	C_2	C_1		X_1	X_2	X_3	
$0 \leqslant V_{in} < \frac{1}{14}V_{ref}$	$0s$	0	0	0	0	0	0	0	0	无	0	0	0	$+\frac{1}{14}V_{ref}$
$\frac{1}{14}V_{ref} \leqslant V_{in} < \frac{3}{14}V_{ref}$	$1s$	$\frac{1}{7}V_{ref}$	0	0	0	0	0	0	1	1	0	0	1	$\pm\frac{1}{14}V_{ref}$
$\frac{3}{14}V_{ref} \leqslant V_{in} < \frac{5}{14}V_{ref}$	$2s$	$\frac{2}{7}V_{ref}$	0	0	0	0	0	1	1	2	0	1	0	$\pm\frac{1}{14}V_{ref}$
$\frac{5}{14}V_{ref} \leqslant V_{in} < \frac{7}{14}V_{ref}$	$3s$	$\frac{3}{7}V_{ref}$	0	0	0	0	1	1	1	3	0	1	1	$\pm\frac{1}{14}V_{ref}$
$\frac{7}{14}V_{ref} \leqslant V_{in} < \frac{9}{14}V_{ref}$	$4s$	$\frac{4}{7}V_{ref}$	0	0	0	1	1	1	1	4	1	0	0	$\pm\frac{1}{14}V_{ref}$
$\frac{9}{14}V_{ref} \leqslant V_{in} < \frac{11}{14}V_{ref}$	$5s$	$\frac{5}{7}V_{ref}$	0	0	1	1	1	1	1	5	1	0	1	$\pm\frac{1}{14}V_{ref}$
$\frac{11}{14}V_{ref} \leqslant V_{in} < \frac{13}{14}V_{ref}$	$6s$	$\frac{6}{7}V_{ref}$	0	1	1	1	1	1	1	6	1	1	0	$\pm\frac{1}{14}V_{ref}$
$\frac{13}{14}V_{ref} \leqslant V_{in} < V_{ref}$	$7s$	V_{ref}	1	1	1	1	1	1	1	7	1	1	1	$-\frac{1}{14}V_{ref}$

【例 9-11】　有舍有入三位并行比较型 ADC 电路如图 9-17 所示，$V_{ref}=8.90$ V，$R=2$ kΩ，当输入模拟电压 V_{in} 为 6.30 V 时，输出的数字量是多少？

解　阶梯

$$s=\frac{V_{ref}}{2^n-1}=\frac{8.90}{2^3-1}=1.27 \text{ V}$$

$$\frac{V_{in}}{s}=\frac{6.30}{1.27}=4.96$$

四舍五入 4.96 的结果为 5，对应的三位数字输出量为 $X_1X_2X_3=101$。

2. 只舍不入并行比较型 ADC

三位只舍不入并行比较型 ADC 转换关系如图 9-18 所示。图中的 $0s \sim 7s$ 为量化阶梯，$0FSR \sim 8FSR/8$ 为相应量化阶梯的模拟输入值。在只舍不入三位并行比较型 ADC 中，模拟输入 $8FSR/8$ 对应数字输入最大值 111。图中的比较电平与量化阶梯相同。例如模拟输入值在 $2FSR/8 \sim 3FSR/8$ 时，被量化到 $2s$ 阶梯上，编码为 010。

n 位只舍不入并行比较 ADC 转换的阶梯 s 表示为

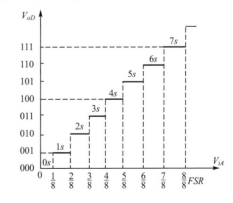

图 9-18　三位只舍不入并行比较型 ADC 转换关系

$$s=\frac{1}{2^n}FSR \tag{9-18}$$

只舍不入并行比较 ADC 的电路与有舍有入并行比较 ADC 的电路(图 9-17)基本相同,不同的是只舍不入并行比较 ADC 的电路 8 个分压电阻的阻值均为 R。每个 R 两端得到相应的分压分别为 $V_{ref}/8, 2V_{ref}/8, \cdots, 7/8V_{ref}$。表 9-3 列出了它们的转换真值表。

表 9-3　　　　　　　　　　　三位只舍不入并行比较型 ADC 转换真值表

输入模拟电压 V_{in}	阶梯	等效模拟输入 $\overline{V}_{in}$	比较器输出							输出为 1 的异或门	输出			量化误差
			C_7	C_6	C_5	C_4	C_3	C_2	C_1		X_1	X_2	X_3	
$0 \leqslant V_{in} < \frac{1}{8}V_{ref}$	$0s$	0	0	0	0	0	0	0	0	无	0	0	0	$\frac{1}{8}V_{ref}$
$\frac{1}{8}V_{ref} \leqslant V_{in} < \frac{2}{8}V_{ref}$	$1s$	$\frac{1}{8}V_{ref}$	0	0	0	0	0	0	1	1	0	0	1	$\frac{1}{8}V_{ref}$
$\frac{2}{8}V_{ref} \leqslant V_{in} < \frac{3}{8}V_{ref}$	$2s$	$\frac{2}{8}V_{ref}$	0	0	0	0	0	1	1	2	0	1	0	$\frac{1}{8}V_{ref}$
$\frac{3}{8}V_{ref} \leqslant V_{in} < \frac{4}{8}V_{ref}$	$3s$	$\frac{3}{8}V_{ref}$	0	0	0	0	1	1	1	3	0	1	1	$\frac{1}{8}V_{ref}$
$\frac{4}{8}V_{ref} \leqslant V_{in} < \frac{5}{8}V_{ref}$	$4s$	$\frac{4}{8}V_{ref}$	0	0	0	1	1	1	1	4	1	0	0	$\frac{1}{8}V_{ref}$
$\frac{5}{8}V_{ref} \leqslant V_{in} < \frac{6}{8}V_{ref}$	$5s$	$\frac{5}{8}V_{ref}$	0	0	1	1	1	1	1	5	1	0	1	$\frac{1}{8}V_{ref}$
$\frac{6}{8}V_{ref} \leqslant V_{in} < \frac{7}{8}V_{ref}$	$6s$	$\frac{6}{8}V_{ref}$	0	1	1	1	1	1	1	6	1	1	0	$\frac{1}{8}V_{ref}$
$\frac{7}{8}V_{ref} \leqslant V_{in} < V_{ref}$	$7s$	$\frac{7}{8}V_{ref}$	1	1	1	1	1	1	1	7	1	1	1	$\frac{1}{8}V_{ref}$

【例 9-12】　四位只舍不入并行比较型 ADC 电路中,$V_{ref} = 32$ V,$R = 1$ kΩ,(1)当输入模拟电压 V_{in} 分别为 8.90 V 和 25.61 V 时,相应的数字输出 $X_1X_2X_3X_4$ 为多少?(2)如果输出的数字量 $X_1X_2X_3X_4 = 1001$,对应的等效模拟输入 $\overline{V}_{in}$ 是多少? 算出对应的模拟输入的范围。

解　(1)阶梯　$s = \dfrac{V_{ref}}{2^n} = \dfrac{32}{2^4} = 2.00$ V

当 $V_{in} = 8.90$ V 时,$\dfrac{V_{in}}{s} = \dfrac{8.90}{2.00} = 4.45$,只舍不入的结果为 4,对应数字输出 $X_1X_2X_3X_4 = 0100$;

当 $V_{in} = 25.61$ V 时,$\dfrac{V_{in}}{s} = \dfrac{25.62}{2.00} = 12.81$,只舍不入的结果为 12,对应数字输出 $X_1X_2X_3X_4 = 1100$;

(2)当输出的数字量 $X_1X_2X_3X_4 = 1001$ 时,对应的阶梯为 $9s$,等效模拟输入为

$$\overline{V}_{in} = 2 \text{ V} \times 9 = 18 \text{ V}$$

对应的模拟输入的范围:$\overline{V}_{in} \sim (\overline{V}_{in} + s)$,即 18 V~20 V。

9.4.3　并/串型 ADC

并行比较型 ADC 属于直接 ADC,由于是并行转换,所以转换速度快、精度高,但也有严重的缺点,就是硬件电路庞大,数字量每增加一位,硬件电路就要扩大一倍。若输出数字量为八位,就需要 256 个电阻、255 个比较器和 D 触发器等。为了克服这一缺点,采用并/串型 ADC,

八位并/串型 ADC 原理图如图 9-19 所示,将两个四位并行比较 ADC 串接,只需 2×16 个电阻、2×15 个比较器和 D 触发器等。电路硬件减少了,当然这是以牺牲速度换来的。

【例 9-13】　八位并/串型 ADC 电路如图 9-19 所示,输入 V_{in} 的电压变化范围为 $0\sim8.27$ V,若 $V_{in}=5.58$ V,求输出的八位二进制数 $X_1\sim X_8$ 等于多少?各步运算取小数点后两位。

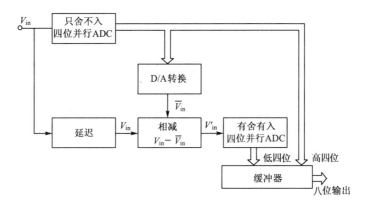

图 9-19　八位并/串型 ADC 原理图

解　高四位采用只舍不入四位并行 ADC,V_{in} 的变化范围为 $0\sim8.27$ V,取 $V_{ref}=8.27$ V,高四位阶梯 $s_1=V_{ref}/2^4=8.27/16=0.52$ V,$V_{in}/s_1=5.58/0.52=10.73$,只舍不入,取 10。高四位数字量为 $X_1X_2X_3X_4=1010$。

1010 的等效模拟输入值为 $\overline{V}_{in}=s_1\times10=0.52\times10=5.20$ V,还未转换的模拟量 $V'_{in}=5.58-5.20=0.38$ V,送入低四位 ADC 进行转换。低四位采用有舍有入四位并行型 ADC,此时的参考电压 V'_{ref} 取高四位的阶梯,即 $V'_{ref}=s_1$,低四位阶梯 $s_2=V'_{ref}/(2^4-1)=0.52/15=0.03$ V,$V'_{in}/s_2=0.38/0.03=12.67$,四舍五入,取 13。低四位数字量为 $X_5X_6X_7X_8=1101$,八位数字量 $X_1X_2X_3X_4X_5X_6X_7X_8=10101101$。

9.4.4　逐次逼近型 ADC

在 ADC 中,逐次逼近型 ADC 又称为逐位比较型 ADC。逐次逼近转换过程与用天平称物体重量非常相似。天平称重过程中,从最重的砝码开始试放,与被称物体进行比较。若物体重于砝码,则该砝码保留,否则移去。再加上第二个次重砝码,由物体的重量是否大于砝码的重量决定第二个砝码是留下还是移去。依此继续,一直加到最小一个砝码为止。将所有留下的砝码重量相加,就得到物体的重量。仿照这一思路,逐位比较型 ADC 将输入模拟信号与不同的参考电压做多次比较,使转换所得的数字量在数值上逐次逼近输入模拟量对应值。

逐次逼近型 ADC 电路结构框图可以用图 9-20 来说明,它主要包括电压比较器、逻辑控制电路、逐次逼近寄存器、DAC 和并行数字输出等几个部分。

转换开始前,先将寄存器清 0,所以加给 DAC 的数字量也是全 0。

第一个 CLK 信号将寄存器的最高位置成 1,使寄存器的输出为 $10\cdots0$。这个数字量被 DAC 转换成相应的模拟电压 V_o,并送到比较器与输入信号 V_i 进行比较。如果 $V_o>V_i$,说明数字过大了,则这个 1 应去掉;如果 $V_o<V_i$,说明数字还不够大,这个 1 应保留。然后,再按同样的方法将次高位置 1,并比较 V_o 与 V_i 的大小,以确定这一位的 1 是否应保留。这样逐位比较下去,直到最低位比较完为止。这时寄存器里所存的数码就是所求的输出数字量。

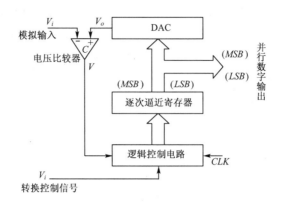

图 9-20 逐次逼近型 ADC 电路结构框图

图 9-21 给出了三位逐次逼近型 ADC 电路,图中的 C 为电压比较器。当 $V_i \geqslant V_o$ 时,比较器的输出 $V=0$;当 $V_i < V_o$ 时,$V=1$。F_A、F_B、F_C 三个触发器组成了三位数码寄存器,触发器 $FF_1 \sim FF_5$ 和门电路 $G_1 \sim G_9$ 组成逻辑控制电路。

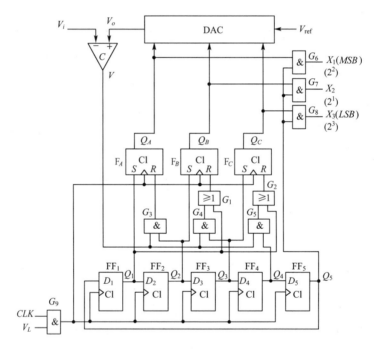

图 9-21 三位逐次逼近型 ADC 电路

转换开始前,先将 F_A、F_B、F_C 置 0,同时将 $FF_1 \sim FF_5$ 组成的环型移位寄存器置成 $Q_1 Q_2 Q_3 Q_4 Q_5 = 10000$。

转换控制信号 V_L 变成高电平以后,转换开始。第一个 CLK 脉冲到达后,F_A 被置 1,而 F_B、F_C 被置 0。这时寄存器的状态 $Q_A Q_B Q_C = 100$ 加到只舍不入 DAC 的输入端上,并在 DAC 的输出端得到相应的模拟电压 V_o。V_o 和 V_i 在比较器中比较,其结果不外乎两种:若 $V_i \geqslant V_o$,则 $V=0$;若 $V_i < V_o$,则 $V=1$。同时,环形移位寄存器右移一位,使 $Q_1 Q_2 Q_3 Q_4 Q_5 = 01000$。

第二个 CLK 脉冲到达时,F_B 被置 1。若原来的 $V=1$,则 F_A 被置 0;若原来的 $V=0$,则 F_A 的 1 状态保留。同时环形移位寄存器右移一位,变为 00100 状态。

第三个 CLK 脉冲到达时，F_C 被置 1。若原来的 $V=1$，则 F_B 被置 0；若原来的 $V=0$，则 F_B 的 1 状态保留。同时环形移位寄存器右移一位，变成 00010 状态。

第四个 CLK 脉冲到达时，同样根据这时 V 的状态决定 F_C 的 1 是否应当保留。这时 F_A、F_B、F_C 的状态就是所要的转换结果。同时，环形移位寄存器右移一位，变为 00001 状态。由于 $Q_5=1$，于是 F_A，F_B，F_C 的状态便通过门 G_6，G_7，G_8 送到了输出端。

第五个 CLK 脉冲到达后，环形移位寄存器右移一位，使得 $Q_1Q_2Q_3Q_4Q_5=10000$，返回初始状态。同时，由于 $Q_5=0$，门 G_6，G_7，G_8 被封锁，转换输出信号随之消失。

在这个三位逐次逼近型 ADC 电路中，需要 n 个脉冲进行 n 次比较，在第 $(n+1)$ 个脉冲到达时，寄存器中的状态被送至输出端，在第 $(n+2)$ 个脉冲作用下，电路恢复原状态。所以完成一次转换所需要的时间为

$$t=(n+2)T_{CLK} \tag{9-19}$$

【例 9-14】 逐次逼近型 ADC 中的十位 DAC 的输出电压最大值 $V_{o,\max}=12.276$ V，时钟脉冲的频率 $f_{CLK}=500$ kHz。试解答下列问题：

(1) 若输入电压 $V_{in}=4.320$ V，转换后输出数字量 $X_1X_2\cdots X_{10}$ 是什么？

(2) 完成这次转换所需要的时间 t 为多少？

解 (1) 逐次逼近型 ADC 电路的阶梯

$$s=\frac{V_{ref}}{2^n}=\frac{12.276}{2^{10}}=0.012 \text{ V}$$

$$\frac{V_{in}}{s}=\frac{4.320}{0.012}=360 \quad \rightarrow \quad X_1X_2\cdots X_{10}=0101101000$$

(2) 转换时间

$$t=(n+2)T_{CLK}=(10+2)\times\frac{1}{500\times10^3}=24\times10^{-6} \text{ s}=24\ \mu s$$

9.4.5 双积分型 ADC

双积分型 ADC 又称为双斜式积分 ADC。图 9-22 给出了双积分型 ADC 的电路图及工作波形图。图 9-22(a) 中，V_{ref} 为参考电压，V_{in} 为被转换的模拟输入电压，A 为积分器，C 为比较器，T 触发器的 Q 端控制模拟开关 K_1，使 $Q=0$ 时，K_1 接 V_{in}；$Q=1$ 时，K_1 接 $-V_{ref}$，CLK' 脉冲周期为 T_c。

1. 定时积分

工作之前，K_0 瞬间闭合后再打开，放掉积分电容 C 上的残余电荷，所有时序部件清 0。因 $Q_n=0$，故 K_1 接 V_{in}，积分器开始对 V_{in} 积分（V_{in} 是采样-保持的输出电平，在一次 A/D 转换过程中，可以认为是恒定电压 $\overline{V}_{in}$），V_o 指数下降，V_c 为 1，即高电平，此时与门开启，$CLK=CLK'$，n 位计数器开始计数。当 $t=t_1$ 时，计数器收到 (2^n-1) 个 CLK，计数值 $Q_{n-1}\sim Q_0$ 由 n 个 0 到 n 个 1，$T_n=1$，第 2^n 个 CLK 到来，计数器复 0，Q_n 由 0→1，K_1 改接 $-V_{ref}$。积分器的输出电压 $V_o(t)$ 为

$$V_o(t)=\int_0^{t_1}-\frac{\overline{V}_{in}}{RC}dt=-\frac{\overline{V}_{in}}{RC}\int_0^{t_1}dt=-\frac{\overline{V}_{in}}{RC}2^nT_{CLK} \tag{9-20}$$

式中，$t_1-0=2^nT_{CLK}$，T_{CLK} 为时钟脉冲周期。$\frac{\overline{V}_{in}}{RC}2^nT_{CLK}$ 为采样点高度的绝对值。

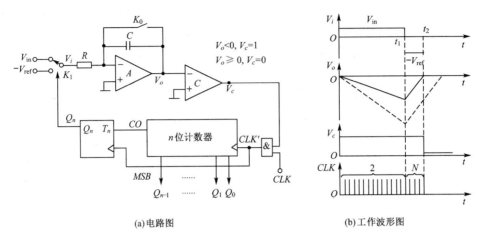

(a)电路图   (b)工作波形图

图 9-22　双积分型 ADC

2. 定压积分

从 t_1 开始,积分器对 $-V_{ref}$ 进行积分(定压积分),V_o 从最高采样点 $\dfrac{\overline{V_{in}}}{RC}2^n T_{CLK}$ 指数上升,这时 V_c 仍为高电平,与门开启,计数器从 0 开始第二次计数。当 $t=t_2$ 时,积分器输出电压上升到 0,比较器输出 $V_c=0$,与门关闭,计数器停止计数。若在 $t_2 - t_1$ 时间内,计数器接到 N 个时钟脉冲,则

$$V_o(t) = -\frac{\overline{V_{in}}}{RC}2^n T_{CLK} - \int_{t_1}^{t_2} \frac{-V_{ref}}{RC}\mathrm{d}t = 0$$

$$\frac{\overline{V_{in}}}{RC}2^n T_{CLK} = \frac{V_{ref}}{RC}N T_{CLK}$$

$$N = \frac{\overline{V_{in}}}{V_{ref}}2^n \tag{9-21}$$

计数器第二次积分的脉冲数 N(十进制数)与输入电压 V_{in} 成正比,实现了 A/D 转换。

双积分型 ADC 电路的优点是转换精度高,对平均值为 0 的噪声有很强的抑制能力。缺点是转换速率较低。可用于低速、高精度的数字系统中。

【例 9-15】 在图 9-22(a)电路中,计数器位数 $n=10$,$V_{ref}=12$ V,时钟脉冲频率 $f_{CLK}=10^3$ Hz,完成一次转换最长需要多少时间? 若输入模拟电压 $V_{in}=5$ V,试求输出的数字量 $X_1 \sim X_{10}$ 是多少?

解 双积分型 ADC 电路第一次积分时间 $T_1=t_1-0=2^n T_{CLK}$ 是固定的,第二次积分时间 $T_2=t_2-t_1$ 与采样点的高度成正比,即与 V_{in} 成正比。当 $T_2=T_1-1$ 时,完成转换的时间最长

$$T_{max}=T_1+(T_1-1)=(2 \times 2^{10}-1) \times \frac{1}{10^3}=2.047 \text{ s}$$

当 $V_{in}=5$ V 时,输出的数字量为

$$N=\frac{\overline{V_{in}}}{V_{ref}}2^n = \frac{5}{12} \times 2^{10}=426.67$$

$$426=(0110101010)_2$$

输出的数字量

$$X_1 \sim X_{10}=0110101010$$

9.5　集成模数转换电路

目前集成 ADC 的产品型号很多,用于视频信号处理的 A/D 转换单片集成电路大多采用并行比较型或串并比较型 ADC,用于数字仪表的 ADC 较多采用双积分型 ADC。下面介绍几种使用较广的 ADC 芯片。

9.5.1　集成芯片 ADC0816

ADC0816 是一种带 16 路模拟开关的八位 ADC,ADC0816 管脚图如图 9-23 所示,图 9-24 给出 ADC0816 内部框图。从图 9-24 可以看出,ADC0816 由两部分组成,一是 16 选 1 的模拟开关,二是一个完整的八位 ADC。在模拟通道开关中含有四位地址选择信号,决定 $IN_0 \sim IN_{15}$ 中任一路通过开关,送到公共输出端。地址输入信号可以保存在地址锁存器,也可进一步扩展更多通道的选择。

完整的八位 ADC 包括定时与控制单元、逐次逼近寄存器 SAR、电压比较器、256 个电阻组成的网络(分 256 个电压等级)、A/D 转换的开关阵列、三态输出控制电路和其他控制电路。输入模拟信号从比较输入端输入。当接收到启动信号后,定时与控制单元间的寄存器 SAR 和电压比较器 C 发出开始 A/D 转换的信息,当最低位(LSB)比较结束时,定时与控制端发出允许输出的 EOC 信号,接收器收到 EOC 信号后,发出三态控制信号,数据就可以输出,完成一次 A/D 转换的全过程。

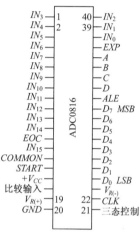

图 9-23　ADC0816 管脚图

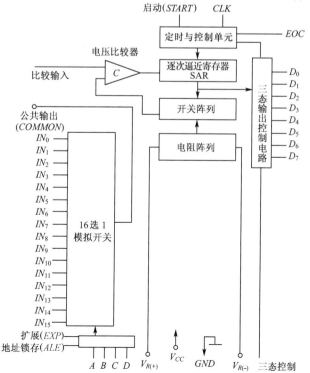

图 9-24　ADC0816 内部框图

ADC0816 是 40 脚双列直插式封装,下面说明各管脚的作用。

$IN_0 \sim IN_{15}$——16 路模拟信号通道输入端。

A、B、C、D——四位地址信号输入端,决定任何一路模拟信号经开关送至公共输出端。

地址锁存(ALE)——用该信号把 A、B、C、D 的输入地址信号锁存在 ADC0816 内部的地址寄存器内。在转换过程中 A、B、C、D 必须保持不变。高电平有效。

扩展(EXP)——输入控制信号,通道数可以增至 16 路以上。

公共输出($COMMON$)——模拟通道输出。

比较输入——模拟信号输入端,通常与公共输出直接连接。

启动($START$)——控制 ADC0816 开始执行 A/D 转换的输入信号。高电平有效。

EOC——A/D 转换结束时的输出信号,低电平表示正在转换,跳变为高电平表示转换结束。

$D_0 \sim D_7$——数据信号输出。

三态控制——控制信号输入端。高电平有效。

$V_{R(+)}$、$V_{R(-)}$——基准电压输入。$V_{R(+)}$ 不应高于 V_{CC},$V_{R(-)}$ 不应低于 0,若 $V_{R(+)}$ 低于 V_{CC},$V_{R(-)}$ 高于 0,必须满足 $(V_{R(+)} + V_{R(-)})/2 = V_{CC}/2$。这是 ADC0816 内部电路所要求的。

9.5.2 集成 ADC 芯片 CC7106/CC7107

1. CC7106 器件简介

集成 ADC 芯片中,CC7106 是一种 CMOS 双积分型 ADC,它能将输入的被测电压转换成四位 8421BCD 码并进行 7 段译码后以 a、b、c、d、e、f、g 7 段码的形式输出,可直接驱动液晶显示器。其工作电压为 5～9 V,功耗低,只需配备少量的外围元件即可构成数字电压表,因此使用简单方便,在数字仪表中得到广泛应用。与之相类似的器件有 7116、7126、7136 等,与之相类似但可直接配用 LED 显示器的有 7107、7117 等。CC7106 管脚图如图 9-25 所示,其管脚功能如下。

1 脚——U_+,电源正极。

2～8 脚——d_1、c_1、b_1、a_1、f_1、g_1、e_1,"个"位的 7 段码输出。

9～14、25 脚——d_2、c_2、b_2、a_2、f_2、e_2、g_2,十位的 7 段码输出。

15～18、22～24 脚——d_3、b_3、f_3、e_3、g_3、a_3、c_3,百位的 7 段码输出。

19 脚——$a_4 b_4$,千位的 a 段码和 b 段码,因为千位只显示 1,所以显示器的 a 段和 b 段连接在一起,由 19 脚驱动。

20 脚——POL,极性显示。

21 脚——BP,液晶显示器背极板。

26 脚——U_-,电源负极。

27 脚——INT,积分器外接积分电容的输入端。

28 脚——$BUFE$,缓冲器的输出端,外接积分电阻。

29 脚——AZ,外接自动调零电容。

30 脚——IN_-,模拟信号(被测信号)的负极输入端。

31 脚——IN_+,模拟信号(被测信号)的正极输入端。

32 脚——COM,模拟信号(参考电压、被测电压)的公共端。

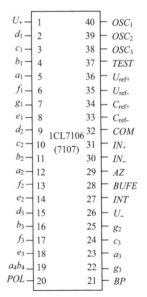

图 9-25　CC7106 管脚图

33、34 脚——C_{ref-}、C_{ref+}，外接基准电容。

35、36 脚——U_{ref-}、U_{ref+}，基准电压的负极、正极输入端。

37 脚——$TEST$，逻辑电路的共用地端，与其他电路配合使用时，外部逻辑电路的地接此端。

38～40 脚——$OSC3$、OSC_2、OSC_1，外接振荡电阻和电容，所采用的典型时钟频率值为 48 kHz。

2. 应用举例

【例 9-16】　用 CC7106 ADC 构成 $3\frac{1}{2}$ 位数字电压表，利用 A/D 转换可以构成 n 位数字电压表。图 9-26 是使用 CC7106 A/D 转换集成电路构成的 $3\frac{1}{2}$ 位数字电压表电路，所显示的数字最大为 1 999（实际上也就是内部计数器的最大计数值），因其最高位所能显示的最大数仅为 1，故称为 $3\frac{1}{2}$ 位（三位半）。

该电路的参考电压 U_{ref} 取输入电压最大值的 1/2，对于满量程 200 mV 的输入电压，取 $U_{ref}=100$ mV；对于满量程为 2 V 的输入电压，取 $U_{ref}=1$ V。

为了适应多种量程的需要，可以使用电阻分压器配合转换开关把各种大于 2 V 的电压衰减为标准的 2 V，然后从图中的 U_i 输入端接入，则该电路就成为一个数字式多量程的直流电压表。

该电路也可以用于对其他物理量的测量。例如对温度的测量，其方法是使用温度传感器把温度转换为模拟电压量，再用放大器等适当的电路对模拟电压量进行放大处理，最终将量程内的温度值变换成与 0～2 V 相对应的电压，然后由图 9-26 电路中的 U_i 端输入，便可形成一个数字式温度计。

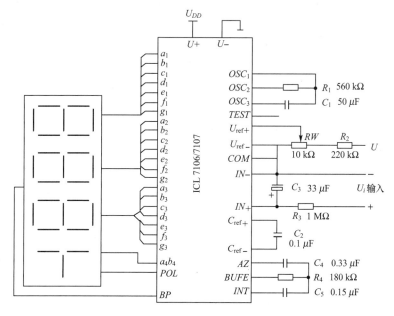

图 9-26　$3\frac{1}{2}$ 位数字电压表电路

9.6　模数转换的主要技术指标

ADC 的性能参数主要有转换精度和转换速度等。转换精度常用分辨率和转换误差来表示。

1. 分辨率

分辨率是 ADC 能够分辨最小信号的能力,一般用输出的二进制位数来表示。如 ADC0816 的分辨率为八位,表明它能分辨满量程输入的 $1/2^8$。

2. 转换误差

转换误差是转换结果相对于理论值的误差,常用 LSB 的倍数表示,如果给出的转换误差小于等于 $LSB/2$,表示 ADC 实际值与理论值之间的差别最大不超过半个最低有效位。ADC 的转换误差是由 ADC 电路中各种元器件的非理想特性造成的,它是一个综合性指标,也包括比例系数误差、失调误差和非线性误差等多种类型误差,其成因与 DAC 电路类似。必须指出,由于转换误差的存在,一味地增加输出数字量的位数并不一定能提高 ADC 的精度,必须根据转换误差小于等于量化误差这一关系,合理地选择数字量的位数。

3. 转换速度

转换速度是指完成一次 A/D 转换所需的时间,故又称为转换时间,它是 A/D 转换启动时刻起到输出数字信号稳定后所经历的时间。

9.7 R-2R 电阻网络 DAC 应用实例——VGA 显示模块

9.7.1 VGA 显示接口介绍

视频图形阵列(Video Graphics Array,VGA)的接口主要由 5 个信号线组成:红色模拟分量 RED,绿色模拟分量 GREEN,蓝色模拟分量 BLUE,行同步数字信号 HSYNC,场同步数字信号 VSYNC,VGA 接口和引脚图如图 9-27 所示。

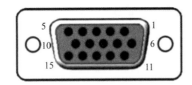

引脚	名称	描述	引脚	名称	描述
1	RED	红色	9	KEY	预留
2	GREEN	绿色	10	GND	场同步地
3	BLUE	蓝色	11	ID0	地址码0
4	ID2	地址码2	12	ID1	地址码1
5	GND	行同步地	13	HSYNC	行同步
6	RGND	红色地	14	VSYNC	场同步
7	GGND	绿色地	15	ID3	地址码3
8	BGND	蓝色地			

(a)VGA接口　　　　　　　　　　　　　　　(b)VGA引脚图

图 9-27　VGA 接口和引脚图

三根颜色信号线上需要传输的是三种颜色分量的模拟电压值,但计算机内部的颜色是数字信号表示,这时就需要进行数模转换。可以使用 R-2R 的权值电阻网络来实现,VGA 电路分压电路原理图如图 9-28 所示。VGA 接口共有 15 针,分成 3 排,每排 5 针,使用电阻网络分压模拟 DAC,0~0.714 V。

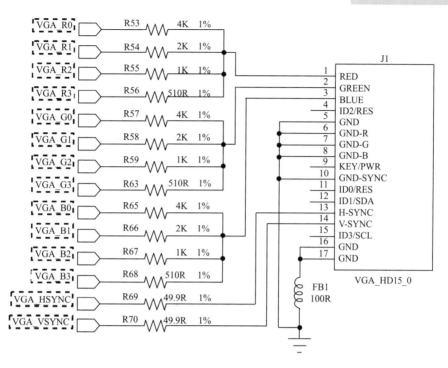

图 9-28 VGA 电阻分压电路原理图

9.7.2 功能代码

```
module vga_control(
input vga_clk，//VGA 时钟信号，外部输入
input rst_n，//复位信号
input[11:0] vga_data,
output[11:0] vga_x,
output[11:0] vga_y,
output vga_vld,
output hsync，//行同步数字信号
output vsync，//场同步数字信号
output[3:0] vga_r，;//红色模拟分量
output[3:0] vga_g，//绿色模拟分量
output[3:0] vga_b，//蓝色模拟分量
);
/* * * * * * * * * * * * * * * * * * * * * * * * * * * * */
//800 * 600@60hz 40MHz
parameter hsync_end = 12'd118−1'b1;
parameter hdat_begin = 12'd216−1'b1;
parameter hdat_end = 12'd1016−1'b1;
parameter hpixel_end = 12'd1056−1'b1;
parameter vsync_end = 12'd4−1'b1;
parameter vdat_begin = 12'd27−1'b1;
parameter vdat_end = 12'd627−1'b1;
```

```
parameter vline_end = 12'd628-1'b1;
/* * * * * * * * * * * * * * * * * * * * * * * * * * * * * */
reg[11:0] hcount; //行计数器
reg[11:0] vcount; //场计数器
wire hcount_ov; //行结束信号
wire vcount_ov; //场结束信号
wire dat_act; //有效数据区域信号
wire[3:0] data_r;
wire[3:0] data_g;
wire[3:0] data_b;
/* * * * * * * * * * * * * * * * * * * * * * * * * * * * * */
assign data_r = vga_data[11:8];
assign data_g = vga_data[7:4];
assign data_b = vga_data[3:0];
assign vga_vld = dat_act;
assign vga_x = (dat_act) ? (hcount-hdat_begin) : 12'd0;
assign vga_y = (dat_act) ? (vcount-vdat_begin) : 12'd0;
/* * * * * * * * * * * * * * * * * * * * * * * * * * * * * */
//行计数过程
always @(posedge vga_clk or negedge rst_n)
    begin
        if(! rst_n)
            hcount<=12'd0;
        else if(hcount_ov)
            hcount<=12'd0;
        else
            hcount<=hcount+12'd1;
    end


assign hcount_ov = (hcount==hpixel_end); //行结束信号
/* * * * * * * * * * * * * * * * * * * * * * * * * * * * * */
//场计数过程
always @(posedge vga_clk or negedge rst_n)
    begin
        if(! rst_n)
            vcount<=12'd0;
        else if(hcount_ov)
            begin
                if(vcount_ov)
                    vcount<=12'd0;
                else
                    vcount<=vcount+12'd1;
            end
    end
```

assign vcount_ov =（vcount＝＝vline_end）；//场结束信号

/＊＊＊＊＊＊＊＊＊＊＊＊＊＊＊＊＊＊＊＊＊＊＊＊＊＊＊／

assign hsync =（hcount＜hsync_end）；//行同步数字信号

assign vsync =（vcount＜vsync_end）；//场同步数字信号

/＊＊＊＊＊＊＊＊＊＊＊＊＊＊＊＊＊＊＊＊＊＊＊＊＊＊＊／

assign dat_act =（hcount＞＝hdat_begin）&&（hcount＜hdat_end）&&（vcount＞＝vdat_begin）&&（vcount＜vdat_end）；//有效数据信号

assign {vga_r,vga_g,vga_b} =（dat_act）? {data_r,data_g,data_b} : 12'b0000_0000_0000;

/＊＊＊＊＊＊＊＊＊＊＊＊＊＊＊＊＊＊＊＊＊＊＊＊＊＊＊／

endmodule

习题 9

9-1 D/A 转换有哪几种基本类型，各自的特点是什么？

9-2 有一理想指标的五位 DAC，满刻度模拟输出为 12 V，若数字量为 11001，采用下列编码方式时，其归一化表示法的 DAC 输出电压 V_o 分别为多少？

（1）自然加权码；

（2）原码；

（3）反码；

（4）补码；

（5）偏移码。

9-3 三位二进制权电阻网络 DAC（图 9-2）中，若 $V_{ref}=8$ V，$R=1$ kΩ，$R_f=1$ kΩ，求：

（1）数字量 $X_1X_2X_3＝010$ 和 100 时，V_o 分别为多少？

（2）分辨率 $|V_{o,min}|$ 等于多少？

（3）最大值 $V_{o,max}$ 等于多少？

（4）满刻度值 FSR 等于多少？

9-4 五位 R-2R 梯形电阻 DAC 电路中，$V_{ref}=20$ V，$R=R_f=2$ kΩ，当数字量 $X_1X_2X_3X_4X_5＝10101$ 时，输出电压 V_o 为多少？FSR 等于多少？

9-5 十位 R-2R 倒梯形电阻 DAC 电路中，$V_{ref}=18$ V，$R=2$ kΩ，$R_f=1$ kΩ，求：

（1）输出电压 V_o 的变化范围；

（2）若十位数字量 $X_1\sim X_{10}＝0001011010$，输出电压 V_o 的值。

9-6 图 9-5 中三位 R-2R 倒梯形电阻 DAC 电路中，已知 $V_{ref}=6$ V，$R=20$ kΩ，$X_1X_2X_3＝110$，求：当 $V_o＝-1.5$ V 时，反馈电阻 R_f 的值。

9-7 图 9-6 所示电流激励 DAC 电路中，若 $I=24$ mA，$R_f=1$ kΩ，求：

（1）V_o 的有效值变化范围；

（2）满刻度值 FSR 的值；

（3）写出 n 位电流激励 DAC 电路的输出电压 V_o 和最大值 $V_{o,max}$ 的表达式。

9-8 AD7533 接收单极性码的电路（图 9-8）中，若 $V_{ref}=20$ V，数字量 $X_1\sim X_{10}$ 分别为下列各组值时，求输出电压 V_o 的值。

(1) 1111111111

(2) 0000000000

(3) 0111111111

(4) 1000000000

(5) 0000010111

9-9 AD7533 接收偏移码的电路(图 9-9)中,$V_{\text{ref}} = 15$ V,数字量 $X_1 \sim X_{10}$ 分别为下列各组值时,求输出电压 V_o 的值。

(1) 1000001101

(2) 0000000000

(3) 0111111111

(4) 1111111111

(5) 1000000000

9-10 在 AD7533 接收补码的电路(图 9-10)中,$V_{\text{ref}} = 10$ V,当数字量 $X_1 \sim X_{10}$ 分别为下列各组值时,求输出电压 V_o 的值。

(1) 0000010110

(2) 1111111111

(3) 0000000000

(4) 0111111111

(5) 1000000000

9-11 有一个 DAC,最小分辨电压为 5 mV,满刻度电压为 10 V,试求该电路输入数字量应是多少?

9-12 已知某 DAC 电路,输入三位数字量,参考电压 $V_{\text{ref}} = 8$ V,当输入数字量 $D_2D_1D_0$ 如题图 9-12 顺序变化时,求相应的模拟量的绝对值 $|V_o|$,并对应时钟脉冲 CLK(上升沿)画出 $|V_o|$ 的波形。

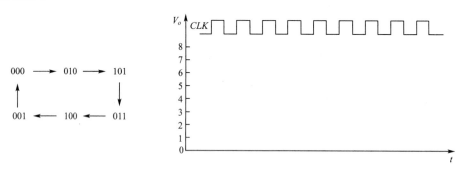

题图 9-12

9-13 将模拟信号转换为数字信号,应选用( )。

A. DAC 电路   B. ADC 电路   C. 译码器   D. 多路选择器

9-14 ADC 的功能是( )。

A. 把模拟信号转换成数字信号   B. 把数字信号转换成模拟信号

C. 把二进制数转换成十进制数   D. 把 BCD 码转换成二进制数

9-15 图 9-17 所示的三位有舍有入并行比较型 ADC 电路中,若 $V_{\text{ref}} = 7.7$ V,$R = 1$ kΩ,求:

(1) 当输入电压 $V_{\text{in}} = 5.27$ V 时,输出数字量 $X_1X_2X_3$ 等于多少?

(2)若已知数字量 $X_1X_2X_3=011$,此时的 V_{in} 等于多少?

9-16 五位有舍有入并行比较 ADC 电路中,若 $V_{ref}=31$ V,$R=1$ kΩ,求:

(1)当输入电压 $V_{in}=18.89$ V 时,输出数字量 $X_1 \sim X_5$ 等于多少?

(2)若已知五位数字量 $X_1 \sim X_5=11000$,此时的 V_{in} 和等效模拟输入 $\overline{V}_{in}$ 分别为多少?

(3)若已知等效模拟输入 $\overline{V}_{in}=15$ V,此时的 V_{in} 及 $X_1 \sim X_5$ 分别为多少。

9-17 只舍不入四位并行比较型 ADC 电路中,若 $V_{ref}=16$ V,$R=2$ kΩ,求:

(1)当 $V_{in}=12.85$ V 时,输出数字量 $X_1X_2X_3X_4$ 的值。

(2)若已知输出数字量 $X_1X_2X_3X_4=1001$,此时输入模拟电压 V_{in} 和等效模拟输入 $\overline{V}_{in}$ 分别等于多少?

9-18 图 9-19 所示的八位并/串型 ADC 中,若取样保持后的输入电压变化范围为 $0 \sim 3.78$ V,输入电压 $V_{in}=850$ mV,求经过并/串型 ADC 后输出的八位二进制数 $X_1 \sim X_8$ 的值。每步计算保留三位小数。

9-19 六位并/串型 ADC 电路,高三位用只舍不入量化方法,低三位用有舍有入量化方法,若 $V_{ref}=5.42$ V,$V_{in}=3.26$ V,求输出的六位二进制数 $X_1 \sim X_6$ 的值。

9-20 三位逐次比较型 ADC 电路中,若 $V_{ref}=10$ V,$V_{in}=8.26$ V,求输出数字量 $X_1X_2X_3$。

9-21 在图 9-22 所示的双积分型 ADC 电路中,若计数器为十位二进制计数器,时钟频率 $f_{CLK}=1$ MHz,试计算 ADC 的最大转换时间 T;若输入模拟电压 $V_{in}=6.5$ V,试求输出的数字量 $X_1 \sim X_{10}$ 是多少?

9-22 某双积分型 ADC 电路中,计数器为四位十进制计数,其最大计数值为 $(3\,000)_{10}$,已知计数时钟频率 $f_{CLK}=30$ kHz,积分器中 $R=100$ kΩ,$C=5$ μF,输入电压 V_{in} 的变化范围为 $0 \sim 5$ V,试求:

(1)第一次最大积分时间 t_1。

(2)积分器的最大输出电压 $|V_{o,max}|$。

(3)若 $V_{ref}=10$ V,第二次积分计数器计数值 $N=(1\,500)_{10}$,输入电压 V_{in} 的平均值等于多少?

卓越成就

卓越成就

卓越成就

第10章
半导体存储器及可编程逻辑器件

本 章 提 要

　　本章前部分主要介绍半导体存储器的分类、基本存储单元的存储原理以及存储器的总体结构和系统工作原理。本章涵盖的存储器类型包括 SRAM、DRAM、ROM、PROM、EPROM、EEPROM 以及 Flash 存储器。在应用方面介绍了几种型号的半导体存储器以及扩展存储器容量的一般方法。

　　本章后部分主要介绍可编程逻辑器件的分类、各种可编程逻辑器件的总体结构和编程原理。本章涵盖的可编程逻辑器件类型包括 PROM、PLA、PAL、GAL、CPLD 和 FPGA。在应用方面介绍了可编程逻辑器件实现逻辑功能的一般方法。

　　本章的要求：

　　(1)熟悉半导体存储器的分类,理解各种基本存储单元的存储原理以及存储器的总体结构和系统工作原理。

　　(2)熟悉可编程逻辑器件的分类,理解各种可编程逻辑器件的总体结构和编程原理。

　　(3)掌握扩展存储器容量的一般方法;掌握可编程逻辑器件实现逻辑功能的一般方法。

　　本章重点:各类半导体存储器的原理、功能特点和应用;各类可编程逻辑器件的原理、功能特点和应用。

10.1　半导体存储器概述

　　半导体存储器是一种能存储大量信息的固态电子器件,通常由基本存储单元组成的存储阵列、数据读写电路、地址译码电路和输入/输出控制电路构成。半导体存储器的基本存储单元和辅助电路可以集成在一个芯片内部,从而获得高集成度、高可靠性、小体积、大容量的全固态存储器。

　　半导体存储器的基本存储单元以某种物理状态(如电压高低、电荷有无、电路通断等)表示

"0""1"等数据信息。测量存储单元的物理状态转换为逻辑电平信号,即读取数据;根据输入的逻辑电平信号设置存储单元的物理状态,即写入数据。众多基本存储单元组成存储矩阵,以存储大量数据信息。

地址译码电路能够根据指定的地址数据,选通特定的一个或一组存储单元进行读写。未被选通单元不会影响到被选通单元的读/写操作和数据输入输出。

数据读写电路根据基本存储单元的性质不同,或简单或复杂。有些类型的存储单元可以直接输入输出逻辑电平,数据读写电路进行必要的缓冲、锁存即可。而另一些类型的基本存储单元产生的信号微弱,需要对信号放大以后才能达到逻辑电平标准。存储器内包含大量基本存储单元,为每一个存储单元配置单独的数据读写电路显然是代价高昂的。因此一组存储单元之间通常共用读写电路,由地址译码电路选通控制。

输入/输出控制电路通常包括数据线、片选线、读写控制线、输出使能线、时钟线等信号线,以及相关控制逻辑电路。输入/输出控制电路一般会适配特定类型的通信接口、总线协议标准,以并行、串行、多通道串行等方式发送或接收数据。

10.1.1　半导体存储器的分类

半导体存储器有多种分类方式,半导体存储器的分类如图 10-1 所示。

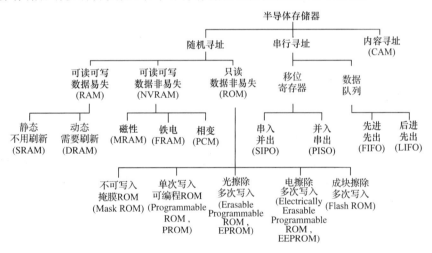

图 10-1　半导体存储器的分类

1.根据电路使用的晶体管类型,半导体存储器可分为双极型和 MOS 型。

双极型半导体存储器具有工作速度快、功耗大、价格较高的特点,它以双极型触发器为基本存储单元,主要用于对速度要求较高的场合,如数字电子计算机中的高速缓存。

MOS 型存储器具有集成度高、功耗小、工艺简单、价格低的特点,它以 MOS 触发器为基本存储单元,主要用于大容量存储系统中,如计算机中的主存储器(内存)。

2.按存储内容可变性,半导体存储器可分为只读存储器(Read-only Memory,ROM)和随机存取存储器(Random Access Memory,RAM)。

从命名理解,ROM 是只能读取而不能写入数据的存储器。但是随着存储器技术的发展,出现了可编程 ROM。例如可单次写入数据的 PROM 以及可以多次写入数据的 EPROM、EEPROM、FLASH 等新类型器件。ROM 的一个重要特征是其存储的数据在断电后不会消失。

与 ROM 相对,RAM 是既能读取又能写入的半导体存储器。RAM 的一个重要特性没有体现在其名称中:目前主要的 RAM 种类都不能在断电后保持数据。但是 RAM 的概念又并不完全与 ROM 对应。RAM 还意味着可以随机地向存储器的任意存储单元写入数据或读出数据,且速度、延时没有明显差异。这一点将 RAM 与可编程的 ROM 区分开来,因为可编程 ROM 的数据写入速度远低于读取速度,在最终产品中通常只使用其读取功能。

3.根据存储器的寻址和存取方式,可分为随机存取存储器、顺序存取存储器(Sequential Access Memory,SAM)。

如前所述,随机存取存储器可以随机地向存储器的任意存储单元写入数据或读出数据,且速度、延时没有明显差异。

而顺序存取存储器对信息的读/写操作是按顺序进行的,可以采用"先入先出(First In First Out,FIFO)"或"先入后出 (First In Last Out,FILO)"等方式。

4.根据数据是否需要定期重写刷新,RAM 又分为 DRAM 和 SRAM。

动态随机存取存储器(Dynamic RAM,DRAM)通过电容中的电荷存储数据。电容存在漏电流,过一段时间数据就会消失。因此 DRAM 必须定期读取数据重新写入。这个过程称为刷新。此外 DRAM 的读取过程也消耗电容中的电荷,会破坏原有数据,因此每次读取数据后要写回原有数据。DRAM 的主要特点是集成度非常高,功耗低,价格比较便宜,主要用于计算机的内存。

静态随机存取存储器(Static RAM,SRAM)利用触发器的保持状态存储数据,只要不断电数据就可以一直保存,因此不需要数据刷新和写回过程。SRAM 的基本存储电路包含的晶体管较多,集成度较低,因此多作为处理器内部的缓存使用。

5.根据数据的易失性分类。根据断电后数据是否消失将存储器分为易失性存储器(各种类型的 RAM)和非易失性存储器(各种类型的 ROM)。而非易失性随机存储器(Non-Volatile Random Access Memory,NVRAM)指断电后仍能保持数据的 RAM。一种 NVRAM 的实现方式是通过电池维持 RAM 存储器的供电。采用新存储原理的 NVRAM,例如铁电存储器(Ferroelectric RAM,FRAM)、相变存储器(Phase Change Memory,PCM)、磁性存储器(Magnetoresistive RAM,MRAM)等,因为集成度、价格等方面原因目前还没有被广泛应用。

10.1.2 半导体存储器的技术指标

存储器的两个主要技术指标是存储容量和存取速度

1.存储容量

存储容量表示存储器存放数据的多少。二进制数据中的一个位称为比特(bit,简写成 b)。存储器内同一个地址上存放的一组二进制数据,称为字。字的位数称为字长,或称为位宽。若一个存储器有 n 根地址线且进行全译码,则产生 2^n 个不同的地址。若每个字为 m 位,则该存储器的存储容量为 $2^n \times m$ 比特。例如一个存储器字长为 4 比特,有 10 根地址线,则该存储器的容量是 $2^{10} \times 4 = 4\,096$ 比特。

在表示存储器的容量时,通常以字节(Byte,简写成 B)为单位进行描述,1 Byte=8 bit。在存储器容量领域,K 代表 1 024,4 096 比特也可表示为 4K 比特(4Kb)或者 0.5K 字节(0.5KB)。

常见的存储器容量计数单位如下:

$$K = 2^{10} = 1\ 024$$
$$M = 2^{20} = 1\ 024\ K$$
$$G = 2^{30} = 1\ 024\ M$$
$$T = 2^{40} = 1\ 024\ G$$

2. 存取速度

存储器的速度可以从读写周期、存储器带宽以及存储器延时三个方面来描述。

读写周期指存储器进行一次完整的读/写操作所需的全部时间,即连续两次独立地访问存储器操作(读或写操作)之间所需的最小时间间隔。

存储器带宽也称为吞吐率,指单位时间里存储器能存取的最大数据量。对于并行接口的存储器,存储器带宽=字长÷读写周期。带宽通常以"位/秒"或"字节/秒"为单位。在进行高速通信时,并行接口每条数据线上的信号必须同时到达接收端,且要防止数据线之间的串扰,布线难度较大。因此一些高速存储器常采用多通道串行通信。在时钟频率不变的情况下,可以通过增加更多串行通道提高存储器的带宽。

存储器延时是从开始读/写操作到获得第一个(组)数据的时间间隔。有些类型的存储器在进入连续读写阶段时带宽很高,但是开始传输前进行各种准备工作的时间不可忽略,因为其甚至长于真正的数据读写时间。现代处理器在发出读取内存数据指令后,可能要等待上百个指令周期才能得到数据。

10.2　静态随机存取存储器(SRAM)

"静态"是指 SRAM 只要保持通电,数据就不会丢失。与之相对,动态随机存取存储器(DRAM)所储存的数据就需要周期性地重新写入(刷新),否则数据会丢失。当然断电后 SRAM 储存的数据还是会消失,因此 SRAM 属于易失性存储器。SRAM 速度快,但是相对 DRAM 来说每个存储单元需要更多晶体管,体积大,价格高,因此在个人计算机中 SRAM 容量难以达到 GB 量级来作为内存使用,而多是以几十 KB 到十几 MB 的容量集成在处理器中作为各级缓存使用。在规模更小的单片机和嵌入式系统中 SRAM 可以作为内存使用,容量一般是几 KB 到几百 KB。

10.2.1　SRAM 的基本结构和原理

SRAM 的结构示意图如图 10-2 所示,它由存储阵列、地址译码器、输入/输出控制电路等部分组成。

1. 存储阵列

SRAM 以 D 触发器为基本存储单元,利用 D 触发器的双稳态特性,可以保存 1 位数据。图 10-2 所示 SRAM 有 64 根字线,每根字线控制一组 4 个存储单元,构成了 64×4 的存储阵列,容量为 64×4=256 比特。每根字线对应一个地址数据,连接在一根字线的 4 个基本存储单元具有相同地址,同时被选通、输入输出数据,因此存储器字长(位宽)为 4 比特。

在物理上所有存储器单元以二维阵列方式平铺在芯片上,图 10-2 示意的 64×4 存储阵列

在物理上可能是 16×16 排布的。而在逻辑上人们可能根据存储器单元(组)之间共用选通信号、共用读写电路等相互关系,将存储阵列按一维、二维、三维甚至更高维度划分。例如在逻辑上可以认为图 10-2 所示阵列是一个 64 单元的一维数组,每个单元存储 4 位数据。

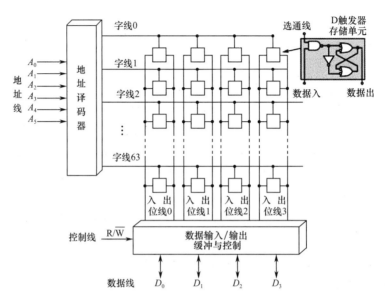

图 10-2　SRAM 的结构示意图

2. 地址译码器

地址译码器的作用,是将输入的地址数据转变为选通信号,唯一地选通一个(组)存储单元,以对其进行读/写操作。地址译码器实际是产生地址数据位全部最小项输出的与门阵列,使用单个地址译码器,n 位的地址线将产生 2^n 根选通线(字线)。图 10-2 中的 SRAM 有 6 位地址线,因此产生了 64 根字线。

过多、过长的字线会占用空间,增加布线难度,其寄生电容还影响信号传输速度。因此在高容量的半导体存储器中,通常使用双译码器(或称为 X-Y 译码器)以减少字线个数。两个译码器产生的字线分别叫作行线和列线(注意与字线和位线的区别),交叉排布成网格状,存储单元(组)所在的行和列都被选中才能进行读写。双译码器以二维方式扩展地址空间,如图 10-3 所示,6 位行地址译码器产生 64 根行选通线,2 位列地址译码器产生 4 根列线,共 68 根字线,而直接使用一个 8 位地址译码器将产生 256 根字线。显然同样存储容量下,行地址译码器和列地址译码器的位数越接近,需要的字线越少。本例中保持存储容量不变,如果使用 4 位行地址译码器和 4 位列译码器将仅需要 32 根字线。

图 10-3 中 SRAM 总的地址线为 8 根,字长为 4,容量为 $2^8 \times 4 = 1$ Kb。物理上,芯片内的基本存储单元可能以 32×32 方式排列,也可能以 64×16 方式排列。而根据存储单元之间共用选通信号、共用读写电路等相互关系,在逻辑上可以认为这是一个 64 行、4 列的二维阵列,每个单元存储 4 位数据。除了最后总的位容量相同,物理上存储单元的排布和逻辑阵列的划分并没有必然的联系。

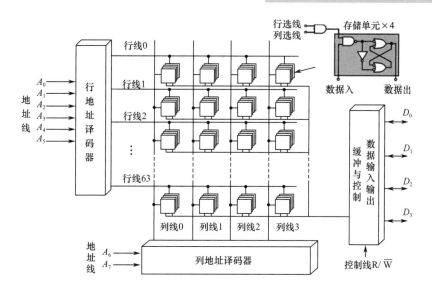

图 10-3　双译码器以二维方式扩展地址空间

3. 输入/输出控制电路

输入/输出控制电路通常包括必要的数据缓冲寄存器、读写控制线、片选线等。一种输入/输出控制电路如图 10-4 所示。其中 I/O 为数据输入/输出线；$R/\overline{W}$ 为读/写控制线；$\overline{CS}$ 为片选线。D 和 $\overline{D}$ 分别与存储矩阵的两条互补的位线相连。G_1、G_2、G_3 为三态门。

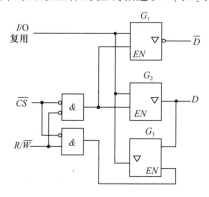

图 10-4　输入/输出控制电路

要选通 SRAM 时，$\overline{CS}$ 置为低电平，如果 $R/\overline{W}$ 为读信号（高电平），则 G_1、G_2 呈现高阻态，G_3 导通，被选中存储单元的数据信号经位线 D 和传输门 G_3 在 I/O 线上产生输出数据信号；如果 $R/\overline{W}$ 为写信号（低电平），则 G_1、G_2 导通，G_3 呈现高阻态，I/O 线上数据信号分别经过 G_1、G_2，在位线 D 和 $\overline{D}$ 上产生互补信号，数据存入被选中存储单元。

不选通 SRAM 时，$\overline{CS}$ 置为高电平，三个传输门均为高阻状态。I/O 线上的电平变化不会影响 SRAM 存储的数据，SRAM 存储的数据也不影响 I/O 线上的电平。可将多片 SRAM 的地址线、数据线分别连接，每次选通一个 SRAM，从而扩充数字系统的 SRAM 总容量。

输入/输出控制电路中还可以引入并行/串行转换逻辑和指令控制逻辑，从而实现串行接口的 SRAM。

10.2.2 SRAM 芯片选介

1. Intel 2114

2114 芯片电路符号图和管脚图如图 10-5 所示,$A_0 \sim A_9$ 为 10 根地址线,$I/O_1 \sim I/O_4$ 为 4 根双向数据线,因此 2114 型 SRAM 可寻址字数为 2^{10}(1K),字长为 4,存储容量为 4 Kb。$\overline{WE}$ 为写使能控制线,功能与前述 $R/\overline{W}$ 控制线相同,$\overline{CS}$ 为片选线。2214 芯片内部 4 096 个存储单元排成 64×64 的矩阵。每 4 个单元为一个字,因此以字计算的矩阵为 64×16 规模。$A_3 \sim A_8$ 六根地址线连接行地址译码器,产生 64 根行线;A_0、A_1、A_2、A_9 这四根地址线连接列译码器,产生 16 根列线,每根列线控制一组 4 个存储单元同时进行读/写操作。

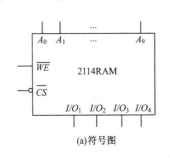
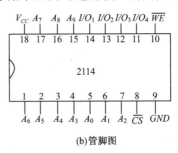

(a)符号图　　　　　　　　　　　　　(b)管脚图

图 10-5　2114 芯片电路符号和管脚图

2. Intel 6116

6116 芯片电路符号图和管脚图如图 10-6 所示,$A_0 \sim A_{10}$ 为 11 根地址线,$D_0 \sim D_7$ 为 8 根双向数据线,因此 6116 型 SRAM 可寻址字数为 2^{11}(2 K),字长为 8,存储容量为 16 Kb。以字节为单位,容量为 2 KB。

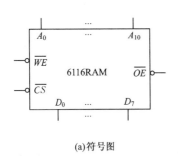
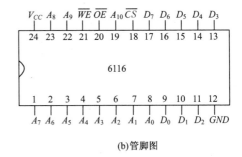

(a)符号图　　　　　　　　　　　　　(b)管脚图

图 10-6　6116 芯片电路符号和管脚图

6116 使用 $\overline{WE}$ 和 $\overline{OE}$ 两根线控制数据输入输出。$\overline{CS}=0$、$\overline{WE}=0$ 且 $\overline{OE}=1$ 时为写操作;$\overline{CS}=0$、$\overline{WE}=1$ 且 $\overline{OE}=0$ 时为读操作;$\overline{CS}=1$,也就是未被选中时,6116 可以进入低功耗保持状态,电流仅 20 μA 左右,可以用电池维持数据长时间不丢失。表 10-1 具体列出了 6116 的读写操作与控制信号之间的关系

表 10-1　　　　　　静态 6116RAM 工作方式与控制信号之间的关系

$\overline{CS}$	$\overline{OE}$	$\overline{WE}$	$A_0 \sim A_{10}$	$D_0 \sim D_7$	工作状态
1	X	X	X	高阻	低功耗
0	0	1	稳定	输出	读
0	X	0	稳定	输入	写

3. Microchip 23A256

Microchip 23A256 容量为 256 Kb,也就是 32 KB。与前文所述的并行接口 SRAM 不同,23A256 采用 SPI(Serial Peripheral Interface)协议的串行接口。23A256 芯片管脚图如图 10-7 所示,串行 SRAM 具有更小的封装,更少的管脚。

$\overline{CS}$ 为片选线,SO 为串行数据输出线,SI 为串行数据输入线,SCK 为时钟输入线。向 SRAM 写入数据时,在 SCK 时钟的每个上升沿,23A256 采样 SI 管脚上的数据信号,写入内部存储单元;从 SRAM 读取数据时,在 SCK 时钟的每个上升沿前,23A256 从 SO 管脚输出数据,确保在上升沿时数据稳定可读。

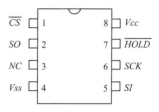

图 10-7 23A256 芯片管脚图

要开始一轮读/写操作,需先向 23A256 发送 8 位指令和 16 位地址数据,然后 23A256 可以连续读/写数据,直到 $\overline{CS}$ 被拉高,结束本轮读/写操作。$\overline{HOLD}$ 为保持信号,低电平时可以在不结束本轮读/写操作的条件下,暂时停止接收时钟信号。在多个设备共用 SPI 总线的情况下,这一功能可以避免为读写其他设备而结束一轮读/写操作(省去了重新发送指令和地址的时间)。

23A256 有三种读写模式:字节模式、页模式和连续模式,可通过指令选择。

字节模式:控制 SRAM 的设备首先发出 8 位的字节模式读/写指令,后接 16 位地址数据。如果是读操作,23A256 从 SO 管脚发出 8 位数据(图 10-8)。如果是写操作,23A256 从 SI 管脚接收 8 位数据(图 10-9)。一次完整的读/写操作需要 32 个时钟周期,而有效读写数据仅 1 字节(8 位数据),可见字节模式下读写效率不高。

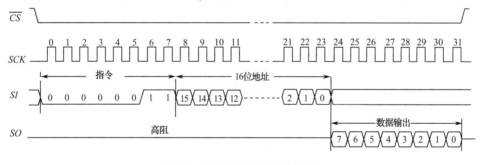

图 10-8 23A256 字节模式读取时序

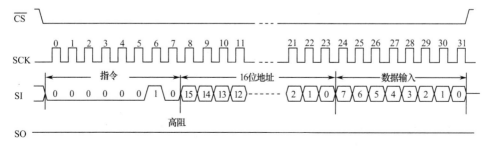

图 10-9 23A256 字节模式写入时序

页模式:23A256 将存储空间划分为 1 024 个页,每个页 32 个字节。在页模式下,只需要输入 8 位的页模式读/写指令和 16 位地址,后面就可以连续读/写 SRAM。每读写一个字节,SRAM 内部地址寄存器的值会自动加 1。在地址值到达页的边界时,会自动回到页的开始地址值。例如指定的初始读/写地址为 0010H,则此地址所在页的地址范围是 0000～001FH。在连续读取 16 个字节后地址到达页边界 001FH,下一次读/写的将是 0000H 地址单元。一轮读/写可以无限循环,直到片选信号抬高结束本轮操作。

连续模式:与页模式相似,连续模式下只需要输入 8 位的连续模式读/写指令和 16 位地址,后面就可以连续读/写 SRAM。但是在连续模式下,SRAM 内部地址寄存器的值是在整个寻址范围内循环。当到达最大地址 03FFH 时,下一个读/写的地址为 0000H。一轮读/写可以无限循环,直到片选信号抬高结束本轮操作。

10.2.3 存储器容量的扩展

在实际应用中,经常需要大容量的存储器。在单片存储器芯片容量不能满足要求时,就需要进行扩展,将多个芯片组合起来构成存储器系统。存储器容量的扩展包括位扩展和字扩展。本节以 SRAM 芯片为例,但容量扩展的方法也适用于其他类型的半导体存储器。

1. 位扩展

当芯片的位数(字长)不足时,需要进行位扩展。位扩展时,若干片容量相同的 SRAM 芯片共用地址线、片选线和输入输出控制线。将各芯片的数据线并行,对同一个地址一次可以读/写更多位数的数据。

【例 10-1】 将 1 K×2 bit SRAM 扩展成 1 K×6 bit SRAM。

解 所需 1 K×2 RAM 片数为

$$N = \frac{总容量}{单片容量} = \frac{1\ K \times 6\ \text{bit}}{1\ K \times 2\ \text{bit}} = 3$$

连接方法如图 10-10 所示。

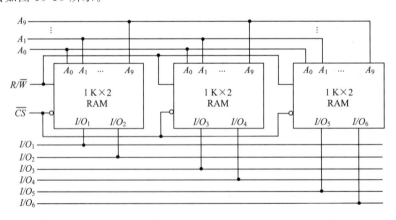

图 10-10 例 10-1 SRAM 位扩展电路图

2. 字扩展

当芯片的位数合适,而容量不足时,需要进行字扩展。存储器的字数由地址线的位数决定,因此字扩展就是扩展地址线的位数。进行字扩展时,若干片相同容量的 SRAM 芯片共用地址线、数据线和输入输出控制线,增加地址译码电路产生选通信号,分别连接到各个 SRAM

芯片的片选线。

【例 10-2】 把 256×4 bit SRAM 扩展成 512×4 bit SRAM。

解 所需 256×4 SRAM 片数为

$$N = \frac{总容量}{单片容量} = \frac{512 \times 4 \text{ bit}}{256 \times 4 \text{ bit}} = 2$$

本例中只需要扩展一位地址位,用反相器实现 1-2 译码产生两路选通信号分别连接到两片 SRAM 芯片的片选线。例 10-2SRAM 字扩展电路图如图 10-11 所示。

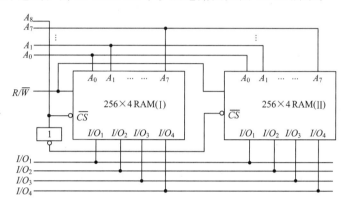

图 10-11　例 10-2 SRAM 字扩展电路图

3. 同时扩展字和位

【例 10-3】 把 64×2 bit SRAM 扩展成 256×4 bit SRAM。

解 所需 64×2 bit SRAM 的芯片数为

$$N = \frac{总容量}{单片容量} = \frac{256 \times 4 \text{ bit}}{64 \times 2 \text{ bit}} = 8$$

每两片 SRAM 为一组,按照位扩展方式连接,构成 4 组 64×4 bit SRAM;然后按照字扩展方式连接,通过一个 2-4 译码器产生每组 SRAM 的选通信号。

10.3　动态随机存取存储器(DRAM)

与基于触发器的 SRAM 存储单元相比,DRAM 的读写周期长,延迟大,且需要额外的动态刷新电路和读出放大器。但是 DRAM 存储单元结构简单利于大规模集成,单位容量的价格较低,因此存储容量以 GB 为单位的 DRAM 目前成为计算机内存的主流类型。DRAM 通常与处理器等时序电路配合使用,因此能在系统时钟驱动下以同步方式访问的 SDRAM(Synchronous DRAM)是广泛使用的 DRAM 类别。在此基础上先后发展出在时钟上下沿都能存取数据的 DDR、DDR2、DDR3、DDR4、DDR5 等具体类型。目前的 DDR5 可达到 8~64Gb 的单片容量,带宽可以达到每秒 512Gb 以上。

10.3.1　DRAM 的基本结构和原理

DRAM(1T1C)如图 10-12(a)所示,DRAM 的基本存储单元由一个晶体管和一个电容组成(称为1T1C),与6个晶体管构成的SRAM(图10-12(b))存储单元相比(称为6T),DRAM存储单元显然结构更加简单,有利于大规模集成。

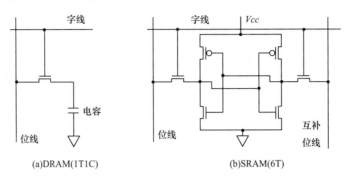

图 10-12　DRAM 与 SRAM 存储单元的对比

DRAM以电容上的电压值(电荷量)表示数据"0"和"1"。进行读/写操作时,字线电压控制晶体管开启,通过位线感知电容上的电压(读取),或者通过位线充/放电来设定电容电压(写入)。不进行读/写操作时,晶体管处于截止状态,电荷被保存在电容中,也就是保存了数据信息。但是电容中的电荷会逐渐泄露,通常存储单元内的数据仅能维持几个到几十毫秒。因此DRAM需要周期性地读取存储单元的内容并重新写回(称为刷新,Refresh)。通过不断动态刷新以保持数据不会丢失,这是动态随机存取存储器名称的由来。

为了提高读写速度、降低功耗,电容充放电时并不是充满/释放全部电荷,数据"0"和"1"实际的电压差是非常小的,因此读取数据时需要用特别灵敏的读出放大器(Sense Amplifier)将信号放大到逻辑电平。从这一点说DRAM不是纯粹的数字电路。DRAM的读取操作会改变电容中的电荷量,也就是破坏原有的数据。因此每次读取后,还要再进行一次写入操作,把数据写回到存储单元中。

完整的读操作包含了预充电(Pre-charge)、访问(Access)、读出(Sense)、写回 (Restore)四个阶段。

1.预充电:向位线充电,使其达到读出放大器的参考电压($V_{cc}/2$)。

2.访问:字线电压使晶体管导通,改变位线电压(也改变电容电压,原数据被破坏)。

3.读出:读出放大器感知位线电压的微小变化,将其放大到逻辑电平,数据被锁存。

4.写回:根据读出的数据通过位线给电容充电,使其恢复到原来电压(写回)。

写操作与读操作类似,也要经过预充电、访问、写回阶段,不过在写回阶段,数据不是来自本次读出并锁存的数据,而是来自存储待写入数据的寄存器。

DRAM存储器阵列简图如图10-13所示,图中简要描述了DRAM存储器阵列的组成。出于简化问题考虑,图中仅画出了数据读取部分,没有体现出数据写入和刷新电路。针对大容量存储的设计,以及降低读写延时的目的,DRAM的存储器阵列相对于SRAM有一些新特点。

1.每一列存储器单元共用一个读出放大器,而读出放大器是精密的模拟电路,占用空间较大,这限制了列数的增加。同时行数也不能过多,因为DRAM刷新过程是逐行进行,选通一行后,所有列上的读出放大器同时读取再写入,就完成一行刷新。行数越多,全部存储器单元刷新一次的时间就越长,而刷新期间存储器是不能对外提供读写/操作的。同时行数多也会增加列线的长度,寄生电容会影响信号强度和数据的读取速度。

2.引入了行地址锁存脉冲 $\overline{RAS}$ 和列地址锁存脉冲 $\overline{CAS}$ 这两个信号。对于大容量存储器来说,地址线数量也随之增加,例如寻址 1K 空间仅需要 10 根地址线,而寻址 1G 空间需要 30 根地址线,这给存储器芯片的封装造成困难。引入 $\overline{RAS}$ 和 $\overline{CAS}$ 信号后,DRAM 存储器阵列的行地址和列地址可以共用外部引脚。在外部地址线上,首先发送行地址,再发出 $\overline{RAS}$ 信号,行地址译码器锁存数据并选中对应行;然后发送列地址,再发出 $\overline{CAS}$ 信号,列地址译码器锁存数据并控制相应的读写电路完成对应列的数据读写。通过时序电路复用行列地址线,可以大大减少存储器封装的引脚数。

3.引入了存储器阵列地址信号 BA。地址译码器和其他电路的驱动能力都是有限的,存储器阵列的规模太大,行列线太多太长,会影响存储器的性能。因此大容量存储器会划分出多个存储器阵列,每个存储器阵列拥有自己的行、列地址译码器和读写控制电路等。这样的阵列称为 Bank。假如存储器包含 Bank0～Bank3 共 4 个存储器阵列,则可通过两位 Bank 地址信号 BA_0 和 BA_1 选通对应的阵列。通常每个 Bank 布局在方形芯片的一角,中间留出十字形的空间用于走线,对称布局下每个 Bank 到总线的距离相近,布线也比较容易。

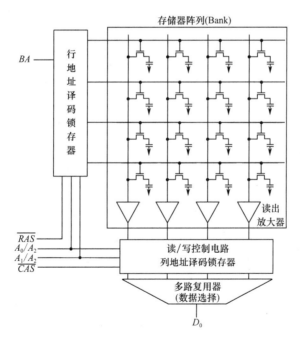

图 10-13　DRAM 存储器阵列简图

引入 Bank 地址信号后,物理地址就由行地址、列地址和 Bank 地址组成。通常的排列顺序是行地址-Bank 地址-列地址。这样的好处是在地址连续变化的情况下(顺序读写数据是常见的应用场景),物理地址上连续的两行数据,实际上分布在不同 Bank。因此在这一行数据没有读写完毕前就可以给另一个 Bank 发出读写指令,提前做好读写准备。各个 Bank 能够形成流水线操作,减小读写延时。

4.引入了多路复用器(Multiplexer)进行数据选择,读取位数和输出位数可以灵活组合。因为每个位线有自己的读出放大器,所以一行上的存储单元并行读写很方便,可以一次性读取高于输出位数的数据保存在缓冲区中。然后根据列地址数据,多路复用器从缓冲区中选择数据输出。如果下一次访问的地址在缓冲范围内,就可以直接从缓冲区输出数据,降低读取延时。现代 DRAM 多数提供了预取(Prefetch)功能,在向 DRAM 发出读取某一地址的指令后,DRAM 会读取此地址相邻的多个地址的数据,保存在缓冲区。DDR5 标准的芯片可以实现 16 倍预取,假如输入输出接口为 8 位,每次预取的数据可达到 128 位(不包括校验位等)。预取的本质是并串转换,通过并行方式提前取得数据再串行输出,从而提升数据传输速率。

现代 DRAM 通常集成刷新控制器,以产生刷新时序。早期型号也有通过外部信号控制刷新的。常见的刷新方法有以下三种。

1. 集中刷新:在一个刷新周期内,分出一段固定的时间,依次对存储器的所有行逐一刷新。这种方法逻辑清楚、设计简单,但在刷新时间完全不能读写数据,被称为死区时间。例如存储器的读写周期为 0.5 微秒,存储器阵列为 128 行,则在最差情况下一次读写要等待 64 微秒。如果刷新周期为 2 毫秒,则每个刷新周期有 64 微秒的死区时间,占比为 3.2%,对系统性能有较大影响。

2. 隐藏刷新:一个读写周期被分为读写和刷新两部分,在每次读写完成后就对整行的存储单元进行一次刷新。如果原来读写周期是 0.5 微秒,采用隐藏刷新就变成了 1 微秒。这种方法的好处是没有死区时间,但是每次读/写操作的周期都加倍。除了正常的读写外,每个刷新周期至少要对每行读取一次(列地址任意),以保持数据不丢失。

3. 分布刷新:将每行的刷新均匀分散在一个刷新周期中。例如读写周期为 0.5 微秒,2 毫秒的刷新周期内可进行 4 000 次读写/刷新操作。将 128 行的刷新操作分布在这 4 000 个周期中,约每 30 个读写周期加入一个刷新周期,用于刷新一行数据即可。分布刷新最差情况下读写操作仅需要多等待一个刷新周期,可以基本消除死区时间又不对读写周期造成太大影响。

10.3.2　DRAM 芯片选介

1. Intel 2164A

Intel 2164A 采用异步设计,没有时钟信号。容量为 65 536 字,字长 1 比特,引脚设计与当时的 Intel 处理器兼容。$\overline{WE}$ 为写使能信号,低电平为写操作,高电平为读操作。16 位地址分为两次传送,$\overline{RAS}$ 信号和 $\overline{CAS}$ 信号分别控制锁存高位地址和低位地址。

65 536 个存储单元被分为 4 个 128×128 阵列,每个阵列用两个 7-128 译码器做双译码。高位地址的 $A_0 \sim A_6$ 位控制行译码器,低位地址的 $A_0 \sim A_6$ 位控制列译码器。每次会读出 4 个比特进入 4-1 数据选择器,由高位地址 A_7 位和低位地址 A_7 位控制,选择其中 1 位数据输出。最小读写周期 260 纳秒。

Intel 2164A 采用隐藏刷新,刷新周期为 2 毫秒。每次读取操作伴随刷新同一行上的所有数据(4 个阵列同时操作,4×128=512b)。Intel 2164A 内部没有集成自动刷新控制器,因此需要外部控制定期刷新。最直观的刷新方式是连续改变行地址,读取 128 个数据(列地址任意)。此外还提供一种 $\overline{RAS}$-only 刷新模式,只发出高位地址(包含 7 位行地址)和 $\overline{RAS}$ 锁存信号,不发低位地址和 $\overline{CAS}$ 锁存信号,就会刷新该行数据。这种刷新模式可以节省一个发送和锁存低位地址的周期。Inter 2164A 引脚图和电路符号如图 10-14 所示。

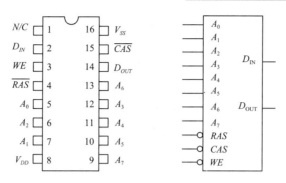

图 10-14　intel 2164A 引脚图和电路符号

2. ISSI IS45S16320D

IS45S16320D 采用同步设计,在系统时钟驱动下与处理器的内存总线进行同步通信,属于 SDRAM,时钟频率最高 200 MHz。芯片内部包括 4 个存储器阵列(Bank0～Bank3),每个阵列内的基本存储单元为 8 192 行,16 384 列。同一行上每 16 个存储单元构成一个字,即每行 1 024 字。因此总容量为 $4 \times 8\,192 \times 1\,024 \times 16 = 2^{(2+13+10+4)} = 2^{29} = 0.5\text{Gb} = 512\text{Mb}$。存储器具有 2 位阵列地址、13 位行地址和 10 位列地址(列地址每次选通 16 个存储单元)。

S45S16320D 具有自动刷新模式,刷新周期为 64 ms,每个周期需要刷新 8 192 行。S45S16320D 支持多种突发传输模式(Burst)。例如在全页突发传输模式下,S45S16320D 会读取并缓存地址所在行的全部数据(1 024 字节),然后顺序输出。

表 10-2 列出了 IS45S16320D 的管脚功能。需要说明的是,SDRAM 的功能相当复杂,除了表中列出的基本功能外,一些信号的组合还形成多种指令,用于控制 SDRAM 的工作模式,如是否开启自动刷新,是否开启自动预充电等。图 10-15 给出了 54 脚 BGA 封装的 IS45S16320D 引脚图。

表 10-2　　　　　　　　　　　　　　　　IS45S16320D 管脚功能

管脚	类型	功能	说明
$A_0 - A_{12}$	输入	13 位行地址输入	参与设置模式寄存器
$A_0 - A_9$	输入	10 位列地址输入	参与设置模式寄存器
BA_0, BA_1	输入	2 位 Bank 地址	
$DQ_0 - DQ_{15}$	双向	16 位数据输入/输出	
CLK	输入	系统时钟输入	上升沿同步
CKE	输入	时钟使能	可控制进入低功耗
$\overline{CS}$	输入	片选	
$\overline{RAS}$	输入	行地址锁存	
$\overline{CAS}$	输入	列地址锁存	
$\overline{WE}$	输入	写使能	
$DQML$	输入	数据低 8 位屏蔽	只读写高 8 位时置高
$DQMH$	输入	数据高 8 位屏蔽	只读写低 8 位时置高

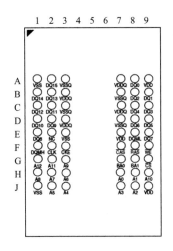

图 10-15 IS45S16320D 引脚图(54 脚 BGA 封装)

10.4 只读存储器(ROM)

ROM 是 Read Only Memory 的缩写,因为制造完成的 ROM 中存储的数据不能被改变(写入),只能被读取,因而被称为只读存储器。ROM 存储的数据在断电后不会消失,因此属于非易失性存储器(Non-Volatile Memory,NVM)。ROM 适合于批量很大、存储内容固定的产品,如汉字库、函数表等。

10.4.1 ROM 的基本结构和原理

ROM 单元直接用电路的通/断状态存储数字信息"1"和"0"。ROM 存储器单元电路图如图 10-16 所示,当地址选通线 A_0 为高电平时,表示对应的存储单元被选中。此时如果下端二极管与输出处于断开状态(图 10-18(a)),D 输出为低电平"0";反之下端二极管与输出处于连通状态(图 10-18(b)),D 输出为高电平"1"。当地址选通线 A_0 为低电平时,表示存储单元未被选中,输出始终为低电平"0"。

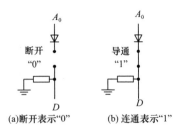

图 10-16 ROM 存储器单元电路图

当多个存储单元共用一条输出线(称为位线)时,二极管的单向导通性保证了当被选通单元输出"1"时,位线电平可以被拉高,而未被选中的存储单元输出的"0"并不会将位线电平拉低,即同一条位线上的存储单元以"或"逻辑输出。多个存储单元共用位线时的结果如图 10-17 所示,4 个存储单元共用位线 D_0,通过两位地址 A_0、A_1 译码得到的 4 根选通线(称为

"字选通线")切换选通状态。当前选通的是最下边的单元,其输出为"1";其他未选中单元输出均为"0"。当前电路的输出为

$$D = D_0 + D_1 + D_2 + D_3 = 1$$

或逻辑保证了选通不同字线时,输出电平仅与该字线上的存储单元通断状态有关而不受其他存储单元影响。这样就构成了存储容量为 4 字,字长 1 位的 ROM。

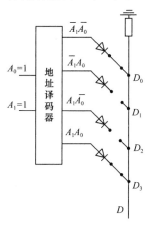

图 10-17   多个存储单元共用位线时的结果

通过增加位线,可以方便地增加 ROM 的字长。4×4 位 ROM 存储器如图 10-18 所示,通过将位线增加到 4 个,构建出字数为 4,字长 4 位,容量为 16 比特的 ROM。

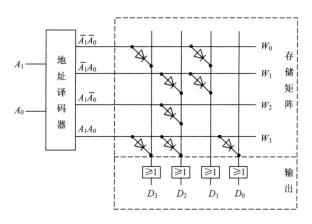

图 10-18 4×4 位 ROM 存储器

在集成电路制造工艺中导线经常在掩膜层实现,因此以导线通/断状态存储数据的只读存储器又叫作掩膜型只读存储器(Mask Read Only Memory, MROM)。在生产存储特定内容的 ROM 时,首先在晶圆上制作存储单元阵列,然后根据存储内容,设计制作具有相应通/断状态的掩膜层。ROM 制造好以后,其存储内容只能被读出,不能被改变(写入)。

二极管单向导通性形成的或逻辑也可以由双极结型晶体管或场效应管实现,因此也可以使用这两种器件替代二极管实现 ROM 器件。

10.4.2   可编程只读存储器(PROM)

可编程只读存储器(Programmable Read Only Memory, PROM)是最早出现的具有可编

程能力的只读存储器类型,但只能写入一次数据,之后无法再改变。随着技术的发展,很多新型的只读存储器都是可编程且可多次编程的,因此可编程只读存储器这个名称已经不太合适。更好描述其特征的名称是一次可编程只读存储器(One Time Programmable Read Only Memory,OTPROM)。

熔丝型 PROM 存储单元的电路结构与 MROM 类似,但是将通断状态固定的掩膜层连线替换成了可以被电流熔断的熔丝(图 10-19(a))。熔丝型 PROM 出厂时所有存储单元都为"1"。用户可以根据需要存储的数据,向存储"0"的单元施加电流将熔丝熔断,这就是数据写入过程。

结破坏型 PROM 将掩膜层连线替换为肖特基二极管(图 10-19(b)),此类型的 PROM 在出厂时所有肖特基二极管处于反向截止状态,因此数据全部为"0"。在写入时将特定单元的二极管永久击穿形成短路,此时存储数据为"1"。

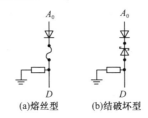

图 10-19 熔丝型和结破坏型 PROM 存储单元

PROM 也具有非易失性,断电后数据不会消失。熔丝的熔断、PN 结的永久击穿都是一次性的,无法再恢复,所以 PROM 只能写入一次。PROM 出厂后需要逐一写入数据,而写入速度相对较慢,因此适合小批量产品使用,或者在量产 ROM 前使用 PROM 做验证。

10.4.3 ROM 应用

从 ROM 的结构看出,地址译码器产生地址的全部组合(乘积项)输出为字线,这是固定不变的;而哪些字线被连接到位线,以逻辑和的方式影响每一位的输出结果,是可编程的。即地址译码器为固定的与门阵列,储存器为可编程的或门阵列。因此 ROM 除了用作存储器外,还可以实现标准与或式构成的组合逻辑函数。ROM 实现组合逻辑过程如图 10-20 所示。

图 10-20 ROM 实现组合逻辑过程

【例 10-4】 试用 PROM 实现函数 $y=x^2$ 的运算逻辑电路,x 为 0~15 内的正整数。

解 (1)分析要求、选择 PROM 存储器参数。

输入变量 x 为 0~15 内的正整数,最少用 4 位二进制数表示。根据 $y=x^2$ 的运算关系,可求出 y 的最大值是 $15^2=225$,最少用 8 位二进制数表示。将 x 表示为 $X_3X_2X_1X_0$,y 表示为 $Y_7Y_6Y_5Y_4Y_3Y_2Y_1Y_0$,可选择 16×8 位 PROM 存储器实现这一逻辑功能。

(2)列出真值表(表 10-3)和标准与或表达式。

表 10-3　　　　　　　　　　　例 10-4 真值表

		A_3	A_2	A_1	A_0	D_7	D_6	D_5	D_4	D_3	D_2	D_1	D_0	十进制
		X_3	X_2	X_1	X_0	Y_7	Y_6	Y_5	Y_4	Y_3	Y_2	Y_1	Y_0	
W_0	m_0	0	0	0	0	0	0	0	0	0	0	0	0	0
W_1	m_1	0	0	0	1	0	0	0	0	0	0	0	1	1
W_2	m_2	0	0	1	0	0	0	0	0	0	1	0	0	4
W_3	m_3	0	0	1	1	0	0	0	0	1	0	0	1	9
W_4	m_4	0	1	0	0	0	0	0	1	0	0	0	0	16
W_5	m_5	0	1	0	1	0	0	0	1	1	0	0	1	25
W_6	m_6	0	1	1	0	0	0	1	0	0	1	0	0	36
W_7	m_7	0	1	1	1	0	0	1	1	0	0	0	1	49
W_8	m_8	1	0	0	0	0	1	0	0	0	0	0	0	64
W_9	m_9	1	0	0	1	0	1	0	1	0	0	0	1	81
W_{10}	m_{10}	1	0	1	0	0	1	1	0	0	1	0	0	100
W_{11}	m_{11}	1	0	1	1	0	1	1	1	1	0	0	1	121
W_{12}	m_{12}	1	1	0	0	1	0	0	1	0	0	0	0	144
W_{13}	m_{13}	1	1	0	1	1	0	1	0	1	0	0	1	169
W_{14}	m_{14}	1	1	1	0	1	1	0	0	0	1	0	0	196
W_{15}	m_{15}	1	1	1	1	1	1	1	0	0	0	0	1	225

$$Y_7 = m_{12} + m_{13} + m_{14} + m_{15}$$

$$Y_6 = m_8 + m_9 + m_{10} + m_{11} + m_{14} + m_{15}$$

$$Y_5 = m_4 + m_5 + m_7 + m_9 + m_{11} + m_{12}$$

$$Y_4 = m_{12} + m_{13} + m_{14} + m_{15}$$

$$Y_3 = m_3 + m_5 + m_{11} + m_{13}$$

$$Y_2 = m_2 + m_6 + m_{10} + m_{14}$$

$$Y_1 = 0$$

$$Y_0 = m_1 + m_3 + m_5 + m_7 + m_9 + m_{11} + m_{13} + m_{15}$$

（3）画 PROM 存储矩阵节点连接图，对熔丝型 PROM 存储阵列进行编程。

存储器作为数值运算电路应用时，把自变量表述为存储器的地址，将函数值写入对应的存储单元中。应用中只要输入自变量（地址）就可以查表得到相应的函数值。这种建立输入与输出对应关系的表格也叫作查找表。这种对应关系比较显而易见。而从逻辑运算角度说，以上输入地址、查找数据的过程可以表述为一系列与运算、或运算的组合。

PROM 存储矩阵节点连接图如图 10-21 所示，作为地址译码器的与门阵列，其连接是固定的，字线 $W_0 \sim W_{15}$ 分别对应最小项 $m_0 \sim m_{15}$。所谓译码就是产生地址码（输入变量）的全部最小项（此例共 16 项）。而作为存储矩阵的或门阵列是可编程的，可通过编程选择哪些最小项参与最后的或运算，产生输出。在图中，每个字线与位线有 16 个交叉点，字线与位线交叉点的状态，也就是存储器中的内容，可由用户编程决定。保留存储数据"1"的单元中的熔丝（图中标"×"的交叉点），就代表字线与位线导通，该字线对应的最小项参与最后的或运算，会对输出产生影响。烧断存储数据"0"的单元中的熔丝，就代表字线与位线断开，该字线对应的最小项不参与最后的或运算，对结果没有影响。以 Y_7 位为例，决定其输出的就是 $W_{12} \sim W_{15}$ 这 4 个乘积项（与门阵列输出）的逻辑和（或门阵列输出）。

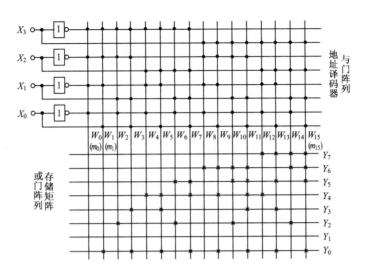

图 10-21　PROM 存储矩阵节点连接图

【例 10-5】　用一个 ROM 实现下列逻辑函数：

$$F_1 = \overline{A}$$

$$F_2 = A \oplus B \oplus C$$

$$F_3 = AB + \overline{BC} + BC$$

$$F_4 = (\overline{A} + B + C)(A + \overline{B} + \overline{C})(A + C)$$

解　(1)分析要求，选择 PROM 存储器参数。

每个逻辑函数最多有 3 个输入信号，4 个不同的逻辑函数需要 4 组单独的输出。选择 1 个 8×4 位的 PROM 存储器，输入信号 A、B、C 对应地址译码器输入端 A_0、A_1、A_2，逻辑运算结果 F_1、F_2、F_3、F_4 分别对应输出端 D_0、D_1、D_2、D_3。

(2)列出真值表(表 10-4)和标准与或表达式。

$$D_0 = F_1(A,B,C) = \sum m(0,1,2,3)$$

$$D_1 = F_2(A,B,C) = \sum m(1,2,4,7)$$

$$D_2 = F_3(A,B,C) = \sum m(0,3,4,6,7)$$

$$D_3 = F_4(A,B,C) = \sum m(0,2,5,6,7)$$

表 10-4　　　　　　　　　　　　　　真值表

		A_0	A_1	A_2	D_0	D_1	D_2	D_3
		A	B	C	F_1	F_2	F_3	F_4
W_0	m_0	0	0	0	1	0	1	1
W_1	m_1	0	0	1	1	1	0	0
W_2	m_2	0	1	0	1	1	0	1
W_3	m_3	0	1	1	1	0	1	0
W_4	m_4	1	0	0	0	1	1	0
W_5	m_5	1	0	1	0	0	0	1
W_6	m_6	1	1	0	0	0	1	1
W_7	m_7	1	1	1	0	1	1	1

（3）画存储矩阵节点连接图，对熔丝型 PROM 存储阵列进行编程。

存储矩阵节点连接图如图 10-22 所示。以 F_1 为例，烧断 F_1 与字线 W_4、W_5、W_6、W_7 交叉点上的熔丝，保留 F_1 与字线 W_0、W_1、W_2、W_3 交叉点上的熔丝（图中标"×"的交叉点）。则根据输入的信号（地址）读出的数据满足 $D_0 = \overline{A}$，即实现了 $F_1 = \overline{A}$ 的逻辑功能。

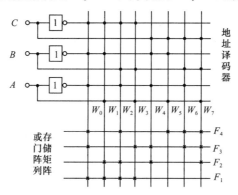

图 10-22　存储矩阵节点连接图

通过在 PROM 存储器内写入查找表（真值表），可以实现各种复杂的组合逻辑功能。因此 PROM 也成为第一种可编程逻辑器件（Programmable Logic Device，PLD）。各种类型的存储器都可以用这种方法实现逻辑运算功能。例如在目前比较先进的可编程逻辑器件 FPGA 内部，也使用查找表实现组合逻辑，不过使用的存储器件是 SRAM。常见的用于基础逻辑功能的查找表规模是 4 输入（16 个存储单元）或 6 输入（64 个存储单元）。

存储器作为逻辑运算器件的一个缺点是译码器电路默认实现了输入值的所有乘积项组合，无论输出中是否用到。这造成了逻辑单元的浪费。

10.5　基于浮栅晶体管（FGT）的储存器

以浮栅晶体管（Floating Gate Transistor，FGT）为基础元件产生的多种类型的存储器，都具备可多次编程的能力。

普通的场效应晶体管通过栅极与沟道之间的电压差产生的电场，控制源极和漏极之间的通/断状态（图 10-23（a））。而浮栅晶体管在栅极（称为控制栅）与沟道之间的绝缘层中插入了一层导体材料，称为浮栅（图 10-23（b））。浮栅晶体管符号如图 10-23（c）所示。

浮栅晶体管以浮栅上是否有电荷来表示数据"0"和"1"。浮栅与外电路没有直接的导体连接。但是外电路可以通过热电子注入、隧道效应等方式让电子穿过绝缘层给浮栅充入电荷，也可以通过紫外光照射、热电子注入、隧道效应等方式让浮栅释放掉电荷。浮栅存储的电荷产生的电场可以改变晶体管的阈值电压，进而影响源极和漏极之间的通/断状态，从而输出高低电平信号。浮栅周围均是绝缘材料，因此浮栅可以长期保存电荷，通常可以达到 10 年以上。因此浮栅晶体管构成的存储器断电后存储的信息不会消失。

向浮栅充入电荷和释放电荷的过程基本是无损、可逆的，因此浮栅晶体管构成的存储器可以多次写入数据。但是充放循环也会对绝缘层造成一定损伤，因此浮栅晶体管有充放次数寿

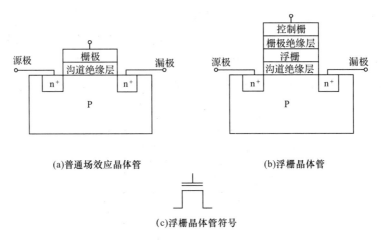

(a)普通场效应晶体管　　　　　　(b)浮栅晶体管

(c)浮栅晶体管符号

图 10-23　浮栅晶体管 FGT 结构示意图和符号

命限制。根据所采用的技术不同,充放循环次数可达 1 000 次到 100 万次不等。读取数据对浮栅晶体管的寿命没有影响。

以浮栅晶体管为基础元件,先后衍生出了 EPROM、EEPROM、NOR flash、NAND flash 等半导体存储器。

10.5.1　EPROM

EPROM 即可擦除可编程只读存储器(Erasable Programmable Read-Only Memory)。EPROM 是最早发明的基于浮栅晶体管的半导体存储器。没有写入过数据的 EPROM 内存储数据均为“1”。进行编程时,对于需要写“0”的单元,在浮栅晶体管的栅极上加编程电压。以 Intel 2716 芯片为例,编程电压为 25V。沟道电场在漏极附近产生热电子,穿过绝缘层进入浮栅。浮栅充入电荷后,其电场使晶体管的阈值电压变低。读取数据时,在浮栅晶体管的栅极上加读取电压(低于编程电压)。阈值电压变低的浮栅晶体管会导通,将位线电平拉低,即输出“0”;而阈值电压没变的晶体管不会导通,位线保持高电平,即输出“1”。

已经写入“0”的单元不能以电学方式重新写入“1”,必须通过擦除过程将所有单元重置为“1”。擦除过程中,用紫外光激发浮栅上的电子穿过绝缘层离开浮栅。EPROM 存储器芯片上留有一个透明窗口,紫外光照射此窗口 10~20 min 即可擦除数据。在写入数据后要用不透明材料遮蔽此窗口,防止阳光和环境中的紫外光照射造成数据丢失。

EPROM 的编程电压较高,与常见数字电路的逻辑电压不兼容,擦除费时且需要手工操作,因此目前已经较少应用。

10.5.2　EEPROM

EEPROM 即电可擦除可编程只读存储器(Electrically Erasable Programmable Read Only Memory)。与 EPROM 相比,EEPROM 的浮栅晶体管沟道绝缘层留有窗口区,窗口区内绝缘层更薄。只要提供较低的编程电压,热电子就能穿越窗口区的薄绝缘层,给浮栅充电(写“0”);而浮栅放电(写“1”)可以通过加反向电压以隧道效应实现,不再需要紫外线。早期的 EEPROM 芯片多需要 12 V 编程电压写入数据。现代 EEPROM 芯片内部通常集成电荷泵等电压转换电路,可由芯片供电电源升压产生编程电压,而不需要外电路提供编程电压。严格地说在写入过程中,EEPROM 是先擦除整个字的数据(全置为"1")然后再写入数据的。实现按字擦除需要相应的大量开关晶体管和布线,因此 EEPROM 的存储密度较低。

　　EEPROM 以字为单位读写,可以随机寻址,且断电后数据不丢失。因此 EEPROM 似乎符合非易失性随机存储器(Non-Volatile Random Access Memory,NVRAM)的定义。但是浮栅充放电需要的时间较长(通常在 $10\ \mu s$ 以上),导致 EEPROM 的写入速度远小于读取速度。因此多数应用系统只在生产阶段或固件升级过程中向 EEPROM 写入数据,而系统运行时只读取数据,所以 EEPROM 还是列入 ROM 分类中。

　　处理器执行指令和处理数据的基本单位是字。能够以字为单位进行随机寻址的存储器,其存储数据可以作为指令直接被处理器读取使用,即具有所谓芯片内执行能力(eXecute In Place,XIP)。与之相对的是只能以数据块(或称为页、扇区等)为单位进行读取的存储器,由于每个数据块长度远大于处理器字长,处理器就不能直接将数据块作为指令执行。不具有芯片内执行能力的存储器也可以存储程序数据,但是处理器必须将程序数据搬移到能够随机寻址的 RAM 中才能执行。

　　并行接口的 EEPROM 具有芯片内执行能力,非常适合与单片机、嵌入式处理器等配合使用,用于存储程序指令和数据。但是并行接口需要较多的数据线、地址线和控制线连接。以 AT28C64 为例,容量为 $8K\times 8$ 位,接口类似于 SRAM。目前多数单片机、嵌入式处理器内部集成了 EEPROM,独立封装的并行接口 EEPROM 已经较少使用。现在 EEPROM 器件多采用 SPI,IIC 等串行接口通信协议,以减少外电路的复杂度。串行接口的 EEPROM 不具有芯片内执行能力。两种 EEPROM 的引脚图对比如图 10-24 所示。

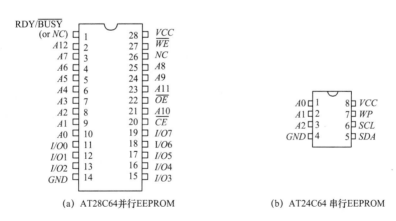

(a) AT28C64 并行EEPROM　　　　　(b) AT24C64 串行EEPROM

图 10-24　两种 EEPROM 的引脚图对比

10.5.3　NOR Flash 和 NAND Flash

　　Flash 即快闪存储器,名称来源于其相对于 EEPROM 更快的擦除和读写速度。本质上 Flash 存储器和 EEPROM 都是基于浮栅晶体管存储单元的存储器,但是在电路结构上的一些改进使得 Flash 具备读写速度、容量等方面的优势。Flash 主要分为 NOR Flash 和 NAND Flash 两类。图 10-25 对比了 NOR Flash 和 NAND Flash 的电路结构。

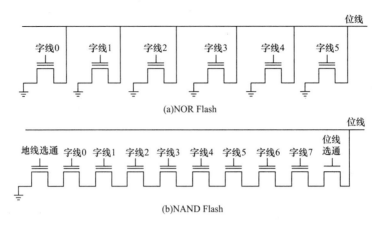

图 10-25　NOR Flash 与 NAND Flash 的电路结构对比

1. NOR Flash

　　NOR Flash 如图 10-25(a)所示,NOR Flash 与 EEPROM 的基本结构相同,每个存储器单元的栅极连接到字线,源极连接位线,漏极接地。可见每个位线上的浮栅晶体管是并联的,呈现或非(NOR)逻辑,这就是 NOR Flash 名称的由来。通过字线选通,每个字都可以随机读取,因此 NOR Flash 具有片上执行能力。

　　与 EEPROM 的不同点是,NOR FLASH 不能以字为单位擦除数据,而需要以块(Block)为单位进行擦除,通常块的大小为 64 KB 到 256 KB。整块擦除的方式大大减少了开关晶体管和相关布线,因此 NOR FLASH 的存储密度远高于 EEPROM。

　　块擦除前,先要向块内的所有存储单元写"0",然后晶体管开关将块内所有存储单元的栅极接地,源极接擦除电压(通常为 12 V),通过隧道效应释放浮栅电荷。擦除后块内所有数据被置"1"。这种先逐一写"0"再擦除的过程耗时可达几百毫秒甚至数秒。

2. NAND Flash

　　NAND Flash 如图 10-25(b)所示,NAND Flash 每个位线上的基本存储单元是串联的,呈现与非(NAND)逻辑,NAND Flash 因此得名。NAND Flash 对外通信的字长通常为 8 位,但是 NAND Flash 的每根字线上连接的不是 8 个存储单元,而是多达一页存储单元。页大小根据 NAND Flash 型号有所不同,此例中假设为 512B,则为 4 096 个存储单元。NAND Flash 每次读写的最小单位就是一页。例如要读取字线 0 对应的一页数据,首先在其他所有字线上加导通电压(10 V),其值高于读取电压(5 V),但低于编程电压(20 V)。这能保证其他浮栅晶体管都处于导通状态且不会改变其阈值电压。然后在字线 0 上加读取电压(5 V)。于是 4 096根位线上每一个输出都取决于字线 0 连接的那些浮栅晶体管的导通状态。4 096 位数据被锁存后,再从 8 位字长的并行接口顺序输出。

　　写入过程与读取过程相似,也是通过施加导通电压(10 V)让其他字线上的晶体管都导通,然后在待写入的页对应的字线上加编程电压(20 V)。在位线上,需要写"0"的位接地,而需要保持"1"的位接 2 V。需要写"0"的位,栅源电压达到了隧道效应要求(20 V),阈值电压被改变;而需要保持"1"的位,栅源电压只有 18 V,不会产生隧道效应,阈值不变。

　　在写入前,NAND Flash 也需要执行擦除操作,NAND Flash 的擦除操作也是以块为单位进行的。根据型号不同,每个数据块包含的页数并不确定。此例中假设 4 096 根位线上所有的浮栅晶体管,也就是 8 页数据,组成一个数据块,块容量为 4 096×8＝32 768 个存储单元。实际 NAND Flash 芯片中每个块可能包含数十页。擦除时位线选通晶体管和地线选通晶体管截止,所有字线接地,在衬底上加擦除电压(20 V)。块内所有晶体管浮栅上的电荷通过隧道效应穿越绝缘层进入衬底。NAND Flash 的擦除操作非常快,通常擦除一个块仅需要几个毫秒。

从图 10-25 中的结构对比可以看出,NOR Flash 的每个浮栅晶体管都需要一条位线,而 NAND Flash 的 8 个(实际会更多)浮栅晶体管串联在一起,仅需要一根位线。因此 NAND Flash 可以节省大量布线空间,存储密度远高于 NOR Flash。但是 NAND Flash 以页为单位读写数据,页远大于处理器的字长,因此不具备片上执行能力。NAND Flash 可以用来存储程序数据,但是必须读取到 RAM 中才能执行。

现代 NAND Flash 芯片还可以控制浮栅中的电子数量,实现多种阈值电压,从而实现在一个浮栅晶体管上存储多位数据。而 NAND Flash 芯片内部也不是只有一片裸片,而是由几百层裸片堆叠在一起,因此可以形成单芯片几十、上百 GB 的容量。

NAND Flash 闪存的存储密度高,适用于需要大容量存储的场合,可以构成固态硬盘 SSD (Solid State Drive)、U 盘等器件,作为外部存储器广泛应用于计算机系统中。NOR Flash 存储密度低于 NAND Flash,但具备片上执行能力,多用于存储启动代码、引导程序、系统固件、计算机 BIOS 程序等。EEPROM 容量小,多集成在微控制器芯片内部,存储相对简单的程序,以及少量配置信息。三种类型的存储器对比见表 10-5。

表 10-5　　　　　　　　　　　三种类型的存储器对比

项目	NAND Flash	NOR Flash	EEPROM
芯片容量	＜256 GB	＜8 GB	＜1 MB
访问方式	以页为单位,顺序读写	以字为单位随机读/写,片内执行能力	以字为单位随机读/写,片内执行能力
接口方式	8 位 ONFI 接口 基于指令控制	类似 SRAM 的并口 SPI、IIC 等串行口	内部集成、并行口 SPI、IIC 等串行口
读写性能	读取快 隧道注入,写入快 擦除快(几毫秒)	读取快 热电子注入,写入慢 擦除慢(几百毫秒)	读取慢(多低端应用) 热电子注入,写入慢 直接写,不需要擦除
使用寿命	百万次	十万次	百万次
单位价格	低	高	中等
用途	固态硬盘、U 盘、大容量存储卡	启动代码、引导程序、系统固件、BIOS	微控制器程序、少量配置信息

10.6　可编程逻辑器件(PLD)概述

从用途和逻辑功能的特点出发,数字集成电路可以分为通用型和专用型两类。前面几章讲到的中、小规模数字集成电路都属于通用型数字集成电路,它们的逻辑功能比较基础、简单,而且是固定不变的。由于这些基础逻辑功能在组成复杂数字系统时经常要用到,所以这些器件有很强的通用性。

理论上基于通用型的中、小规模集成电路可以设计构成任何复杂的数字电路系统。但是如果能将所设计的数字电路系统集成在一个器件内部,则不仅能减小电路的体积、重量、功耗,而且会使电路的可靠性大为提高。这种为某种专门用途而设计的集成电路称为专用集成电路(Application Specific Integrated Circuit,ASIC)。然而 ASIC 的设计制造成本高、周期长、功能固定,与小批量生产、快速迭代设计所需的灵活性相矛盾。

可编程逻辑器件(Programmable Logic Device,PLD)为这种矛盾提供了比较理想的解决方案。PLD 虽然是作为通用器件生产的,但它的逻辑功能可以由用户编程设定。高集成度的 PLD 足以实现相当复杂的逻辑功能。用户可以在 PLD 芯片内通过编程实现专用数字电路系统功能,而不必设计制造专用集成电路。

自 20 世纪 70 年代以来,PLD 类器件的发展非常迅速。最初人们使用可编程只读存储器,通过写入真值表的方式实现逻辑功能,从而初步实现了在通用集成电路上由用户编程定制专用功能。后来出现了结构上更复杂的可编程逻辑阵列(Programmable Logic Array,PLA)、可编程阵列逻辑(Programmable Array Logic,PAL)和通用阵列逻辑(Generic Array Logic,GAL)器件,正式出现了可编程逻辑器件 PLD 的概念。

典型的 PLD 由与门阵列、或门阵列和输出电路组成,用与或表达式来实现任意组合逻辑,所以 PLD 能以大量乘积项之和的形式实现复杂的逻辑功能。PLD 类型和主要特征对比见表 10-6。

表 10-6　　　　　　　　　PLD 类型和主要特征对比

类型	编程原理	与门阵列	或门阵列	输出电路结构	主要功能
PROM	熔丝	固定	单次编程	三态输出	存储器组合逻辑
PLA	熔丝	单次编程	单次编程	三态输出	组合逻辑
PAL	熔丝	单次编程	固定	根据器件型号三态输出互补输出寄存器输出	组合逻辑时序逻辑
GAL	浮栅晶体管	可编程可擦除	固定	可编程输出逻辑宏单元实现多种输出类型	组合逻辑时序逻辑

PLA 的特点是在 PROM 的可编程或门阵列(存储单元阵列)基础上,将地址译码器(固定连接的与门阵列)替换为可编程与门阵列,增加了编程的灵活性。

PAL 器件的特点是其与门阵列可编程,而或门阵列为固定连接。PAL 器件形成了系列,根据器件型号不同,分别采用三种不同的输出方式:三态输出、互补输出和寄存器输出。其中寄存器输出方式的器件引入了由公共时钟信号控制的锁存器,因此适合用于设计时序逻辑电路。

GAL 器件与 PAL 类似,也具有可编程的与门阵列和固定的或门阵列,但是采用了 EEPROM 存储单元,因此可以擦除数据后重新编程,方便改动设计。而且其输出端集成了输出逻辑宏单元(Output Logic Macro Cell,OLMC),可以编程设置多种输出方式,因此 GAL 可以替代三种 PAL 器件,这也是"通用"阵列逻辑名称的由来。

20 世纪 80 年代出现了复杂可编程逻辑器件(Complex Programmable Logic Device,CPLD)和现场可编程门阵列(Field Programmable Gate Array,FPGA)。这两者集成度比较高,又被称为高密度 PLD 器件。

复杂可编程逻辑器件 CPLD 可以看作对 PLD 器件的扩展,将多个 PLD 模块(被称为可编程逻辑单元 PLU,Programmable Logic Unit,或宏单元 Macrocell)集成在一个芯片内部,负责实现布尔函数和逻辑功能。输入/输出块(IO Block,IOB)用于与外部电路连接,通过输入缓冲器、输出驱动器和输入/输出逻辑实现信号输入和输出。而可编程互连阵列(Programmable Interconnect Array,PIA)用于在 PLU 和 IOB 之间建立连接,通过编程实现设计的电路结构。CPLD 的电路配置数据(称为位流,Bitstream)存储在芯片内部的 EEPROM 或 Flash 存储器中,保密性较好,可以多次写入和擦除,断电后不会消失。

现场可编程门阵列 FPGA 通过存储于 SRAM 中的查找表实现逻辑功能,与 CPLD 基于与门/或门阵列实现逻辑功能的方式有明显区别。FPGA 中用于实现逻辑功能的 SRAM 资源通常直接称为查找表,相比与门/或门阵列,SRAM 集成度更高,方便扩大规模,FPGA 中可以包含数量众多的查找表和触发器,从而能够实现比 CPLD 规模更大、复杂度更高的逻辑电路。SRAM 内存储的数据断电后会消失,因此需要将位流数据存储在 EEPROM 或 Flash 芯片中,上电后将位流数据读入 SRAM 中才能生效。

与 CPLD 类似,基础的 FPGA 也包括 PLU、IOB、PIA 功能模块,此外 FPGA 还提供了片上存储器(Block RAM,BRAM),以及可配置的时钟资源模块。FPGA 还可以集成专用的、固定功能的模块,被称为硬核(Hard Core)。与之相对,由可编程逻辑实现的功能模块被称为软核(Soft Core)。常见的硬核包括乘法器(Multiplier,MUL)、锁相环(Phase Lockea Loop,PLL)、数字信号处理器(Digital Signal Pracessor,DSP)、媒体访问控制器(Media Access Control,MAC)甚至处理器等。相对于软核,硬核具有更高的性能和可靠性,用户可以直接应用。CPLD 与 FPGA 主要特征对比见表 10-7。

FPGA 的结构特点非常适于实现复杂的并行式、分布式的算法,因此在数字信号处理、视频图像处理、信道编解码、高速数据传输接口、人工智能等领域得到了广泛应用。FPGA 生成的电路性能接近专用集成电路芯片,因此 FPGA 也用于集成电路功能验证领域,在量产之前使用 FPGA 模拟、测试、验证专用集成电路的功能。

表 10-7　　　　　　　CPLD 与 FPGA 主要特征对比

器件种类	CPLD	FPGA
内部结构	与门/或门阵列	SRAM
逻辑实现	乘积项之和	查找表(Look Up Table,LUT)
配置数据 (位流)	内部 EEPROM 或 Flash 配置数据直接生效 断电不消失	外部 EEPROM 或 Flash 配置数据需读入 SRAM 生效 断电后 SRAM 内配置数据消失
资源类型	门电路资源丰富	触发器资源丰富
集成度	几千到几万门	几万到几百万 LUT
使用场合	组合逻辑和简单时序逻辑	复杂时序逻辑和算法
功能模块	PLU、IOB、PIA	PLU、IOB、PIA BRAM、PLL、DSP、MAC 等

10.6.1　可编程逻辑器件的基本结构和电路表示方法

1.可编程逻辑器件的基本结构

典型 PLD 由与门阵列、或门阵列以及起缓冲驱动作用的输入逻辑、输出逻辑组成,由于其核心结构都排列成阵列(一般是与阵列和或阵列),所以又称为阵列逻辑。图 10-26 是 PLD 的通用结构框图。

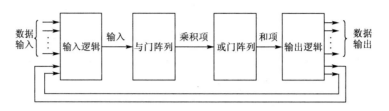

图 10-26 PLD 通用结构框图

输出数据由输入数据进行与、或逻辑运算生成。与门、或门阵列的输入线及输出线排成阵列,每个交叉点处有熔丝或者浮栅晶体管构成的可编程连接。逻辑运算的结果由输出逻辑转换为合适的输出方式。常见的输出方式包括无控制的直接输出、有使能控制的三态输出、时钟驱动下的锁存器(寄存器)存储并输出等。

2. 可编程逻辑器件的电路表示法

PLD 器件的阵列规模比较庞大,如果用标准的门电路符号表示极不方便。PLD 表示法通过简单的线、点、叉等符号表示逻辑门及其相互连接、编程控制关系,在逻辑函数、真值表和芯片内部配置之间建立对应,形成一种紧凑而又易于识读的电路表达形式。

(1)基本门电路的 PLD 表示法

图 10-27 给出了几种基本门电路的 PLD 表示法。

图 10-27(a):多输入与门,$L_1 = ABCD$,即逻辑乘法。

图 10-27(b):多输入或门,$L_2 = A + B + C + D$,即逻辑加法。

图 10-27(c):有互补输出的输入缓冲器。

图 10-27(d):有三态功能的输出缓冲器。

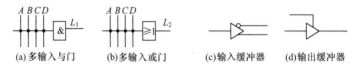

图 10-27 基本门电路的 PLD 表示法

(2)连接方式的 PLD 表示法

PLD 电路由与门阵列、或门阵列两种基本的门阵列组成,阵列可能是固定的,也可能是可编程的。图 10-28(a)用 PLD 表示法画出了一个由可编程与门阵列、一个固定或门阵列组成的 PLD 的结构图。由图可以看出,门阵列交叉点上的连接方式有三种。

硬线连接:固定连接,不能编程加改变,用点表示。

编程连接:可编程,当前为连接状态,用×表示。

编程断开:可编程,当前为断开状态,用十字线表示。

在不产生误解的情况下,还可以进一步省略门阵列符号,用仅有横纵线的草图来表示 PLD 电路。在手工设计时常使用这种表示方法。草图画法如图 10-28(b)所示。在 ROM 的应用一节我们已经使用过这种表示法。

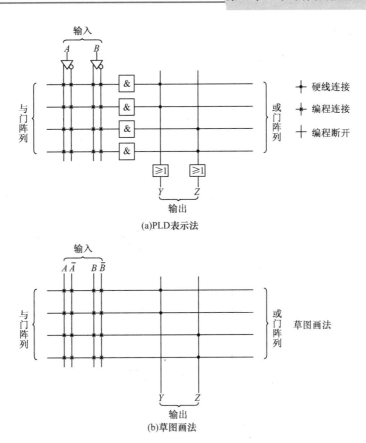

(a)PLD表示法

(b)草图画法

图 10-28　PLD 表示法和草图画法

3. PLA 电路的基本结构和应用

PLA 是在 PROM 之后出现的第一种标志性的可编程逻辑器件。PROM 采用固定的与门阵列(地址译码器),输出不是最简形式,编程灵活性差,会造成门阵列逻辑资源的浪费。作为改进,PLA 的与门阵列、或门阵列都可以编程,非常灵活。注意在没有编程时所有熔丝位处于导通状态。PLA 电路的基本结构(PLD 表示法)如图 10-29 所示。

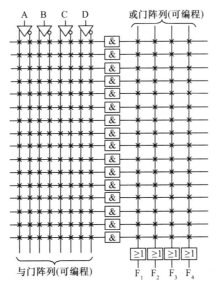

图 10-29　PAL 电路的基本结构(PLD 表示法)

【例 10-6】 试用 PLA 器件实现下列函数并画出相应的电路。

$$F_1(A,B,C,D) = \sum m(0,1,2,3,6,8,9,10,12,14)$$

$$F_2(A,B,C,D) = \sum m(0,1,2,3,4,5,8,9,13,15)$$

$$F_3(A,B,C,D) = \sum m(2,3,4,5,10,11,13,13,5)$$

解 在 PLA 的可编程与门阵列中,实现 A、B、C、D 全部 16 个逻辑乘法组合 m_0 到 m_{15};在 PLA 的或阵列中编程对相应最小项做加法组合,实现 F_1、F_2、F_3 的逻辑表达式即可。如图 10-30 所示。

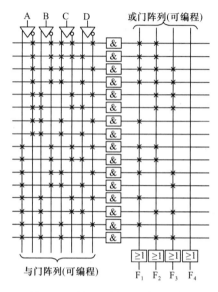

图 10-30 例 10-6 的 PLD 表示法结果

4. PAL 电路的基本结构和应用

PAL 器件由可编程的与门阵列、固定的或门阵列,以及输出电路三部分组成。通过对与门阵列的编程,可以获得不同形式的组合逻辑函数。常见的 PAL 器件中,输入变量最多的可达 20 个,与门阵列乘积项最多的有 80 个,或门阵列输出端最多的有 10 个,每个或门输入端最多的达 16 个。PAL 器件有三态输出、互补输出、寄存器输出等类型。还有的设置了从寄存器输出到与门阵列输入的反馈以及全局时钟输入,利用这种 PAL,可以很方便地实现各种时序逻辑电路。

图 10-31 是 PAL 器件的基本电路结构,仅画出了门阵列部分,没有画出输出电路部分。PAL 根据输出电路类型在型号做出了区分,实际应用中除了要确定门阵列的规模,还要确定输出电路类型,然后选择对应的 PAL 型号。

虽然丰富的 PAL 型号能够满足组合电路和时序电路设计的要求,但是也带来设计、生产上的不便。采用熔丝工艺的一次性编程也不方便修改。在可编程实现多种输出类型、基于 EEPROM 工艺可多次写入的 GAL 器件出现后,PAL 逐渐被替代。

【例 10-7】 用图 10-31 中的 PAL 器件实现逻辑函数 $F_1 = A \oplus B \oplus C$ 及其反函数 F_2。

解 写出逻辑函数的标准与或表达式,

$$F_1(A,B,C) = \sum m(1,2,4,7) = \overline{A}\,\overline{B}C + \overline{A}B\overline{C} + A\overline{B}\,\overline{C} + ABC$$

$$F_2(A,B,C) = \sum m(0,3,5,6) = \overline{A}\,\overline{B}\,\overline{C} + \overline{A}BC + A\overline{B}C + AB\overline{C}$$

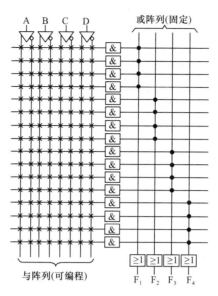

图 10-31　PAL 器件的基本电路结构

可见本例中 4 个乘积项的和产生一个逻辑函数输出,在一个 4 输入的或阵列输入端实现所需 4 个乘积项即可。结果如图 10-32 所示。注意图中采用了更加简单的 PLD 草图表示。

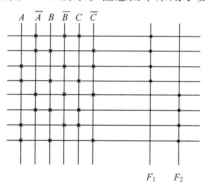

图 10-32　例题 10-7 结果的 PLD 草图

5. GAL 电路的基本结构和应用

GAL 基于 EEPROM 技术,编程数据可以用电压信号擦除,可以多次重新编程。GAL 器件的输出端具有可编程的输出逻辑宏单元(Output Logic Macro Cell,OLMC),通过编程可以将 GAL 的输出设置成不同的工作状态,可以替代多个型号的 PAL。这也是 GAL 通用阵列逻辑名称的由来。与 PAL 类似,GAL 具有可编程与门阵列、固定的或门阵列。

以 GAL16V8 为例,其与门阵列具有 64 个与门,可产生 64 个乘积项。每个与门有 32 个可编程输入,包括 8 个输入变量及其反变量、8 个反馈变量及其反变量。与门阵列共有 $64 \times 32 = 2\,048$ 个可编程单元。64 个与门的输出,每 8 个一组连接到一个 OLMC 中(内含一个或门)。GAL16V8 内部结构(局部)如图 10-33 所示,其中 1 脚作为全局时钟、11 脚作为全局使能,连接每个 OLMC。

每个 OLMC 内部包含一个 8 输入或门,可配置成 8 输入,或者 7 输入加 1 输出使能。输出路径上的异或门(XOR),可通过配置方便地翻转输出信号极性,实现正逻辑(高电平为 1)或者反逻辑(低电平为 1)。输出路径上还有寄存器(触发器),可以配置成从寄存器输出或者三

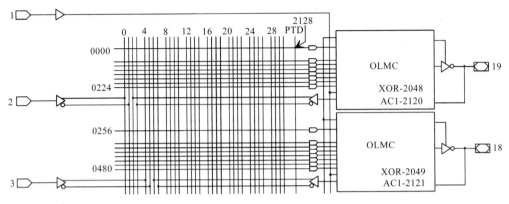

图 10-33　GAL16V8 内部结构(局部)

态模式输出。在寄存器模式下,必须使用芯片的 1 脚作为全局时钟提供锁存信号,以及 11 脚(图中未给出)作为全局输出使能信号。每个 OLMC 还有一条反馈线,可将输出结果及其互补信号反馈到输入端。当 OLMC 的输出传输门关闭,仅保留反馈,则该 OLMC 的输出管脚完全成为输入管脚。OLMC 的 5 种配置方式如图 10-34 所示。

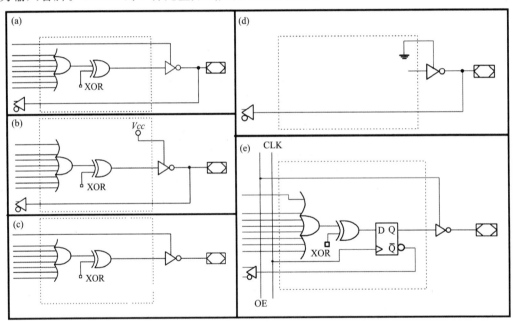

(a)有使能端和反馈的输出;(b)有反馈的直接输出;(c)有使能端的输出;(d)仅输入;(e)寄存器模式

图 10-34　OLMC 的 5 种配置方式

10.6.2　复杂可编程逻辑器件 CPLD

以 Xilinx CoolRunner-II 系列 CPLD 为例,该系列最少包括 32 个宏单元(Macrocell,MC),33 个输入、输出管脚;最多包含 512 个宏单元,217 个输入、输出管脚。

Xiilinx CoolRunner-II 系列 CPLD 结构示意图如图 10-35 所示,根据型号不同,CoolRunner-II 系列 CPLD 内部有 2～32 个功能块(Function Block,FB)。每个功能块包括 16 个宏单元(Macro Cell,MC)。16 个 MC 共用 40 个输入,每个 MC 的可编程与门阵列可产生 56 个乘积项,乘积项可在 16 个 MC 之间共享。56 个乘积项经可编程或门阵列产生逻辑和。FB 的输入和输出都连接到可编程互联阵列(PIA,Xilinx 命名为先进互联矩阵 AIM)。PIA 可配置 FB 的输入、输出以及与块"IOB"之间的连接。每个 MC 的输入、输出块与 GAL 器件的 OLMC 类似,能通过可配置的 XOR 门调整极性、选择寄存器或三态等输出方式并具有反馈线路。全局信号,包括时钟、重置、输出使能,连接到每个 FB。CoolRunner-II 系列内部集成分频器,可对时钟信号做 2~16 倍分频。

CPLD 的编程数据称为位流数据(Bit Stream)。CPLD 通过 JTAG 接口协议进行编程。基于 EEPROM 存储原理,其写入寿命约 1 万次。系统断电后 CPLD 不会丢失配置数据。

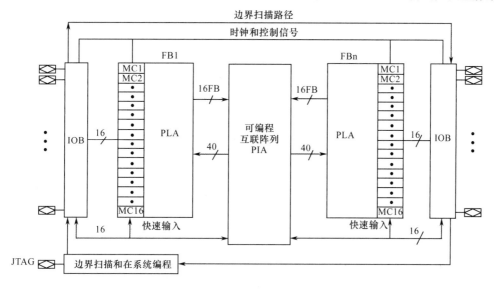

图 10-35　Xilinx CoolRunner-Ⅱ系列 CPLD 结构示意图

10.6.3　现场可编程门阵列 FPGA

顾名思义,现场可编程门阵列就是一种可以现场进行编程的门阵列。可编程门阵列器件最初指一种半定制功能专用集成电路:厂家生产的芯片上,大量的逻辑门排成阵列,但暂时不制作连线和封装。用户根据自己的需要设计掩膜层,将需要的门连接起来(编程),交给厂家定制生产构成一个专用的集成电路。这种"编程"是由厂家在掩膜制作过程中完成的。而"现场编程"意味着用户可以在芯片出厂后再进行编程。

现代 FPGA 已经脱离了最初"可编程门阵列"的定义,内部不再是逻辑门的阵列,而是集成大量 SRAM,以查找表方式实现组合逻辑。这种 SRAM 直接被称为 LUT,通常每个 LUT 规模为 16 位(4 输入)或者 64 位(6 输入)。LUT 和输出触发器构成了基本逻辑阵列(逻辑单元),称为逻辑阵列(Logic Array,LA)或者逻辑元件(Logic Element,LE)。FPGA 结构示意图如图 10-36 所示。

若干 LUT、触发器(Flip-Flop)、多路复用器(Multiplexer)和进位逻辑(Carry Logic)构成了 FPGA 的可配置逻辑块(Configurable Logic Block,CLB)。CLB 是实现组合逻辑和时序逻辑电路的主要逻辑资源。从规模上说,FPGA 的每个 CLB 比 CPLD 的宏单元要小一些;CPLD 在一个宏单元内能够完成的组合逻辑,FPGA 可能需要多个 CLB 配合才能实现。

FPGA 内部有大量可编程连接,包括 CLB 内部连接、相邻 CLB 之间连接、局域范围内功能模块的连接,以及整个芯片范围的全局连接。这些可编程连接统称为互联资源,能够在 FP-

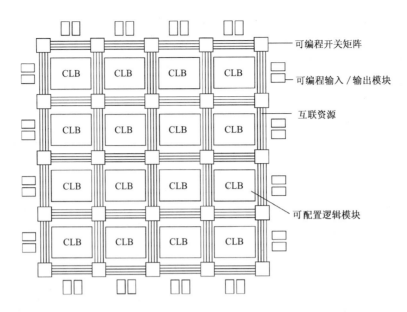

图 10-36　FPGA 结构示意图

GA 内各种资源间建立通信连接,合作实现总体功能。FPGA 中不同等级的连接线在驱动能力、传输速度和信号延迟上有较大区别,信号在多段性能不同的连线上传输,总体延迟难以估计,在设计中必须充分考虑。相对来说 CPLD 的连接方式更加固定,线路的延时估算比较简单、准确。

　　输入、输出块一般布置在芯片的外围,用于与外部电路连接。FPGA 的 IOB 可以将管脚配置为输入、输出、双向等多种模式,兼容单端和差分形式的多种电平信号标准。

　　除了用作 LUT 的 SRAM,FPGA 内部还集成有专用的存储器,被称为块内存(Block RAM,BRAM)。BRAM 可当作普通存储器使用,也可以配置成双口 RAM、FIFO 等使用。BRAM 可以实现 FPGA 芯片内部的高速缓存、流水线等功能。合理利用这一硬件资源可以显著优化 FPGA 设计。

　　相对 CPLD 采用的 EEPROM 工艺,SRAM 与常规集成电路工艺更加兼容,集成度更高,因此常见 FPGA 的规模可以达到上百万个逻辑单元,最新型号甚至可以达到千万量级。而工艺的兼容性也允许 FPGA 集成专用的、固定功能的模块,被称为硬核。与之相对,由 CLB 编程实现的功能模块被称为软核。常见的硬核包括乘法器、锁相环、数字信号处理器、媒体访问控制器、处理器等。相对软核,硬核具有更高的性能和可靠性,用户可以直接应用。

　　FPGA 依赖 SRAM 实现逻辑功能以及模块互联,断电后数据会消失。因此需要将相关数据(称为位流数据,Bit Stream)存储在 EEPROM 或 Flash 芯片中,上电后读入 SRAM 中才能生效。与处理器不同,FPGA 是顺序读取位流数据,并不要求存储器具有随机读取能力,因此串行 EEPROM 和 NOR Flash、NAND Flash 等都可以配合 FPGA 使用。

习题 10

10-1　现有容量为 256×8 RAM 一片,试回答:
(1)该片 RAM 共有多少个存储单元?

(2)该片 RAM 共有多少个字？字长多少位？

(3)该片 RAM 有多少条地址线？

(4)访问该片 RAM 时,每次会选中几个存储单元？

10-2 画出把 1 K×4RAM 扩展成 1 024×8 RAM 芯片连接图。

10-3 画出把 64×2 RAM 扩展成 256×2 RAM 的连接图,并说明各片 RAM 地址范围。

10-4 画出把 256×2 RAM 扩展成 512×4 RAM 的连接图,并说明各片 RAM 地址范围。

10-5 RAM2112(256×4)组成如题图 10-5 所示电路。

(1)按图示接法,写出 2112(I) 至 2112(IV) 的地址范围(用十六进制表示)。

(2)按图示接法,内存单元的容量是多少? 若要实现 2 K×8 的内存,需要多少片 2112 芯片?

(3)若要将 RAM 的寻址范围改为 B00H～BFFH 和 C00H～CFFH,电路应做何改动?

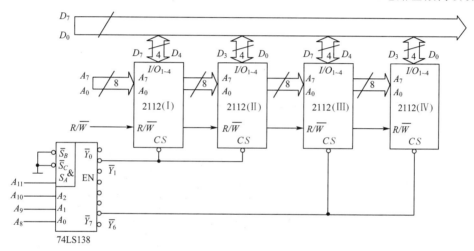

题图 10-5

10-6 试用 RAM6116(2 K×8)芯片和 74LS138 芯片实现内存容量为 8 K×8,寻址范围为 8000～87FFH,9800～9FFFH、C000～C7FFH、D800～DFFFH 的电路。

10-7 已知 PROM 的 PLD 表示法如题图 10-7 所示,写出该图的逻辑表达式。

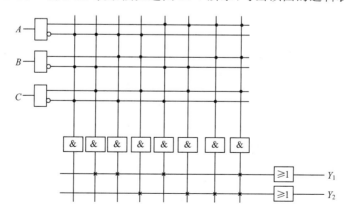

题图 10-7

10-8 试用 PROM 实现以下函数,用 PLD 表示法画出原理图。

$$F_1(A,B,C,D) = \sum m(0,7,8,15)$$

$$F_2(A,B,C,D) = \sum m(2,7,12,13,15)$$

10-9 已知逻辑函数 $F_1 \sim F_4$ 为

$$F_1(A,B,C,D) = \overline{A}\,\overline{B}\,\overline{D} + BD + A\overline{B}C$$

$$F_2(A,B,C,D) = A\overline{B}\,\overline{C} + \overline{A}B\overline{C} + \overline{A}BC + AC\overline{D} + \overline{C}D$$

$$F_3(A,B,C,D) = \overline{A}C\overline{D} + \overline{A}CD + \overline{A}BD + \overline{B}\,\overline{D}$$

$$F_4(A,B,C,D) = A\overline{B}\,\overline{C} + \overline{A}BC + \overline{B}\overline{C}D + \overline{B}CD$$

选用合适的 PROM 实现它们,用 PLD 表示法画出电路图。

10-10 用 PROM 实现 1 位全加器,用 PLD 表示法画出电路图。

10-11 用 PROM 将四位二进制自然码转换成二进制格雷码,用 PLD 表示法画出电路图。

10-12 由 74LS161 和 PROM 组成的电路如题图 10-12 所示。

(1)分析 74LS161 功能,说明电路的计数长度 M 为多少。

(2)写出 W、X、Y、Z 的函数表达式。

(3)在 CLK 作用下,分析 W、X、Y、Z 端顺序输出的 8421BCD 码的状态,并说明电路的功能。

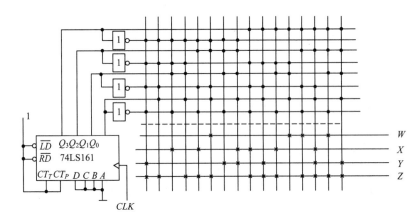

题图 10-12

10-13 试用可编程逻辑器件实现下列函数,并画出相应的电路。

$$F_1(A,B,C) = \sum m(0,1,2,4)$$

$$F_2(A,B,C) = \sum m(0,2,5,6,7)$$

10-14 用可编程逻辑器件将 RAM2112(256×4)扩展成 4 K×8 的内存,画出电路图。

10-15 用可编程逻辑器件和 D 触发器组成的同步时序逻辑电路如题图 10-15 所示。

(1)根据电路结构,写出电路的激励方程和输出方程。

(2)分析电路功能,画出电路的状态图。

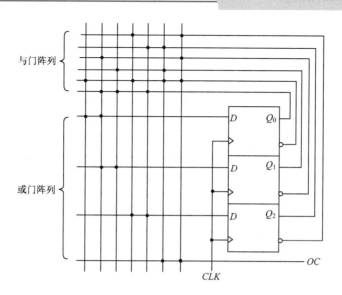

题图 10-15

10-16 电路的状态图如题图 10-16 所示。用可编程逻辑器件和 JK 触发器设计一个同步时序逻辑电路，X、Y 为输入，Z 为输出。

(1)写出电路的输出方程和激励方程。

(2)画出用 PLD 和 JK 触发器实现的电路图。

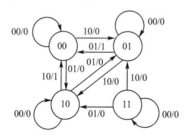

题图 10-16

10-17 GAL 和 PAL 有哪些异同？各有哪些突出特点？

10-18 CPLD 和 FPGA 有哪些异同？各自适合哪些应用场景？

参考文献

[1]　王兢,王开宇.数字电路与系统.大连:大连理工大学出版社,2009.

[2]　戚金清,王兢.数字电路与系统(第3版).北京:电子工业出版社,2016.

[3]　康华光,张林.电子技术基础 数字部分(第7版).北京:高等教育出版社,2021.

[4]　阎石.数字电子技术基础(第六版).北京:高等教育出版社,2016.

[5]　王金明.数字系统设计与 Verilog HDL(第7版).北京:电子工业出版社,2019.

[6]　马建国,孟宪元.FPGA 现代数字系统设计.北京:清华大学出版社,2010.

[7]　潘松,黄继业.EDA 技术实用教程-Verilog HDL 版(第六版).北京:科学出版社,
2018.

[8]　夏宇闻.VERILOG 数字系统设计教程（第4版）[M].北京:北京航空航天大学出版社,2017.

[9]　汤勇明,张圣清,陆佳华.搭建你的数字积木:数字电路与逻辑设计[M].北京:清华大学出版社,2017.

[10]　Bhasker. Verilog HDL 入门.第3版.夏宇闻,甘伟,译.北京:北京航空航天大学出版社,2020.

[11]　刘昌华,管庶安.数字逻辑原理与 FPGA 设计.第3版.北京:北京航空航天大学出版社,2021.

[12]　罗杰. Verilog HDL 与 FPGA 数字系统设计.第2版.北京:机械工业出版社,2022.

[13]　IEEE1364-2005 IEEE Standard for Verilog Hardware Description Language